トライアルシリーズ

すぐ始められる！ USB対応・書き込み器不要・大容量FPGA搭載！

超入門！FPGAスータ・キット DE0で始めるVerilog HDL

芹井 滋喜 著

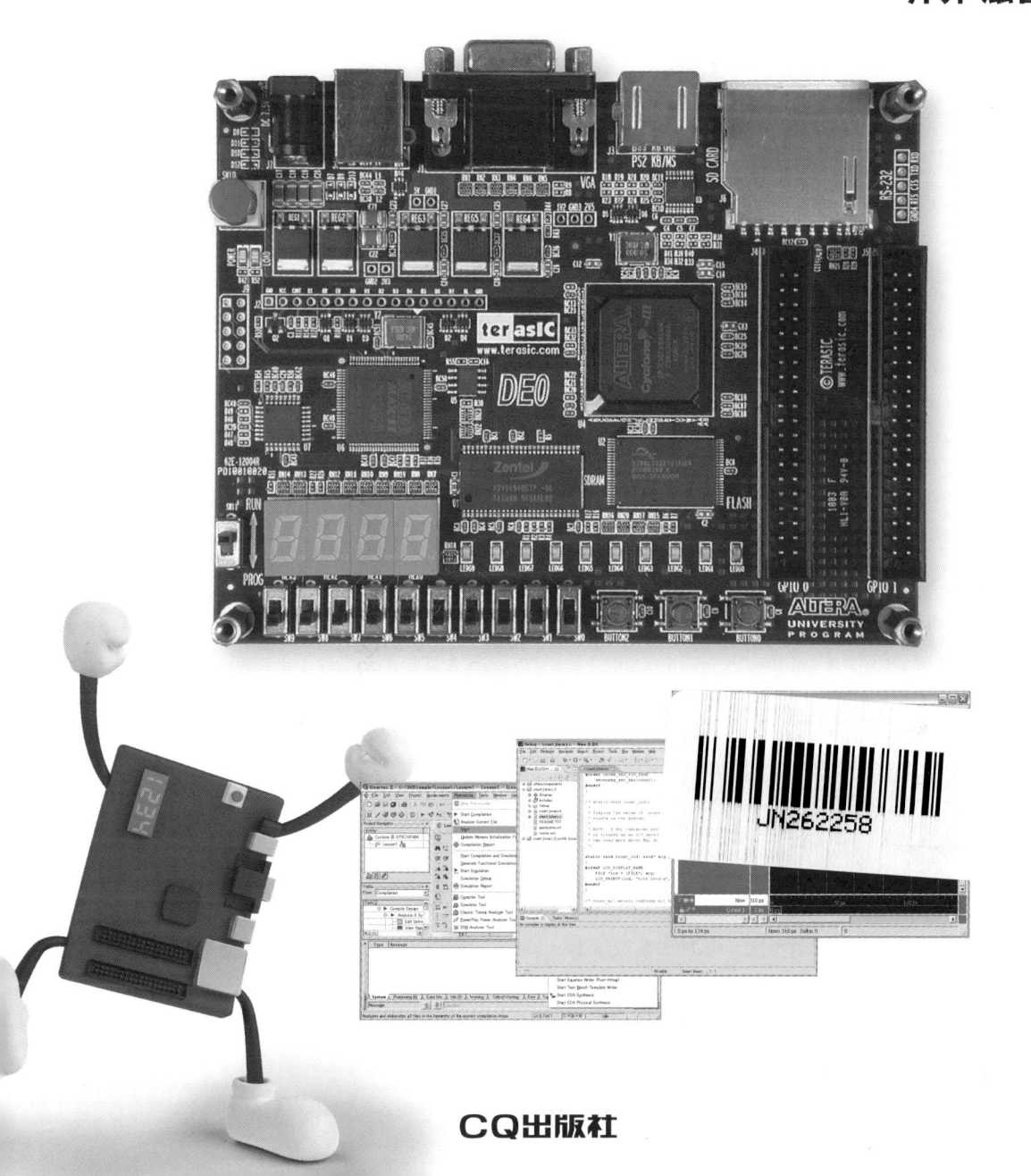

CQ出版社

まえがき

　ハードウェア記述言語（HDL：Hardware Description Language）の学習に限らず，何かを習得する早道は，「習うより慣れろ」と言われているように，とにかく使ってみることだと筆者は考えています．もちろん，前提となる基礎知識は必要となりますが，基礎知識の学習ばかりだととても退屈で，せっかく始めた学習の興味がそがれて投げ出してしまうことも多いのではないかと思います．

　また，基礎知識の学習量があまりにも多いと，そのことばかりに神経を使い，本来の"HDLを使って何かを作る"という目的を見失ってしまいがちです．さりとて，何も分からずに教科書通りに作っても，使える知識は身につかず，単に教科書通りのものができたという満足感だけで終わってしまいます．せっかくHDLの学習を始めるのですから，HDLを使って思い通りのものを作れるようにならないと面白くありません．この基礎的な学習と実践のバランスがとても大切です．

　HDLの学習には，ブール代数やロジック回路などのディジタル回路の基礎的な知識だけではなく，使用するHDLの言語仕様や開発環境の知識，シミュレーションの方法や使用するPLD（Programmable Logic Device）の機能，性能などの知識が必要になります．これらをひとつひとつ学習していると，先に述べたように，すべての学習が終わった頃には目的を見失っていたり興味がなくなってしまっていたりしがちです．

　私の場合は，HDL環境が一般には手に入らなかった時代に育ちましたので，ディジタル回路までの学習で基礎的な学習は終了しました．また，C言語などのプログラム開発の経験もあったため，HDLの学習は比較的すんなりと入れたように思えます．しかしながら，ロジック回路やC言語などの予備知識がなく，これから初めてHDLの学習をスタートする人にとっては，なかなか一筋縄ではいかないように思います．

　そこで本書では，実践を重視し，実際にHDLのプログラムを作って動かしながら学習を進めていくような構成としています．

　HDLを実際に動作させるにはPLDの学習基板が必要です．今までのPLDの学習基板は，ロー・コストのものはCPLD（Complex Programmable Logic Device）を使用したものがほとんどでした．CPLDの学習基板は回路構成がシンプルで理解しやすく，PCのパラレル（プリンタ）・ポートを使って簡単に書き込めるものが多く，入門用としては良いのですが，CPLDではディジタル時計のようなちょっと複雑な回路になると容量が不足してしまい，用途が限られていました．逆にFPGA（Field Programmable Gate Array）を使用したものは容量としては申し分ないのですが，価格が高く入門用としてはハードルが高く購入にはかなりの勇気が必要でした．

　幸い，最近ではFPGAの価格も下がり，FPGAを使った評価基板もかなり安く手に入れられるようになりました．そこで本書では，PLDの基板にTerasic Technologies社のDE0を使用しました．この基板は，低価格でありながら，アルテラのCyclone III EP3C16F484というFPGAを搭載しているため，15,408個のロジック・エレメントが使用可能です．また，エンベデッド・プロセッサの

NIOS II を搭載可能なため，入門用としてだけではなく NIOS II を使って本格的な製品開発にも利用でき，機能的にも申し分のないものです．

本書の構成は，次のようになっています．

- DE0 入門編
- ディジタル回路基礎知識編
- Verilog HDL 入門編
- Verilog HDL 応用編
- エンベデッド・プロセッサ NIOS II 編
- シミュレーション編

DE0 入門編では，まず DE0 のデモ・プログラムを動かして，実際にどのようなことができるかを体験します．また，HDL の開発環境をインストールし，簡単なテストを行います．

ディジタル回路基礎知識編では，HDL を学習するための基礎知識として，ブール代数やロジック回路，HDL の基本の解説を行います．この部分は初めての人でも分かりやすいように，内容を HDL の学習に必要な最小限程度にとどめています．すでに知識のある方はおさらい程度に読んでいただければと思います．

逆に，これらの基礎知識をきっちり身に付けたい方には少々物足りないかもしれません．ここで行う HDL の学習内容は，Verilog HDL 入門編以降で行う実習のための予備知識程度の範囲にとどめています．一般の書籍にあるような厳密な言語仕様の説明は行っていません．"とにかく動かしながら学習する"ということを目的とした構成となっているので，いずれ専門的な使い方をする場合は，本書での学習の後，それぞれの専門書で学習されることをお勧めします．

Verilog HDL 入門編からは，実際に DE0 を使いながらの学習で，さまざまな回路をひとつひとつ作りながら HDL の学習を進めます．ここで取り扱う内容は，HDL の基本回路までで，さらに複雑な内容は Verilog HDL 応用編以降で扱います．

Verilog HDL 応用編では，HDL の応用例を扱います．Verilog HDL 入門編で扱った回路を組み合わせて，より実用的な回路を作成します．

エンベデッド・プロセッサ NIOS II 編では，さらに高度な使い方の例として，エンベデッド・プロセッサの NIOS II を使ったサンプルを紹介します．エンベデッド・プロセッサを使うことで，FPGA 内部にマイコンを構成することができるので，より複雑なシステムを構築することができるようになります．エンベデッド・プロセッサを使う場合は，いったん回路を構築してしまえば，C 言語などによるソフトウェア開発となります．C 言語のソフトウェアの開発は，本書の範囲を超えてしまうので開発言語については別の専門書籍などを参考にしてください．

シミュレーション編では，遅延に対する考え方や確認方法，テスト・ベンチを使ったシミュレーションの方法についても簡単に解説します．シミュレーション編までは，混乱を避けるために，遅延やシミュレーションについてはあまり触れていません．遅延の考慮は非常に重要ですが，第 28 章まで

に示したサンプルでは，遅延が問題になるような回路はないので，Verilog HDLの記述方法の習得に重点を置き，遅延についてはあまり触れていません．

　また，シミュレーションについても同様の理由で，ここまでは扱っていません．シミュレーションを行うには，テスト・ベンチの作成のための記述方法を覚えたり，シミュレーション・ツールの使い方を覚える必要がありますが，本書で紹介したような簡単な回路であれば，ほとんどの場合，シミュレーションを行わなくても実機で動作を確認しながらデバッグすることができます．また，PC上での動作ではなく，実際のハードウェアで製作した回路が動作するのを体験しながら学習を進めていく方が，初心者には興味を持って学習が進められるという判断でもありました．

　巻末の付録には，DE0の各種インターフェースのピン・アサイン表を掲載しました．本書で使用しなかったインターフェースを使って，サンプルにないような機能を実装したい場合は，このピン・アサイン表を参考にしてください．

　なお，本書では，ハードウェア記述言語（HDL）として，Verilog HDLを使用しています．ハードウェア記述言語はVerilog HDLとVHDLが有名で，どちらもよく使われています．本稿で使用している開発環境に限らずほかの無償版や低価格のHDL開発環境でも，ほとんどの場合，Verilog HDLもVHDLも利用可能です．入門用として考えた場合，Verilog HDLには次のような利点があると考えています．

- 同じ機能を記述した場合，Verilog HDLの方が簡潔で覚えやすい
- 書式が簡潔なため，入力する際のタイプ量が少なく，初心者向けである
- 書式がCやPascalなどの言語に似ているため，ソフトウェア開発の経験がある人には，入りやすい

　どちらの言語を使うかは，使用者の好みもあると思いますが，本書では，上記の理由によりVerilog HDLを採用しています．

2011年6月

目次

まえがき 2

第1章 FPGA/HDL 学習ボード DE0 入門 16

FPGA ボード DE0 の仕様 16
- 主な仕様 16
- 周辺デバイス 17
- 付属品 17

各部の名称とブロック図 17
- Cyclone III EP3C16F484 17
- ビルトイン USB ブラスタ回路 19
- SDRAM 19
- フラッシュ・メモリ 19
- SD カード・ソケット 19
- プッシュ・ボタン・スイッチ 19
- スライド・スイッチ 19
- ユーザ LED 19
- 7 セグメント LED 19
- 16×2 行 LCD インターフェース 19
- システム・クロック 19
- VGA 出力 20
- RS-232-C ポート 20
- 40 ピン拡張コネクタ 20

動作確認 20

第2章 開発環境のインストール 21

Quartus II Web Edition のインストール	21
NIOS II EDS のインストール	25
ドライバのインストール	28
PROG モードと RUN モード	31
RUN モード	31
PROG モード	31
Control Panel で周辺デバイスをテスト	31

第3章 ディジタル回路で使われる2進数　38

アナログ＝連続的，ディジタル＝離散的	39
ディジタルの利点	39
アナログの利点	39
物を数えるにはディジタルが便利	40
2進数	40
ディジタル≠0と1	40
2進数の利点	41
進数の変換	41
プログラムでよく使用される16進数	43
2進数とビットとバイトの関係	43
8ビットの2進表記と16進表記	44

第4章 ロジック回路とブール代数　45

簡単なロジック回路	45
三つの基本ロジック回路	47
AND（論理積）	47
OR（論理和）	47
NOT（反転，または否定）	47
その他の主なロジック回路	49

| 論理記号を使った回路図の例 | 50 |

    論理記号を使った回路図の例 50

    ブール代数 52

    ド・モルガンの法則 52

    階段の電灯回路のブール代数表記 53

    フリップフロップ 55

        RSフリップフロップ 55

        Tフリップフロップ 56

        Dフリップフロップ 56

        DフリップフロップでTフリップフロップを作る 59

    カウンタ 60

    ブロック図 61

第5章 簡単なVerilog HDL 入門 63

    Verilog HDL のプログラム構造 63

    ポート宣言 65

    コメント 65

    回路の記述方法 65

    assign文 66

    条件式 66

    条件式の書き方 67

    定数の表現 68

    組み合わせ回路と順序回路 68

第6章 簡単なPLD入門 70

    CPLD 70

    FPGA 72

第7章 スイッチとLED（Lesson1） 76

新規プロジェクトの作成 76

　　Verilog HDL ソースの追加とコーディング 80

　　ピンの設定 82

　　コンパイル 84

　　プログラムのダウンロード 85

　　動作の確認 85

　　プログラムの説明 86

　　　module ～ endmodule 88

　　　input, output, inout 88

　　　assign 88

第8章 論理演算（Lesson2） 89

　　動作確認 90

　　　AND 回路 91

　　　OR 回路 91

　　　NOT 回路 91

　　　XOR 回路 91

　　プログラムの説明 91

　　　バス 91

　　　wire 92

　　　バスの結合 93

第9章 セレクタ（Lesson3） 95

　　ピンの設定 95

　　プログラムの説明 97

　　　条件演算子 97

第10章　フリップフロップ（FlipFlop） 98

未使用端子の設定方法 99
　　プログラムの説明 100
　　　　reg 100
　　　　always @(…) 100

第11章　10進カウンタ（Counter） 102

　　プログラムの説明 103
　　　　if ～ else, begin ～ end 103

第12章　チャタリングの除去（Chattering） 105

　　チャタリングとは 105
　　プログラムの説明と動作確認 106

第13章　7セグ・デコーダ（SevenSegmentDec） 109

　　プログラムの説明 110
　　　　function ～ endfunciotn 111
　　　　case ～ endcase 111

第14章　BCDカウンタ（BcdCounter） 114

　　プログラムの説明 115

第15章　正確なタイマ（Timer） 119

　　非同期回路と同期回路 119
　　プログラムの説明 120

第16章　汎用カウンタ（UniversalCounter） 123

　　プログラムの説明 124
　　　　parameter 125

第17章　ピン・アサインの使い方（PinAssign） 129

ピン・アサインの Import/Export 130

入門編の終わりに 130

第 18 章　ストップウォッチ（StopWatch） 134

プログラムの説明 136

StopWatch.v 137

uchatter.v 137

Timer.v 137

ucounter.v 138

HexSegDec.v 138

第 19 章　キッチン・タイマ（KitchenTimer） 145

プログラムの説明 145

KitchenTimer.v 145

ucounter.v 147

第 20 章　ディジタル時計（DigitalWatch） 151

プログラムの説明 153

BcdCounter.v 153

DigitalWatch.v 153

第 21 章　ROM，RAM の実装 158

ROM を作る 158

RAM を作る 158

第 22 章　PWM 出力の実装（PWM） 161

PWM 出力の用途 161

プログラムの説明 162

PWM.v 162

第23章　BCDデコーダ（BcdTest） 164

バイナリ・データとBCDデータの使い分け 164

BCD加算器とBCD変換器 165

プログラムの説明 167

    BcdTest.v 167

    DataConv.v 168

第24章　LEDマトリクス文字表示（LedDisplay） 171

LEDマトリクスとは 171

プログラムの説明 173

    LedDisplay.v 173

動作確認 175

第25章　RS-232-Cの送信（SerialTx） 177

DE0のRS-232-Cインターフェース 177

RS-232-Cのフォーマット 178

ブロック図 179

プログラムの説明 180

    SerialTx.v 180

動作確認 184

第26章　RS-232-Cの受信（serialRx） 185

受信用クロック 185

ブロック図 186

プログラムの説明 187

    SerialRx.v 187

動作確認 190

第 27 章　VGA カラー・バー表示（ColorBar）............ 191

VGA の信号線とタイミング........... 191
ブロック図........... 194
プログラムの説明........... 195
ColorBar.v........... 195
カラー・バーの生成........... 198
動作確認と応用........... 198

第 28 章　VGA キャラクタ表示（VGA_disp）............ 199

ブロック図........... 199
プログラムの説明........... 200
VGA_disp.v........... 200
動作確認........... 204

第 29 章　NIOS II による開発の概要............ 206

第 30 章　NIOS II ハードウェアの作成............ 208

プロジェクトの作成........... 209
SOPC ビルダの起動........... 209
RAM モジュールの追加........... 211
NIOS II Processor........... 212
JTAG インターフェースの追加........... 213
LED 用ポートの追加........... 215
ベース・アドレスの変更と NIOS II の生成........... 216
count_binary_core モジュールの追加........... 217
ピン・アサインの設定とダウンロード........... 218

第 31 章　NIOS II ソフトウェアの作成............ 220

ライブラリ・オプションの変更 221

　　プログラムのコンパイルと実行 223

　　NIOS II EDS を使用する場合の補足事項 224

　　　　ワークスペースについて 224

　　　　Perspective の選択 224

　　　　プロジェクトの作成 224

　　　　ライブラリのプロジェクト 224

第32章　信号遅延の問題とは？ 226

　　遅延が生じる理由 226

　　信号遅延が問題になるディジタル回路の例 227

　　FPGA における信号遅延の問題 228

第33章　Quartus II による遅延の検証 229

　　Classic Timing Analyzer によるタイミング検証 229

　　信号遅延の解消方法 232

　　　　エラー内容の吟味 232

　　　　回路規模の縮小 232

　　　　不要な回路の削除 232

　　　　共通機能の共有 233

　　　　非同期回路を同期化 234

　　　　クロック回路の見直し 234

　　　　代替回路の検討 234

第34章　ModelSim シミュレーション入門 236

　　シミュレーションの役割 236

　　ModelSim（ASE）のインストール 236

　　テスト・ベンチとは？ 239

  6進カウンタのテスト・ベンチ 241

第35章 ModelSimシミュレーションの実例 245

  プロジェクトの作成 245
  プロジェクトのコンパイル 247
  シミュレーションの実行 248
  波形表示 251

第36章 BCDデコーダのシミュレーション 253

  テスト・ベンチの作成 253
  プロジェクトの作成とシミュレーション 254

参考・引用文献 256

付録 DE0の各種インターフェースのピン配置 257

索引/Index 268

プログラムのダウンロード 271

DE0 入門編

"hello, world". これは，B.W.カーニハンとD.M.リッチーの有名なC言語の入門書「プログラミング言語C」の最初に出てくる例題で印字する文字です．これ以来，多くのプログラミング言語の入門書では，最初の例題で"hello, world"を表示させるものが多く，一般に"hello worldプログラム"と呼ばれています．"hello, world"の意味するところは特にないようで，単なる呼びかけの言葉ということです．日本語で言えば「本日は晴天なり」といったところでしょうか．

さて，これからVerilog HDLによるHDLの学習に入るわけですが，Verilog HDLはハードウェア記述言語なので，いきなり文字を何かに出力するのはかなりハードルが高く，Verilog HDL版のhello worldが欲しいところです．Verilog HDLの学習には，ハードウェアの基礎知識やVerilog HDLの言語の学習，開発ツールの使い方の学習，テスト・ベンチやシミュレータの学習と，数々のハードルがあります．

さらに，NIOS IIのようなエンベデッド・プロセッサを使う場合は，NIOS IIの開発環境や操作方法の学習のほか，そのプロセッサ上でプログラムを動かすためのC/ C++言語の学習が必要となってきます．こう聞くと，初心者の方は途方もない道のりで，急激にやる気がなくなってしまうかもしれませんが，それは心配ご無用です．それぞれの学習は，一つ一つ進めていけば，それほど難しいものではありません．本書では，できるだけこれらの学習を楽しく進められるように「一つ一つを実際に動かしながら」学習を進めていけるように構成しました．

そこで，まず第1のステップがこの「DE0入門」となります．Verilog HDLの学習では，実際に作ったものを動かしてみるのが一番ですが，DE0はこのVerilog HDLの動作環境となります．

Verilog HDL学習用の機材はほかにもたくさん販売されていますが，DE0はそのなかでも安価でありながら，FPGAの容量や搭載されている周辺デバイスが非常に豊富で，初心者から上級者まで利用できる優れものです．本書では，すべてのサンプルがこのDE0上で動作させることができるようになっています．

とはいっても，初心者の方は，「FPGAて何？」「どんなことができるの？」「どうやって使うの？」といった疑問を持たれているかと思います．そこで，まずは「習うより慣れろ」ということで，とにかくDE0を動かしてみることにします．幸い，DE0には製品出荷時にテスト用のプログラムが書き込まれているので，電源をつなぐだけでDE0で可能なことをいくつか実際に体験してみることができます．

「DE0入門編」では，DE0の簡単な説明と開発環境のインストールを行い，実際にDE0を動かしてみるようになっています．ここではハードウェアやVerilog HDLなどの予備知識は一切不要ですので，まずはDE0を使ってVerilog HDLの世界に踏み込んでみてください．

第1章　FPGA/HDL 学習ボード DE0 入門

本章では，DE0 の簡単な入門を行います．HDL の学習の前に，とにかく DE0 を動かしてみてどのようなことができるかを体験してみましょう．

DE0 は**写真 1-1** のような基板で，アルテラの FPGA Cyclone III EP3C16F484 を搭載し，7 セグメント LED や ROM/RAM など，さまざまな周辺デバイスを搭載しています．

FPGA ボード DE0 の仕様

DE0 の主な仕様，周辺デバイス，付属品は次のようになっています．

主な仕様

FPGA　Cyclone III EP3C16F484［15,408LE（Logic Element），346 ユーザ I/O］
RAM　8M バイト SDRAM
ROM　4M バイト NOR 型フラッシュ

写真 1-1　FPGA/HDL 学習ボード DE0 の外観

周辺デバイス

SD カード・ソケット

USB ブラスタ回路（オンボード）

アルテラ EPCS4 シリーズ・シリアル EEPROM（コンフィグレーション用）

プッシュ・ボタン・スイッチ×3

スライド・スイッチ×10

LED×10

4 桁 7 セグメント LED

16×2 行 LCD インターフェース（LCD モジュールはオプション）

50MHz 水晶発振器

VGA 出力回路

RS-232-C シリアル・ポート（コネクタは付属しない）

PS/2 ポート（Y ケーブルで，キーボードとマウス両方を使用可能）

40 ピン拡張コネクタ×2（72 個の I/O が使用可能）

付属品

アプリケーション DVD

7.5V 電源アダプタ

USB ケーブル

電源ケーブル（赤・黒）/シリコン・ラバー・キャップ[1]（4 個）/ヘッダ・ピン（2 個）セット

各部の名称とブロック図

DE0 の各部の名称を図 1-1 に示します．16×2 行 LCD はオプションです．また，RS-232-C インターフェースはドライバ IC を内蔵しているので，コネクタを接続するだけで RS-232-C が利用可能です．図 1-2 は DE0 のブロック図です．以下では，それぞれのデバイスについて説明します．

Cyclone III EP3C16F484

アルテラの Cyclone III FPGA で，次のような仕様となっています．

15,408LE（ロジック・エレメント）

56 M9K エンベデッド・メモリ・ブロック

504K RAM ビット

56 エンベデッド乗算器

4 個の PLL（Phase-Locked Loop）

---

[1] シリコン・ラバー・キャップは，DE0 の四つの足にキャップをかぶせて使用する．電源ケーブルやヘッダ・ピンは，オシロスコープを接続する場合など，必要に応じて使用する．

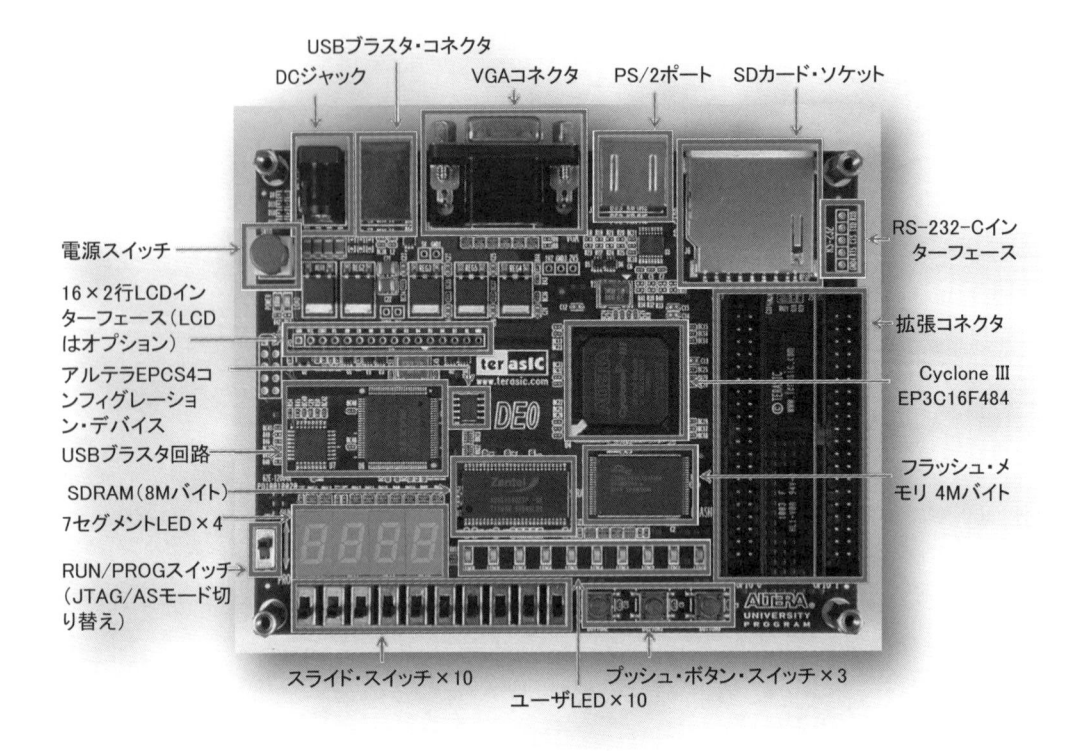

図 1-1　DE0 の各部の名称

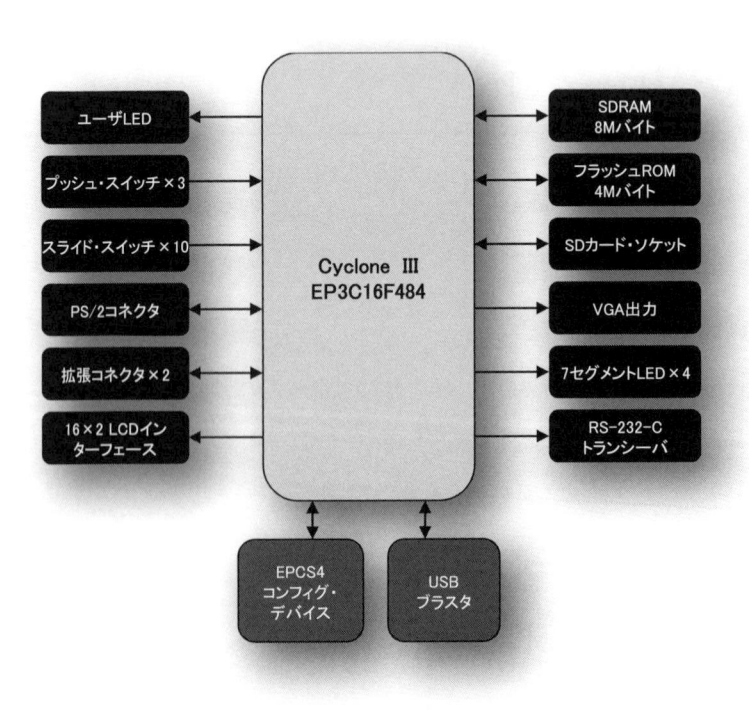

図 1-2　DE0 のブロック図

346 個のユーザ I/O ピン

FineLine BGA484 ピン・パッケージ

ビルトイン USB ブラスタ回路

オンボードの USB ブラスタ回路で，FPGA のプログラムの書き込みとユーザ API（アプリケーション・プログラム・インターフェース）制御に使用します．この回路には，アルテラの CPLD EPM240 が使用されています．

SDRAM

8M バイトの SDRAM です．16 ビット・データ・バスをサポートしています．

フラッシュ・メモリ

4M バイトの NOR 型フラッシュ・メモリです．バイト（8 ビット）とワード（16 ビット）のモードをサポートしています．

SD カード・ソケット

SPI モードと SD 1 ビット・モードで SD カードにアクセスできます．

プッシュ・ボタン・スイッチ

3 個のプッシュ・ボタン・スイッチです．通常は High レベル（1）で，ボタンが押されると Low レベル（0）となります．

スライド・スイッチ

10 個のスライド・スイッチです．下側にすると Low レベル（0），上側にすると High レベル（1）となります．

ユーザ LED

10 個の緑色の LED です．High レベルにすると点灯します．

7 セグメント LED

4 桁の 7 セグメント LED です．Low レベルにすると点灯します．

16×2 行 LCD インターフェース

オプションの LCD 用インターフェースです．オプションの LCD ボードを実装します．

システム・クロック

50MHz の発振器を使用しています．

VGA 出力

4 ビットの抵抗ネットワーク型 D-A コンバータを使用しています．16 ピン高密度 D サブ（D-sub）コネクタを使用しています．リフレッシュ・レート 60Hz で最大 1280×1024 の解像度をサポートしています．

RS-232-C ポート

ドライバ回路内蔵の RS-232-C ポートです．D サブ 9 ピンのコネクタを接続すれば，RS-232-C ポートとして使用できます．

40 ピン拡張コネクタ

2 個の 40 ピン拡張コネクタがあります．72 個の Cyclone III I/O ピンと，8 本の電源/グラウンド・ピンが二つのコネクタに接続されています．40 ピン拡張コネクタは，標準の IDE（Integrated Drive Electronics）ハードディスク用のリボン・ケーブルが使用できます．

動作確認

DE0 にはあらかじめテスト・プログラムが書き込まれているので，電源を入れるだけで DE0 の動作確認を行うことができます．動作確認は，次の手順で行ってください．

1. 電源アダプタを DC ジャックに接続する
2. PC 用のモニタがあれば，モニタを VGA コネクタに接続する
3. RUN/PROG スイッチを RUN 側にする

この状態で電源スイッチの赤いボタンを押すと，**写真 1-2** のように，モニタにブルーのデモ画面が表示され，7 セグメント LED には，0000，1111，2222・・・といった数字が表示されます．また，10 個の LED も光が左右に流れるように点灯します．オプションの 16×2 行 LCD を接続している場合は，LCD に，"Welcome to the Altera DE0 Board" という文字列が表示されます．

写真 1-2 DE0 のデモ画面

第2章　　開発環境のインストール

　DE0 の付属の DVD には，アルテラの開発環境一式が入っています．ここでは，次の二つのアプリケーションをインストールします．

Quartus II Web Edition
NIOS II EDS

　開発環境のフォルダには，これ以外にもさまざまなツールが含まれています．特に Quartus は Web Edition と Subscription Edition の 2 種類があるので，まちがえないように注意してください．

　Quartus II は HDL の開発環境です．Verilog HDL を使って HDL の開発を行う場合や，DE0 の基板にプログラムを書き込む際には，このアプリケーションを使用します．

　NIOS II EDS は，エンベデッド・プロセッサ NIOS II の開発環境です．NIOS II を組み込み，C 言語や C++言語で NIOS II のプログラムを開発する場合は，このプログラムを使用します．

　エンベデッド・プロセッサを使用しないで HDL の開発や学習のみを行う場合は，Quartus II Web Edition のみのインストールで開発が可能です．

　どちらのアプリケーションも，アルテラのウェブ・ページから最新版をダウンロードできます．付属の DVD は製造時のバージョンとなるので，必ずしも最新版でない場合があります．

　開発用アプリケーションは，DVD の Altera Complete Design Suite フォルダに含まれています．Quartus II のインストールは，quartus_free フォルダの quartusii_web_edition.exe，NIOS II EDS は，nios2eds フォルダの setup.exe をそれぞれ起動してインストールを行います．

Quartus II Web Edition のインストール

　最初に，Quartus II Web Edition のインストールを行います．付属 DVD の Altera Complete Design Suite¥qaruts_free¥quartusii_web_edition.exe を実行して，インストールを開始します．

　インストール手順は，図 2-1～図 2-11 のスクリーン・ショットを参考に行ってください．

　インストール先フォルダは，デフォルトのままで変更しないでください．

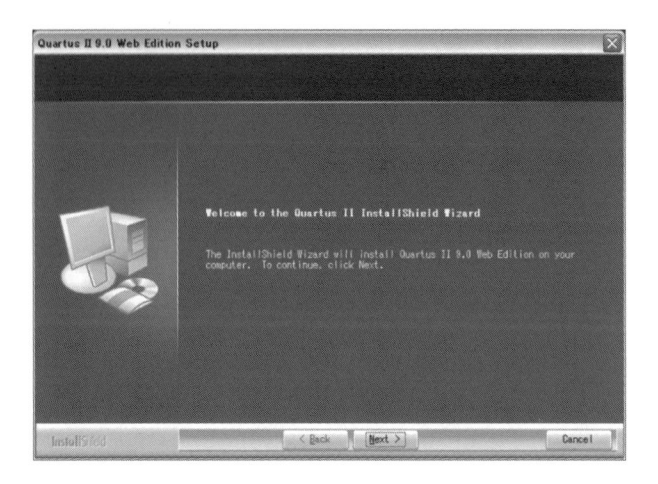

図 2-1　Quartus II 9.0 Web Edition Setup の最初の画面（[Next] ボタンを押す）

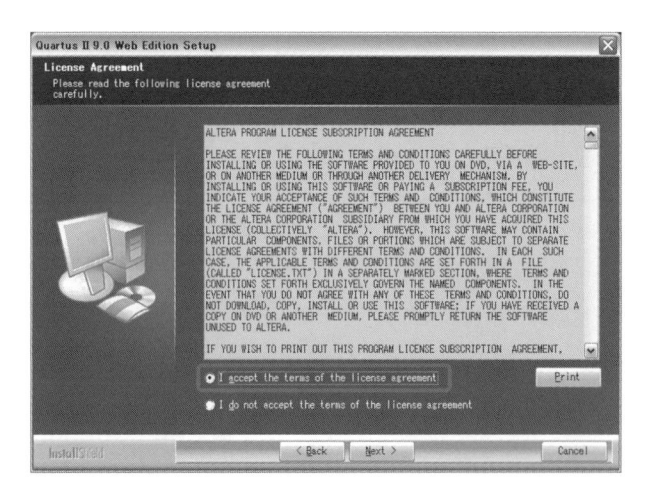

図 2-2　License Agreement（「I accept …」を選んで [Next] ボタンを押す）

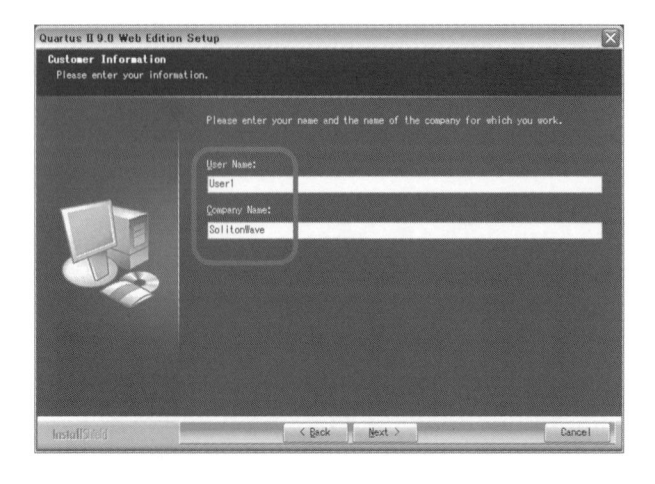

図 2-3　Customer Information（入力して [Next] ボタンを押す）

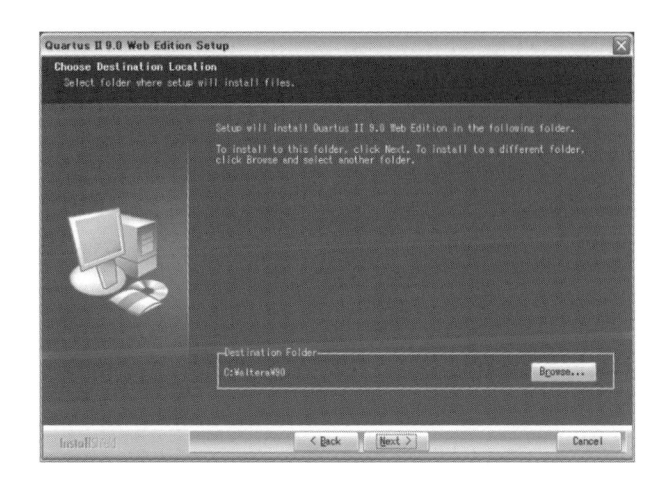

図 2-4 Choose Destination Location（そのまま [Next] ボタンを押す）

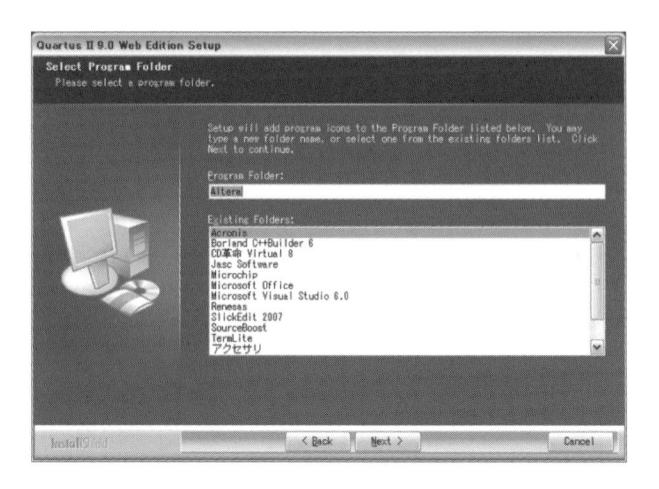

図 2-5 Select Program Folder（そのまま [Next] ボタンを押す）

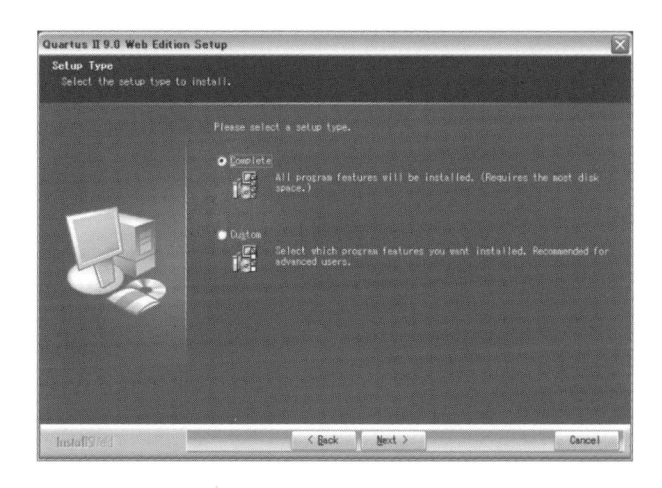

図 2-6 Setup Type（そのまま [Next] ボタンを押す）

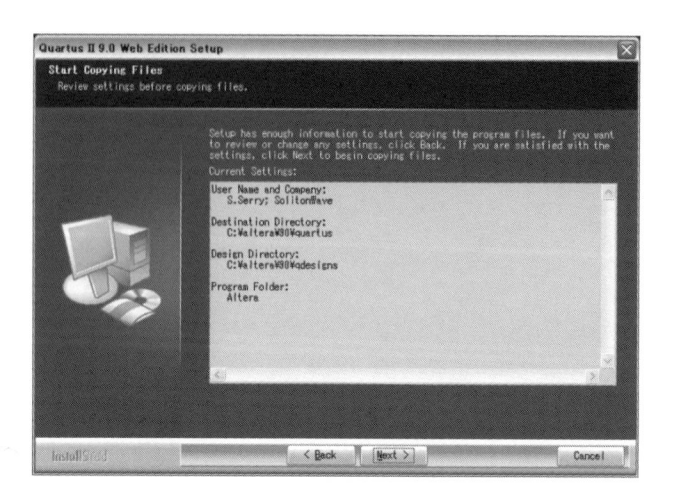

図 2-7　Start Copyng Files（そのまま［Next］ボタンを押す）

図 2-8　インストール中の画面

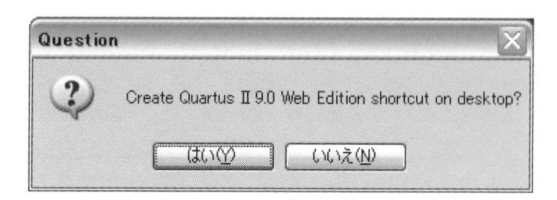

図 2-9　ショートカットをデスクトップに作るかどうか（［はい］ボタンを押す）

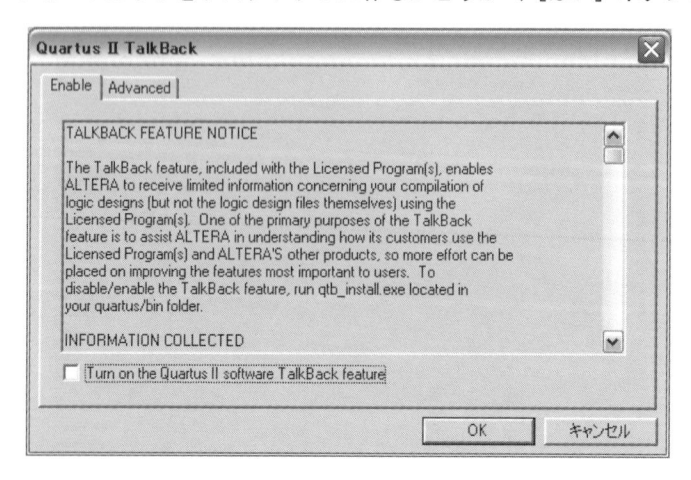

図 2-10　Quartus II TalkBack（そのまま［OK］ボタンを押す）

第 2 章 開発環境のインストール

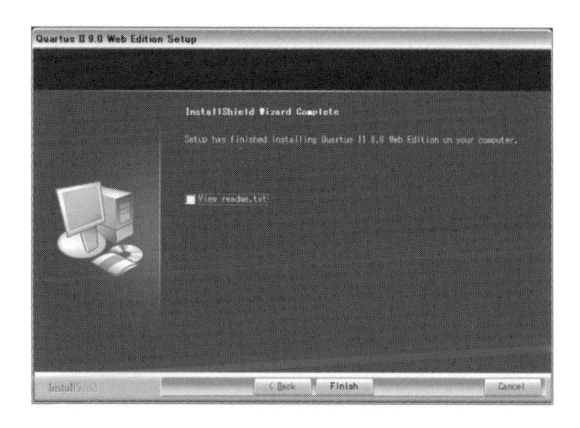

図 2-11 Installshield Wizard Complete（そのまま [Finish] ボタンを押す）

NIOS II EDS のインストール

Quartus II に続けて，NIOS II EDS もインストールします．付属 DVD の Altera Complete Design Suite¥nios2eds¥setup.exe を実行して，インストールを行います．インストール手順は，図 **2-12**〜図 **2-20** のスクリーン・ショットを参考にしてください．

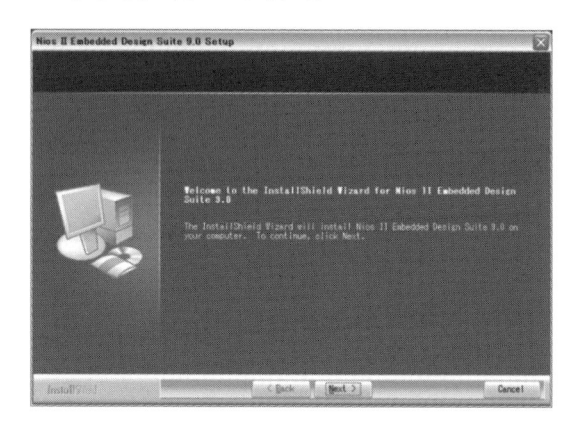

図 2-12　NIOS II Embedded Design Suite 9.0 Setup の最初の画面（[Next] ボタンを押す）

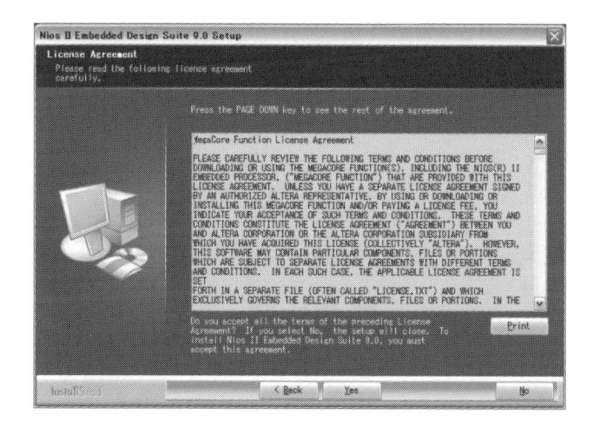

図 2-13　License Agreement（そのまま [Next] ボタンを押す）

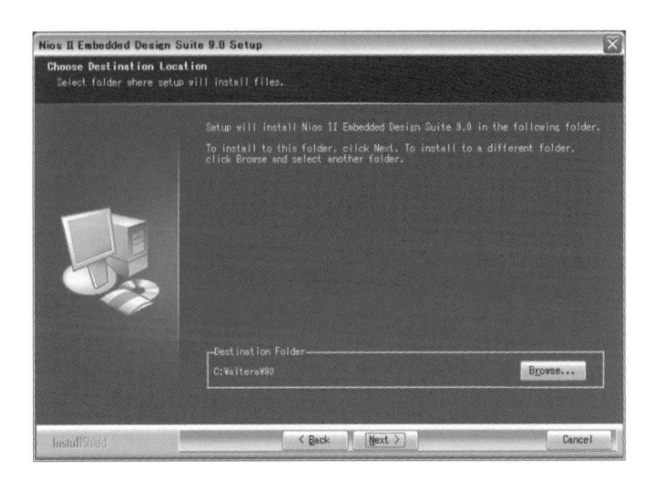

図 2-14　Choose Destination Location（そのまま［Next］ボタンを押す）

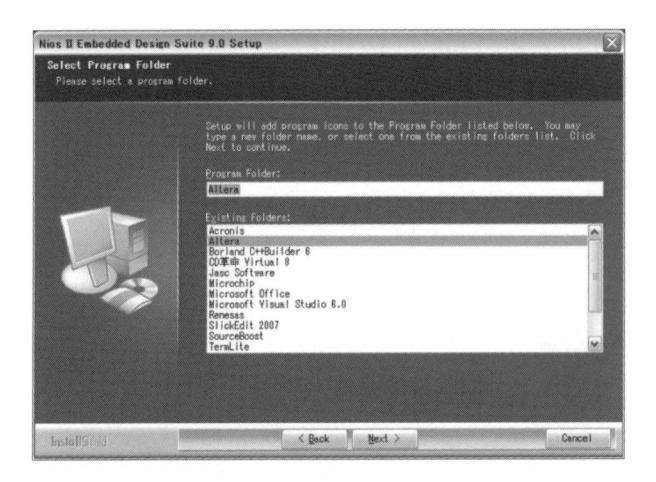

図 2-15　Select Program Folder（そのまま［Next］ボタンを押す）

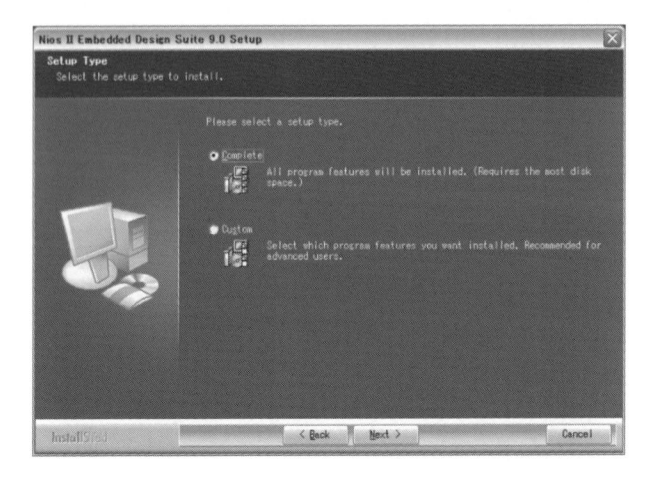

図 2-16　Setup Type（そのまま［Next］ボタンを押す）

第 2 章 開発環境のインストール

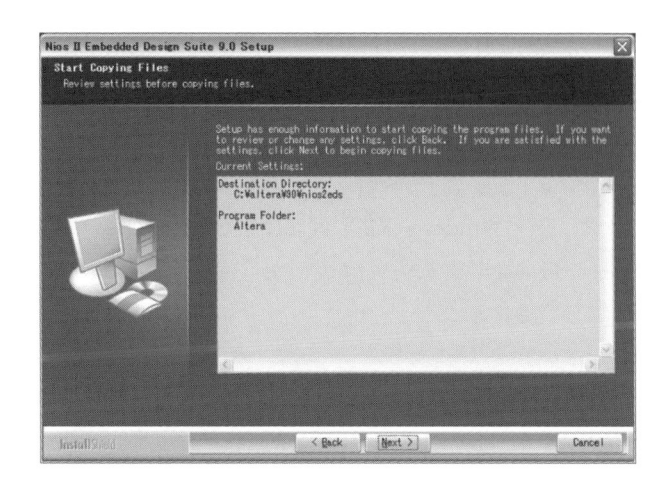

図 2-17 Start Copyng Files（そのまま [Next] ボタンを押す）

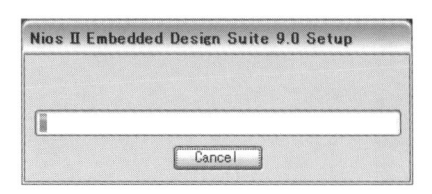

図 2-18 インストール中の画面

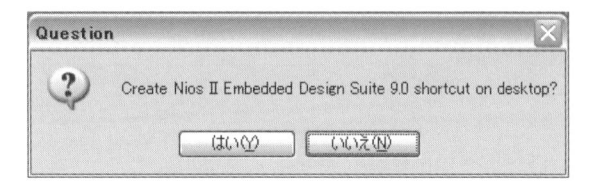

図 2-19 ショートカットをデスクトップに作るかどうか（[はい] ボタンを押す）

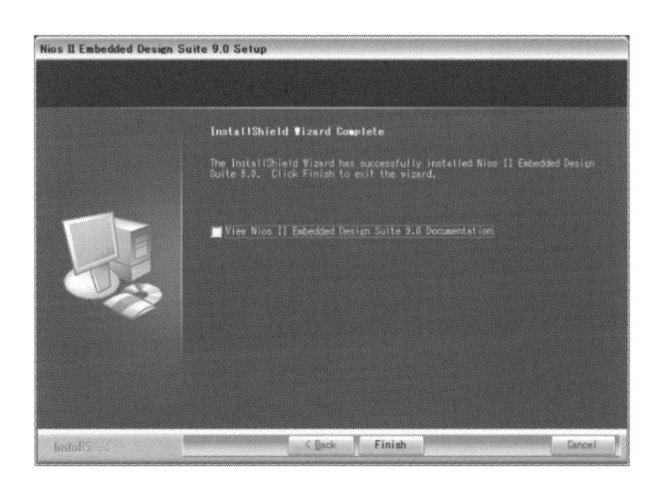

図 2-20 Installshield Wizard Complete（そのまま [Finish] ボタンを押す）

ドライバのインストール

　最後に USB ブラスタのドライバをインストールします．DE0 の電源を入れ USB ケーブルで PC と接続すると，ドライバのセットアップ・ウィザードが起動するので，次の手順でドライバをインストールします．なお，この手順は Windows XP の画面になります．他の OS の場合は，表示が多少異なる場合がありますが，一般的なドライバのインストール手順と同じなので，下記の手順を参考にしてインストールを行ってください．

① 「新しいハードウェアの検出ウィザード」が表示されたら，「今回は接続しません」を選択して，［次へ］ボタンを押します（**図 2-21**）．

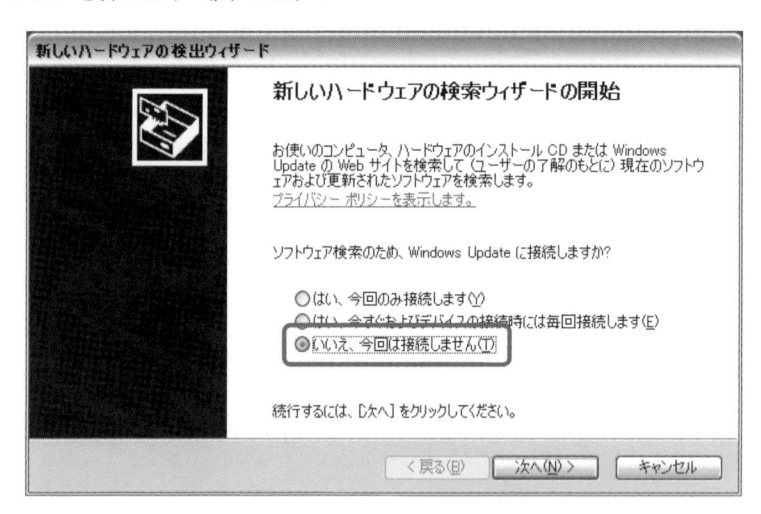

図 2-21 「いいえ、今回は接続しません」を選択して［次へ］ボタンを押す

② 「一覧または特定の場所からインストールする」を選択して，［次へ］ボタンを押します（**図 2-22**）．

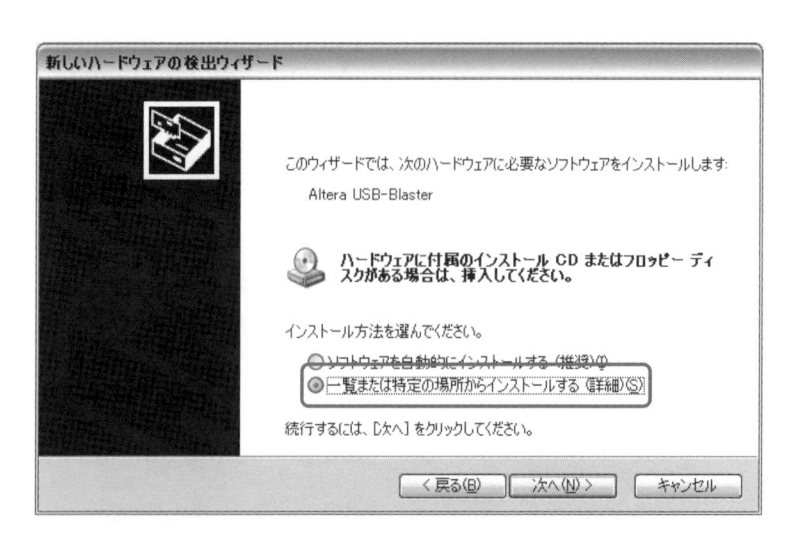

図 2-22 「一覧または特定の場所からインストールする」を選択して［次へ］ボタンを押す

第 2 章 開発環境のインストール

③ 「次の場所を含める」にチェックを入れて，［参照］ボタンを押します（図 2-23）．

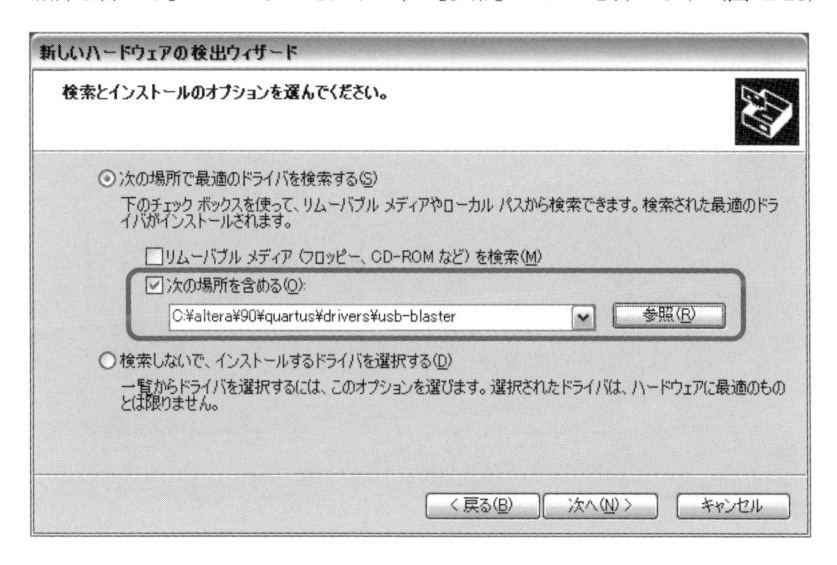

図 2-23 「次の場所を含める」にチェックを入れて［参照］ボタンを押す

④ QuartusII のインストール・フォルダの中にある，usb-blaster フォルダを選択して［OK］ボタンを押します．

前の画面に戻ったら［次へ］ボタンを押します（図 2-24）．

図 2-24 フォルダの参照

⑤ 図 2-25 のような確認画面が出たら，［続行］ボタンを押してドライバのインストールを進めます．

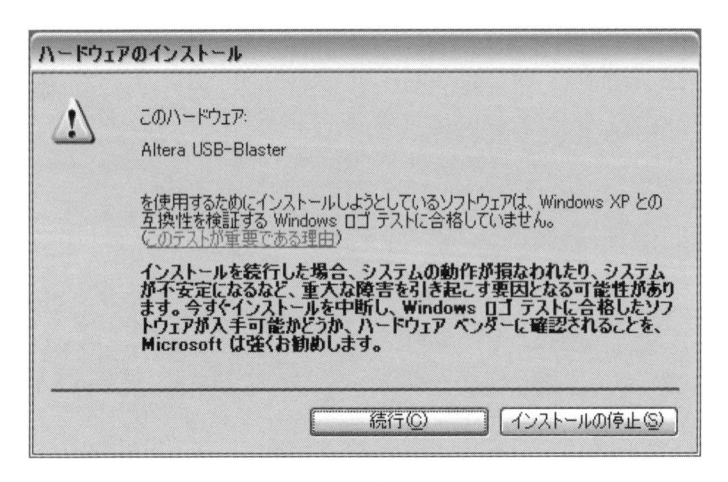

図 2-25　確認画面

⑥ 図 2-26 のような画面でドライバの場所を指定する画面が出たら，［参照］ボタンを押して先の usb-blaster フォルダの下の x32 フォルダを選択して［OK］ボタンを押します．

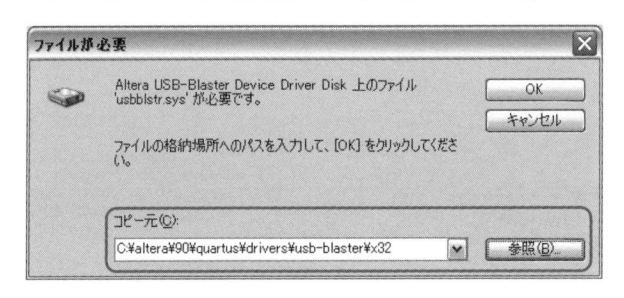

図 2-26　usb-blaster フォルダの下の x32 フォルダを選択する

⑦ 最後に，図 2-27 のような画面が出て，ドライバのインストールは完了です．

図 2-27　「新しいハードウェアの検出ウィザード」の終了

以上でソフトウェアのインストールは，すべて完了となります．

PROG モードと RUN モード

DE0 には，二つのプログラム・モードがあり，7 セグメント LED の左にある RUN/PROG スイッチでモードが切り替えられるようになっています．

プログラムの実行は，すべて RUN モードで行いますが，プログラムの書き込みは，RUN モードのときと PROG モードのときで書き込み対象が異なります．

RUN モード

RUN モードでは，プログラムの実行と JTAG モードでの書き込みを行います．JTAG モードではプログラムは直接 Cyclone III に書き込まれます．Cyclone III は内部の RAM にプログラムを格納するため，電源を切ってしまうとプログラムは消えてしまいますが，高速に書き込めるためデバッグや学習には最適なモードです．

PROG モード

PROG モードでは，AS プログラム（Active Serial Program）モードで書き込む際に設定します．AS モードでは，プログラムは DE0 の EPCS4 コンフィグレーション・デバイスに書き込まれます．

Cyclone III は，電源投入時に EPCS4 からプログラムをロードするので，このモードで書き込まれたプログラムは電源を切っても消えません．PROG モードへの切り替えは，電源を切った状態で行ってください．

なお，本書では，すべて RUN モードでの操作を想定しているので，この切り替えスイッチは，RUN モードにしたまま操作しないようにしてください．

Control Panel で周辺デバイスをテスト

DE0 の DVD には，Control Panel というアプリケーションがあります．このアプリケーションで DE0 の周辺デバイスをテストすることができます．このプログラムは，DVD の DE0 フォルダの control_panel フォルダにあり，DVD から直接実行することができます．

DE0 を RUN モードにし，USB で PC と接続して上記フォルダの DE0_ControlPanel.exe を実行します．

Control Panel が起動すると，最初に DE0 に Control Panel のプログラムをダウンロードします．ゲージが 100% になってエラーがなければダウンロードは成功です．エラーになった場合は，USB の接続やドライバのインストールを確認してから再度実行してください．

Control Panel には，LED，7-SEG，Button，…といったタブが並んでおり，それぞれのタブには，次のように DE0 のさまざまな機能の確認ができます．

① 「LED」タブ

図 2-28 は，「LED」タブの画面です．ここでは LED のテストを行います．チェック・ボックスにチェックを入れると，対応する LED が点灯します．また，［Light All］と［Unlight All］ボタンで，全 LED の点灯と消灯が行えます．

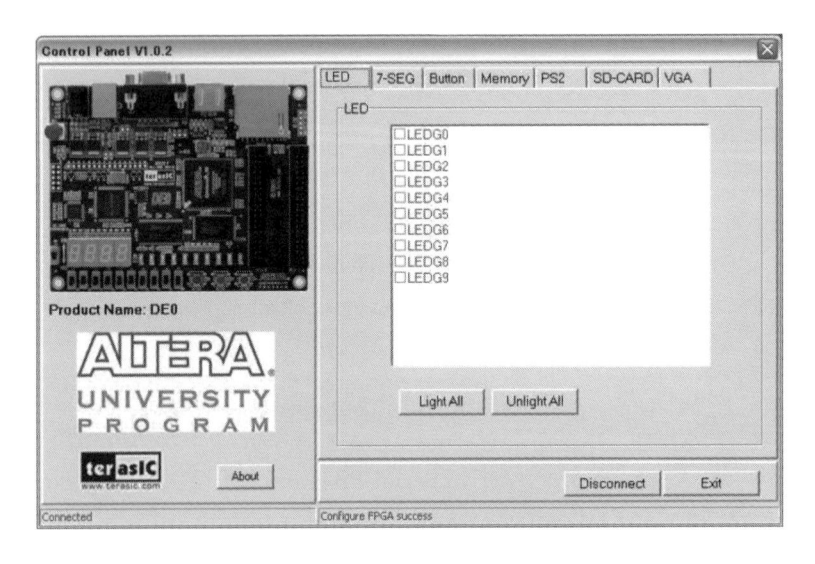

図 2-28 「LED」タブの画面

② 「7-SEG」タブ

図 2-29 は，「7-SEG」タブの画面です．7 セグメント LED のテストを行います．数字の下の左右のボタンを押すと数字が変更され，変更された数値が DE0 に表示されます．また，「dot」のチェック・ボックスにチェックを入れると，対応する 7 セグメント LED にドットが表示されます．

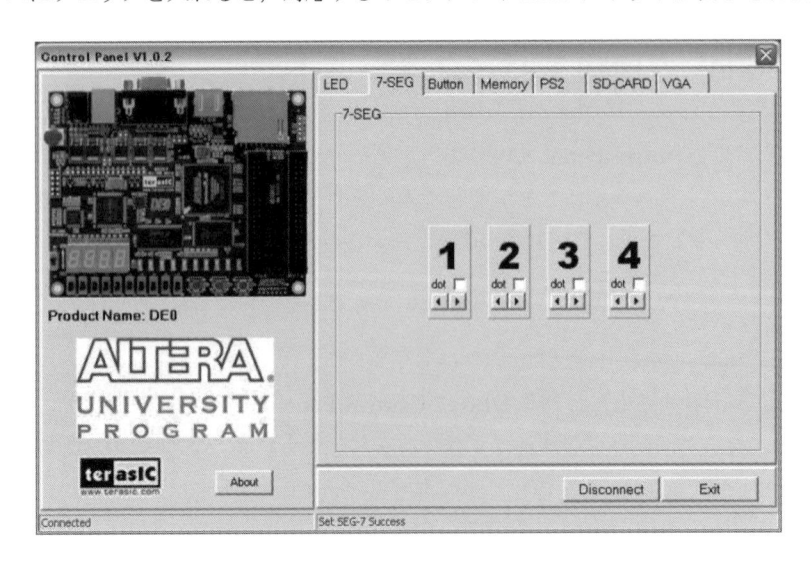

図 2-29 「7-SEG」タブの画面

③ 「Button」タブ

図 2-30 は,「Button」タブの画面です.スイッチとボタンのテストを行います.画面右下の[Start]ボタンを押すと,プログラムが開始されて,DE0 のスイッチとボタンの状態が,Control Panel に表示されます.[Stop]ボタンを押すと終了します.

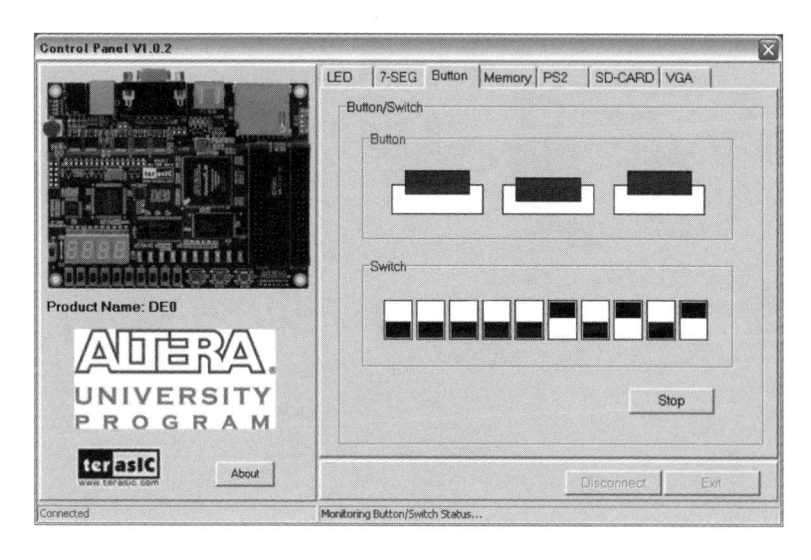

図 2-30 「Button」タブの画面

④ 「Memory」タブ

図 2-31 は,「Memory」タブの画面です.SDRAM とフラッシュ・メモリのテストを行います.任意のアドレスの読み出しと書き込みを行うことができます.フラッシュ・メモリに書いたデータは電源を切っても消えないので,初期化データをセットしたり,エンベデッド・プロセッサのプログラムを書き込むのに便利です.メモリのアクセスは,HEX ファイルでの読み書きが可能です.

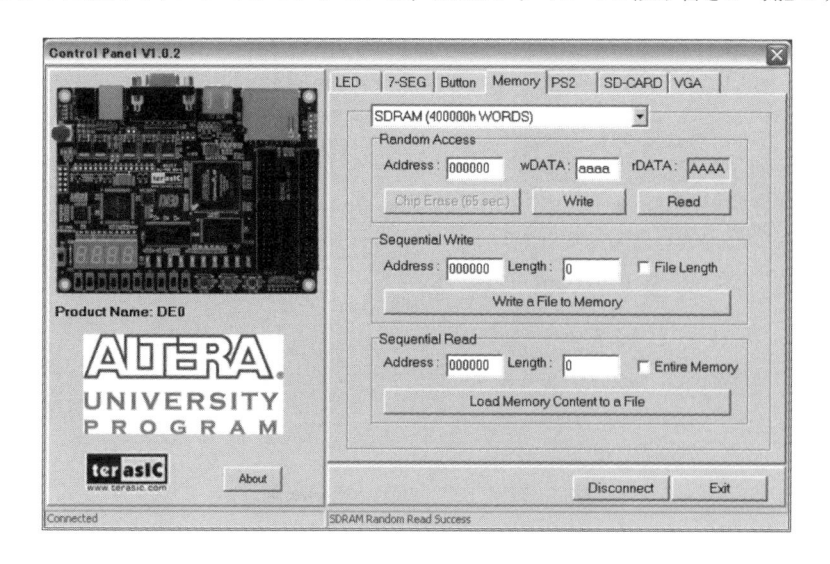

図 2-31 「Memory」タブの画面

⑤ 「PS2」タブ

　図 2-32 は，「PS2」タブの画面です．PS/2 キーボードのテストを行います．PS/2 キーボードを接続して，［Start］ボタンを押すと，PS/2 キーボードで押されたキーが表示されます．［Stop］ボタンを押すと終了します．

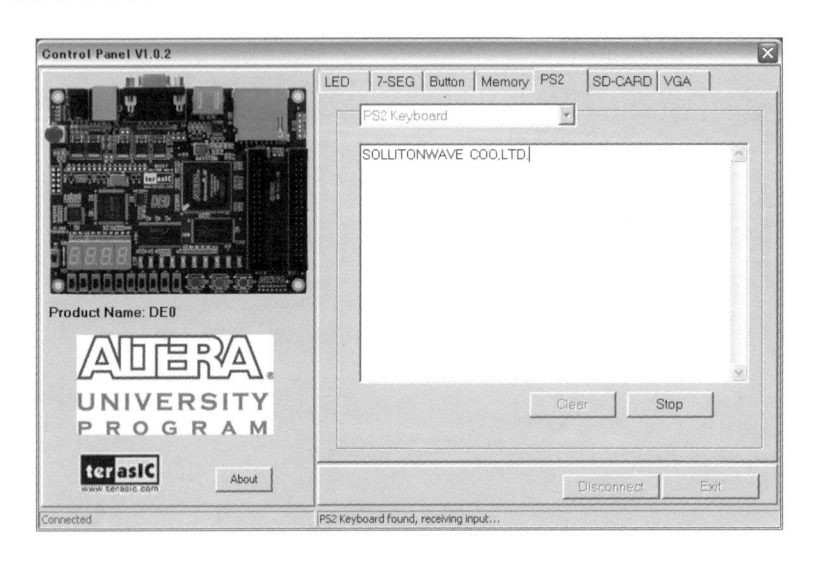

図 2-32　「PS2」タブの画面

⑥ 「SD-CARD」タブ

　図 2-33 は，「SD-CARD」タブの画面です．SD カードのテストを行います．SD カードを挿入して，［Read］ボタンを押すと，挿入した SD カードの情報が表示されます．

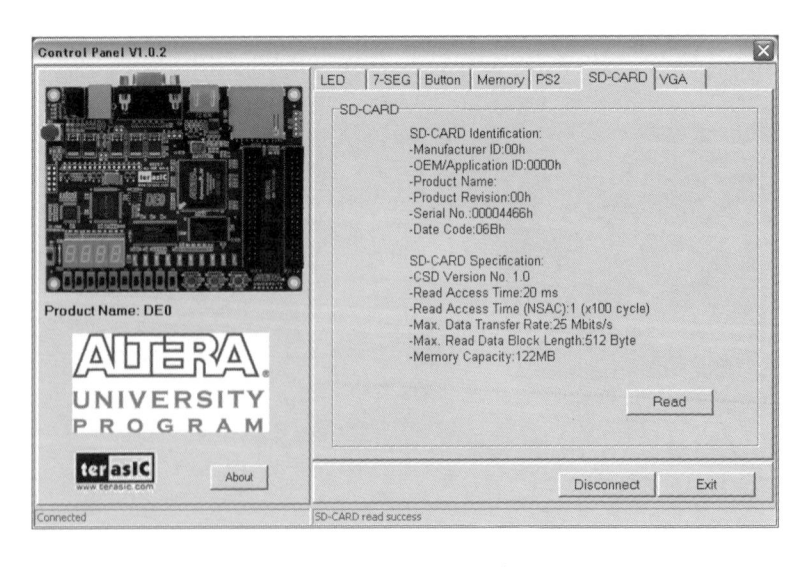

図 2-33　「SD-CARD」タブの画面

⑦ 「VGA」タブ

図 2-34 は，「VGA」タブの画面です．VGA のテストを行います．VGA に Control Panel の画面と同じパターンが表示されます．

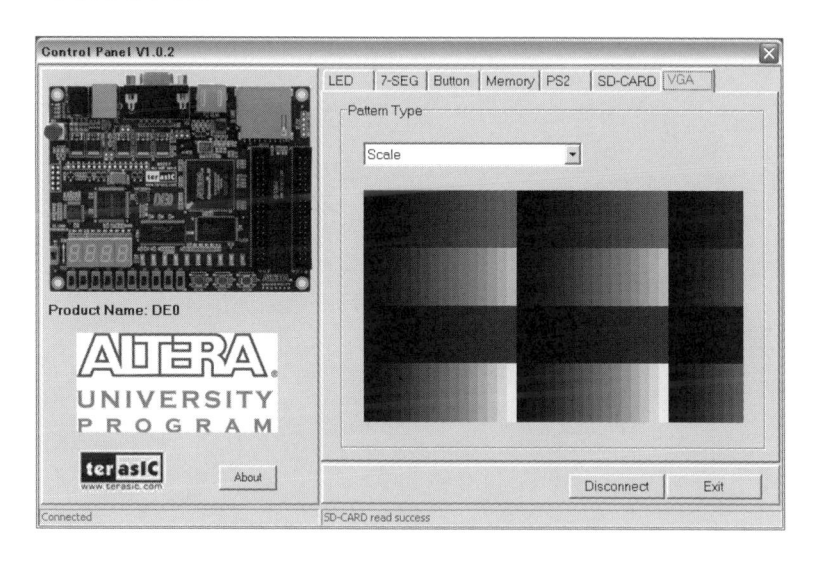

図 2-34 「VGA」タブの画面

これで DE0 の主な機能は理解できたかと思います．HDL でプログラムを組むことで，これらの周辺デバイスを使ってさまざまな回路を作成することができます．

ディジタル回路基礎知識編

　ここでは，HDL を学ぶために必要最小限の基礎知識について学習します．どこまでが最小限なのかという線引きは難しいのですが，本書では次の項目について学習します．

アナログとディジタル	ディジタルとは何か？という問いに答えます．
2 進数	ディジタル回路で使用される 2 進数などについて学習します．
ロジック回路とブール代数	簡単なロジック回路とブール代数について学習します．
ブロック図	回路の開発技法としてのブロック図について学習します．
Verilog HDL 入門	Verilog HDL の基本的な使い方について学習します．
PLD 入門	PLD デバイスについて簡単に学習します．

　最小限の知識といいながら，ざっと見ただけでもそれなりにボリュームがありそうですが，内容はそれほど難しくはないので心配無用です．すでにこれらの知識をお持ちの方は，この章を飛ばして第 7 章以降に入ってもらってもかまいません．あまり自信のない方は，復習をかねてざっと目を通していただければと思います．

　ここでは，それぞれの項目について，HDL の学習に必要と思われる最小限の内容にとどめています．このため，あまり厳密でなく，説明が不十分な箇所もあると思います．より詳しく学習されたい方や HDL の専門家を目指す方は，専門書で学習されることをお勧めいたします．

第3章　ディジタル回路で使われる2進数

　最初に，コンピュータ用語としての"アナログ"と"ディジタル"の違いを明確にすることから始めましょう．

　最近よく"アナログ人間"，"ディジタル人間"という言葉をよく聞きます．この言葉はいろいろな意味で使われていますが，例えば「私はアナログ人間だから・・・」というと古い（アナログ時代の）人といったニュアンスで使われたりするようです．これに対して"ディジタル人間"は，さしずめ最近のディジタル機器を使いこなせる人ということのようです．

　ただ，このような場合の"アナログ"と"ディジタル"は，コンピュータ用語としての"アナログ"と"ディジタル"の意味とは少々違う使われ方です．

　"アナログ人間"と"ディジタル人間"の別の使われ方として，

　アナログ人間＝物事に対して柔軟な発想を持てる，人間味あふれる人

　ディジタル人間＝物事対して Yes/No のような機械的な判断をする，固い感じの人

　といった使われ方もあるようですが，こちらの方がコンピュータ用語の意味に多少近い感じがします（図 3-1）．

図 3-1　アナログ人間とディジタル人間

アナログ＝連続的，ディジタル＝離散的

コンピュータ用語での"アナログ"は情報を連続的に表すこと言い，これに対して"ディジタル"は離散的に表すことを言います．簡単な具体例を示しましょう．

ディジタルの利点

家の近くに坂があったとします．これが結構長い坂で上るのに少々苦労します．坂の途中にちょっと見晴らしのよい場所があり，そこは富士山がよく見える場所としましょう（図 3-2）．

ちょうどそのあたりの道端にもぐらの巣穴を見つけたので，この場所をだれかに説明する場合を考えます．おそらくこの場合，"坂の途中の富士山がよく見えるあたりにもぐらの巣穴があります"といった説明になると思いますが，坂の途中で富士山が見える範囲というのはそれなりに広いので，場所を示す説明としてはあまり的確とは言えません．

では，これが坂ではなく階段であればどうでしょうか？階段は全部で119段あり，もぐらの巣穴はちょうど90段目のすぐ脇であれば，「階段の90段目のすぐ脇にもぐらの巣穴があります」という説明で的確に場所を示すことができます．この場合，坂がアナログ（連続量）で，階段がディジタル（離散量）となるわけです．この例では，ディジタルにするとあいまいさがなくなり，より的確に情報を扱えることが分かります．

アナログの利点

もちろん，すべての場合において，アナログよりもディジタルの方が優れているというわけではありません．例えば，アナログ式の温度計（昔からあるガラス管タイプ）と，ディジタル式の温度計を考えてみましょう（図 3-3）．ここでは，アナログ温度計の目盛は1℃単位，またディジタル温度計の単位も1℃単位とします．

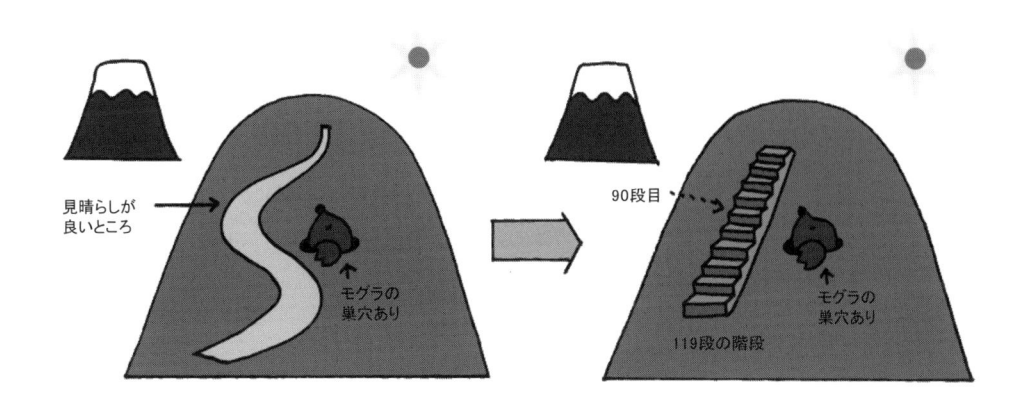

図 3-2 坂道と階段

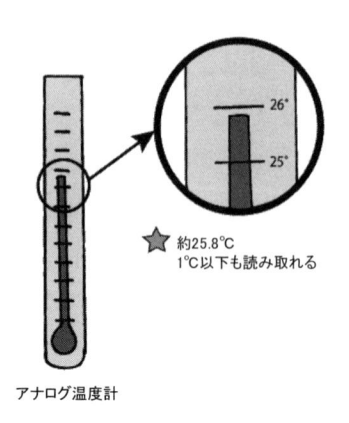

図 3-3 アナログ温度計とディジタル温度計

　この二つの温度計で気温を測った場合，ディジタル温度計では 25℃，26℃といったように 1℃単位の温度を表示します．これに対してアナログ温度計では，目盛は確かに 1℃単位ですが，温度が目盛の間にある場合もおおよその位置は見ることができるので，25.5℃とか26.8℃といった中間的な値も読み取ることができます．

　ディジタル温度計では，その温度計の精度以上の温度は測ることはできませんが，アナログ式であれば中間の値もある程度読み取ることができるという利点があるのです．

物を数えるにはディジタルが便利

　このように，アナログ式にも優れた点はありますが，先の坂道と階段の例のようにディジタルではあいまいさがないという利点があり，物を数える場合はディジタル式が便利なことが分かります．

2 進数

　アナログとディジタルの違いが理解できたところで，ディジタル回路で使われる 2 進数，2 進法について学習しましょう．

ディジタル≠0 と 1

　"ディジタル"には先に説明した通り"離散的"という意味が含まれています．従って，必ずしも 1 と 0 だけの世界が"ディジタル"というわけではありません．先の坂と階段の例のように，斜面を坂として連続的にとらえるのが"アナログ"であり，階段のように不連続な値としてとらえるのが"ディジタル"です．

　ただし，一般的に使われている"ディジタル機器"の内部では 2 進数が使われていますので，内部で使用される数字は 1 と 0 だけということになります．この意味においては，"ディジタル＝1 と 0

の世界"と考えていてもほとんどまちがいではありません．ではなぜ，ディジタル回路では，2進数が使われるのでしょうか？

2進数の利点

ほとんどのディジタル回路では2進数が使われています．2進数のメリットを10進数と比較してみましょう．

電子回路は電気で動作するため，電圧の変動やノイズなどの影響を受ける場合がありますが，このような影響で数値が変化しては困りますので，できるだけノイズなどの影響を受けないような形で数値を扱う必要があります．図 3-4 は，0～5V を2進数と10進数の数値に割り当てたものです．2進数の場合，電圧がある電圧（しきい値）より高い場合を1，ある電圧より低い場合を0と決めればよいので，しきい値を超えない程度のノイズや電圧変動であれば数値は変化しないことが分かります．

10進数を使って0～9の数値を割り当てる場合は，図 3-4 のように2進数の場合よりもしきい値の間隔が狭くなり，それだけノイズや電圧変動に弱くなることが分かります．

ディジタル回路では，コンピュータに代表されるように計算精度が非常に重要です．何かの拍子に値が変わってしまうようでは使い物になりません．2進数の信号レベルは0と1だけなので判別しやすく非常に都合が良いことが分かります．

また，0と1の2値であれば，仮にノイズなどの影響を受けても元の信号に容易に復元することができます．さらに，メモリ素子を作りやすいというメリットもあります．そして，0と1の2値しかないディジタル信号は，後述するブール代数を使って複雑なロジック回路を基本的なロジック回路だけで実現できるという大きなメリットがあります．

進数の変換

私たちが日常使っているのは10進数なので，他の進数を使う場合は10進数との変換が必要になります．そこでまず，他の進数から10進数への変換を見てみることにします．

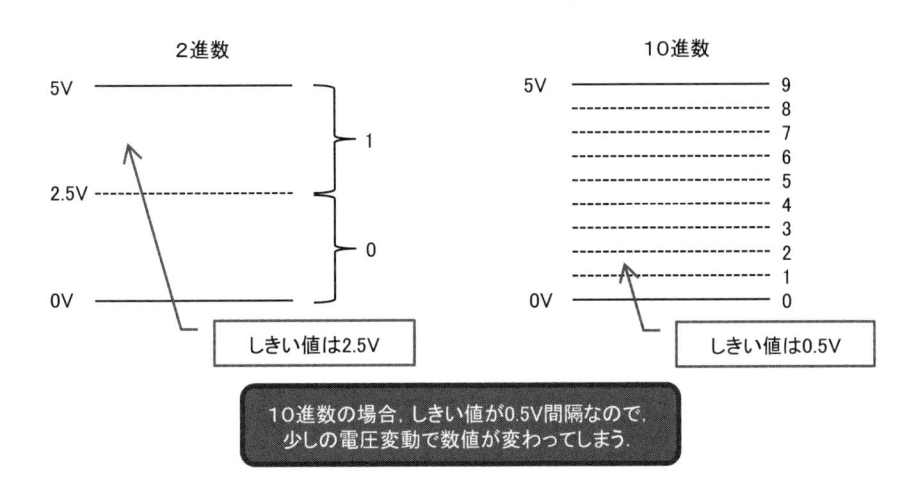

図 3-4　2進数と10進数のしきい値と数値

まずは，2時間3分5秒を10進数の秒に変換してみましょう．この変換は，次のように時間と分をそれぞれ秒に変換して合算します．

1分は60秒なので，3分は，60×3＝180秒

1時間は60分，1分は60秒なので，1時間は，60×60＝3600秒

1時間が3600秒なので，2時間は，2×3600＝7200秒

従って，2時間3分5秒は，7200＋180＋5＝7385秒となります．これを計算式で書くと，

$$秒数＝時間の値×（60×60）＋分の値×60＋秒の値$$

となります．時間の値は，60^2（＝3600）をかけていて，分の値は 60^1（＝60），秒の値は，60^0（＝1）をかけていることになります．

今度は，7385秒という10進数の値をどのように60進数に変換するかを見てみることにします．

まず，7385を60で割ると，

$$7385 \div 60 = 123 \cdots 5$$

となります．この余りが60進の場合の秒になります．また，商の123は，さらに60で割ることができるので，これを割って余りを求めます．

$$123 \div 60 = 2 \cdots 3$$

この余りが60進数の分の値で，商の2が時間となります．従って，2時間3分5秒という60進数の値を求めることができます．異なる進数への変換方法をまとめると，図 3-5 のようになります．

桁	3	2	1	0
n進数の数値	a	b	c	d
重み	n^3	n^2	n^1	n^0
計算式	$an^3 + bn^2 + cn^1 + d$			

一般式：m番目の桁の数値をa_mとすると，

$$値 = \sum_{m=0} a_m \times n^m \ (n\text{は進数})$$

図 3-5　異なる進数の変換方法

プログラムでよく使用される 16 進数

16進数は，プログラムで数値などを記述する際，2進数で書くより便利なのでよく使われています．16進数は1桁の数値が16個あるので，0〜15の値があります．

16進数を記述する場合，0〜9はそのまま数字の0〜9を使用しますが，10〜15は，アルファベットのA〜Fを使用します．このようにすると，時間の記述で使用したコロン"："のような特殊な記号を使わなくても，そのまま数値を記述することができます．例えば，1Aと書けば1桁目が10で，2桁目が1であることが分かります．この数値は，10進数では$1×16+10=26$となります．

16進数を記述する場合，そのままだと10進数と区別できない場合があります．例えば，16進数の10と10進数の10は，どちらも見た目は10ですが，16進数の場合は10進数の16を意味します．そこで，16進数であることを示すために，数字の前や後ろに記号を付けて識別します．

記号の付け方は，使用するプログラミング言語などにより異なります．例えば，AAという16進数は，Verilog HDLでは8'haa，C/C++言語では0xAAといった表現が使われます．また，一般的な表記として，AAHのように，16進を表す"H"を後ろに付ける表記がよく使われます．

2進数とビットとバイトの関係

2進数の1桁は2個の値しかないので，数値は0と1だけを使用します．

2進数は，2になると桁上がりが発生するため頻繁に桁上げが発生します．表 3-1 は，10進数で0〜15の数を2進数と16進数で記述したものです．

10進数	2進数	16進数
0	0000	0
1	0001	1
2	0010	2
3	0011	3
4	0100	4
5	0101	5
6	0110	6
7	0111	7
8	1000	8
9	1001	9
10	1010	A
11	1011	B
12	1100	C
13	1101	D
14	1110	E
15	1111	F

表 3-1　**0〜15の10進数を2進数，16進数での表記**

2進数の1桁をビット（bit）といいます．1ビットは2進数の1桁で，3ビットであれば3桁です．また，8ビットをまとめてバイト（byte）といいます．8ビットは1バイトで，16ビットは2バイトです．

8ビットは，$2^8=256$個のデータを表現できます．コンピュータで文字を扱う場合，最小限アルファベットの大文字小文字のすべてや，いくつかの記号を識別できる必要があります．また，日本の場合は，カタカナが表現できると便利ですし，他の国でもその国独自の記号などが使用できれば便利です．8ビットあれば，これらの文字を表現できます．

このように，コンピュータでは8ビットでデータを扱うことが多いため，8ビットを1バイトとしています．

また，8ビットで文字を表現する方法は，アスキー（ASCII：American Standard Code for Information Interchange）コードなどの標準規格が決められているので，インターネットなどを使ってどこの国ともデータのやり取りが行えるようになっています．

8ビットの2進表記と16進表記

2進数で8ビットの値を記述するには8桁必要になります．例えば，2進数の11011001は10進数の217ですが，2進数の表記は1と0ばかりで桁数も多いため，まちがいも起こりやすくなります．

そこで，8ビットの値を，上位と下位の4ビットずつに区切り，2桁の16進数で表現する方法がよく使われています．4ビットの値は，$2^4=16$個の組み合わせがあり，ちょうど16進数の1桁で表現することができるため，2桁の16進数で8ビットのデータが表現できるというわけです（図 3-6）．

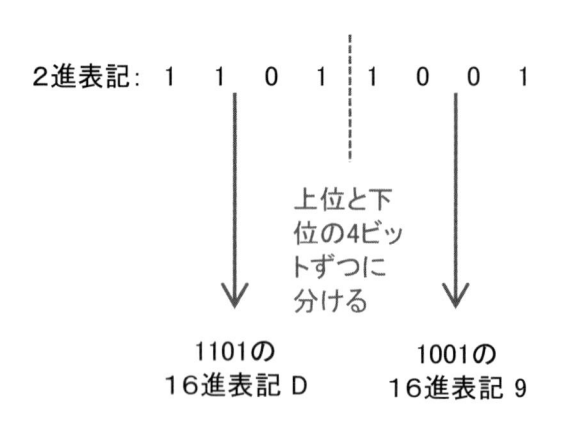

```
2進表記：  1 1 0 1 | 1 0 0 1

                上位と下
                位の4ビッ
                トずつに
                分ける

         1101の        1001の
         16進表記 D     16進表記 9

16進表記：         D9
```

図 3-6　8ビットのデータの2進表記と16進表記

第4章　　ロジック回路とブール代数

　コンピュータの計算は，ブール代数に従って行われています．ブール代数とは，簡単に言うと，ロジック回路を数式化したようなものです．ロジック回路とはある論理条件に従って論理判断し，その結果を出力する回路です．

　ディジタル回路はロジック回路を使って回路を構成します．ディジタル回路では，信号がある電圧よりも高い（Highレベル）場合を1，ある電圧より低い（Lowレベル）場合を0に対応させた2値ロジック回路が使われています．まずは，簡単なロジック回路について学習し，次にブール代数による表現を学習しましょう．

簡単なロジック回路

　ロジック回路をどのように使うかという例の一つとして，図 4-1 に示す階段の電灯の回路を考えてみることにしましょう．

　階段の電灯は，1階でも2階でも電灯のON/OFFができなければなりません．もしスイッチが1階にしかないと，夜電灯が消えているときに1階まで階段を下りてスイッチを入れなければならず，電灯の意味を成しません．この電灯の回路は，図 4-2 のように二つのスイッチの入力と，一つの電灯の出力として考えることができます．

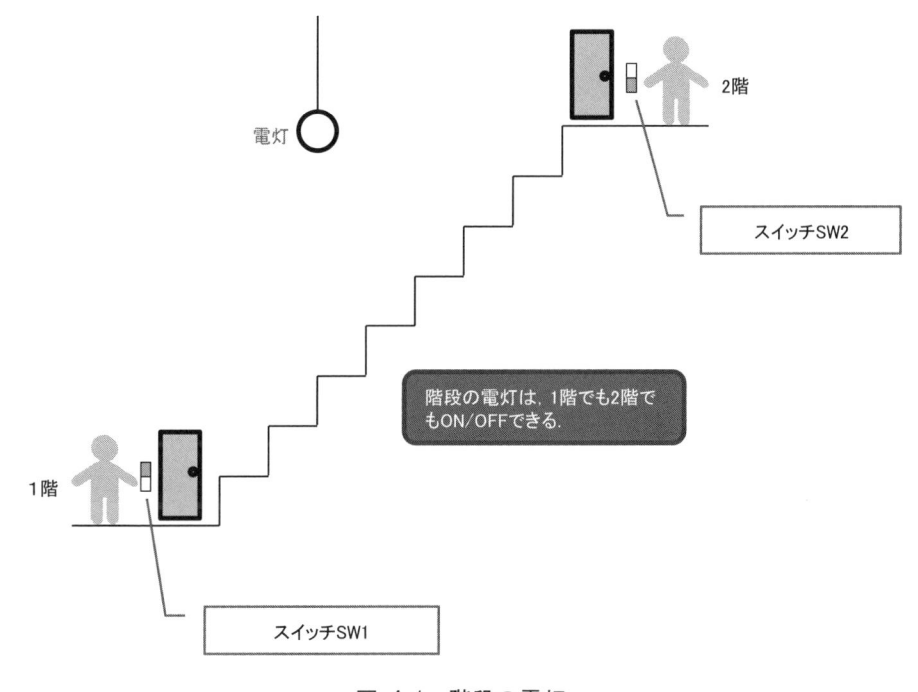

図 4-1　階段の電灯

```
1階のスイッチ ──── SW1
                        Q ──── 電灯出力
2階のスイッチ ──── SW2
```

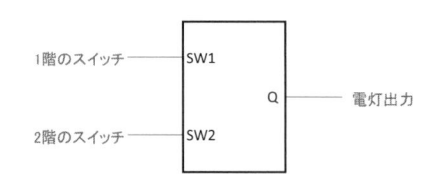

図 4-2　階段の電灯回路のブロック図

　ここでは具体的な回路は示さず，回路をブラックボックスとして示しています．このように，回路をブラックボックスとして入出力のみを示した図をブロック図といいます．ブロック図は，図 4-2 のように一つのブラックボックスの場合もありますが，いくつかの機能を組み合わせた，複数のブラックボックスで構成される場合もあります．どのような場合も，一つのブラックボックスが一つのまとまった機能を表しています．

　階段の電灯回路のブラックボックスでは，二つのスイッチ入力 SW1 と SW2，そして一つの電灯の出力 Q があります．二つの入力と一つの出力は，それぞれがロジック・レベルの信号線となっており，それぞれ，High または Low のいずれかの信号の状態を持つことになります．

　このブラックボックスの動作は，表 4-1 のようになります．表 4-1 で，SW1 と SW2 がそれぞれ 1 階のスイッチの入力で，Q という信号が電灯の出力です．スイッチは，ON にすると High レベル，OFF にすると Low レベルになります．

　また，電灯の出力は，High レベルのときに電灯が点灯することになります．このように，入力と出力の論理の関係を表す表を真理値表（True Table）といい，回路の動作を調べるときにこの表を見ると分かりやすくなります．

　この回路では二つのスイッチがあるので，スイッチの ON/OFF の組み合わせは 2^2（＝4）通りあります．では，簡単にこの回路の動作を見てみることにします．

　スイッチが両方とも OFF のとき，すなわち SW1 と SW2 がどちらも Low のときは，Q は Low なので電灯は点灯しません．この状態から，SW1 か SW2 のどちらかを ON にすると，Q は High となり電灯が点灯します．これは，1 階か 2 階の人がスイッチを入れたときの状態です．

SW1	SW2	Q
Low	Low	Low
Low	High	High
High	Low	High
High	High	Low

表 4-1　階段の電灯回路の動作を表す真理値表

最後が，SW1 と SW2 の両方ともが ON のときですが，Q は Low となり電灯が消灯します．これは，1 階の人が電灯を付けて 2 階に上がり，2 階でスイッチを押して電灯を消すときの動作になります．1 階のスイッチを押したまま 2 階に上がるため，2 階のスイッチを押したときは 1 階と 2 階のスイッチが両方とも ON となるので，この状態で電灯が消灯される必要があるわけです．

ここで，1 階で別の人がスイッチを操作すると，2 階が ON，1 階が OFF となり，再度電灯が点灯します．あるいは，2 階で再度スイッチを操作しても同じです．従って，この真理値表通りに回路を作れば，階段の電灯の回路が完成します．

三つの基本ロジック回路

ロジック回路の基本的な回路は，AND（論理積），OR（論理和），NOT（否定，または反転）の三つです．他に，NAND, NOR, XOR といった回路もよく使われますが，これらはすべて基本となる三つの回路の組み合わせで作ることができます．

AND（論理積）

初めに，AND を見てみることにします．図 4-3 は，2 入力 AND と多入力 AND の回路記号を示しています．

ディジタル回路では，多くの場合，左に入力，右に出力を書きます．2 入力 AND の真理値表は，表 4-2 のようになります．

AND では，**すべての入力が 1 のときにだけ出力が 1** になります．表 4-2 は 2 入力の場合ですが，多入力の場合も同様で，すべての入力が 1 の場合だけ出力が 1 となり，他の場合は，出力は 0 となります．

OR（論理和）

図 4-4 は，2 入力 OR と多入力 OR の回路記号です．また，2 入力の OR の真理値表は表 4-3 のようになります．

OR の場合は，**入力のいずれかが 1 のときに出力が 1** となります．逆に言えば，OR の出力が 0 となるのはすべての入力が 0 のときだけです．

NOT（反転，または否定）

NOT は 1 入力のみで入力の論理を反転します．図 4-5 は NOT の回路記号です．また，真理値表は表 4-4 のようになります．

NOT は，表 4-4 のように，**入力が 1 ならば出力が 0，入力が 0 ならば出力が 1** となります．

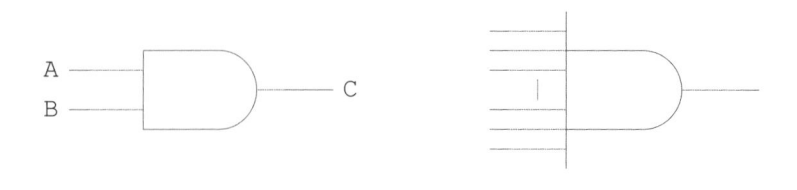

(a) 2入力の場合　　　　　　(b) 多入力の場合

図 4-3　2入力の AND の回路記号と多入力の AND の回路記号

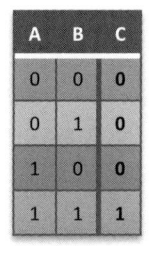

A	B	C
0	0	0
0	1	0
1	0	0
1	1	1

表 4-2　2入力 AND の真理値表

(a) 2入力の場合　　　　　　(b) 多入力の場合

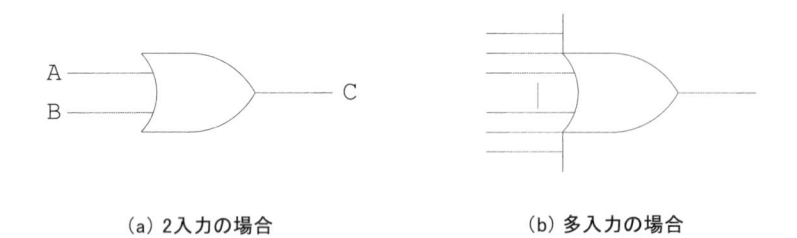

図 4-4　2入力の OR と多入力の OR の回路記号

A	B	C
0	0	0
0	1	1
1	0	1
1	1	1

表 4-3　2入力 OR の真理値表

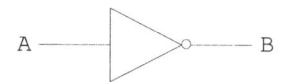

図 4-5 NOT の回路記号

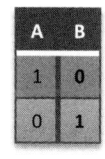

表 4-4 NOT の真理値表

その他の主なロジック回路

基本的なロジック回路は，AND，OR，NOT の三つですが，よく使われるその他の回路として，NAND，NOR，XOR（Exclusive OR．ExOR，EOR ともいう．排他的論理和）を紹介します．

図 4-6 は，NAND，NOR，XOR の回路記号です．また，それぞれの真理値表を表 4-5 に示します．

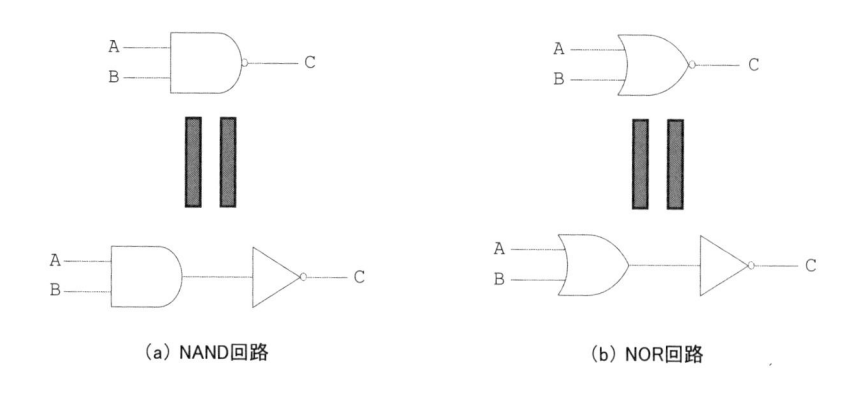

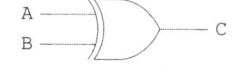

(a) NAND回路

(b) NOR回路

XOR回路の構成は次節を参照

(c) XOR回路

図 4-6　NAND，NOR，XOR の回路記号

A	B	C
0	0	1
0	1	1
1	0	1
1	1	0

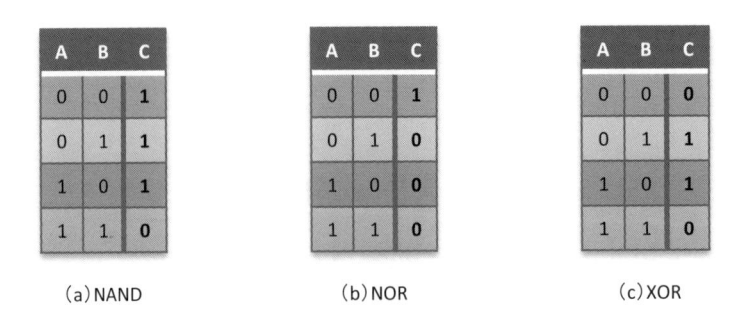

(a) NAND

A	B	C
0	0	1
0	1	0
1	0	0
1	1	0

(b) NOR

A	B	C
0	0	0
0	1	1
1	0	1
1	1	0

(c) XOR

表 4-5　NAND，NOR，XOR の真理値表

　NANDは，ANDの後ろにNOTを接続したもので，ANDの出力を反転した形となっています．記号は，ANDの出力が否定されていることを示すため，NOTの三角マークを省略して丸印だけを書きます．NORは，NANDと同様に，OR＋NOTとなっています．ORの出力が反転されます．XORは，ORと少し似ていますが，真理値表のように二つの入力がともに1のときは，出力が0になります．

　XORは面白い性質があります．XORのA，B二つの入力のうち，Bの入力にスイッチを接続してBを1か0に切り替えられるようにしておきます．Bを0にしているときは，Aが0ならば出力Cは0，Aが1ならば出力Cが1となり，Aの信号がそのまま出力されることになります．

　ところが，Bを1にすると，真理値表のようにAが0ならば出力Cは1，Aが1ならば出力Cは0となり，Aの否定が出力されることになります．この場合はNOTとして動作します．従って，B信号の0，1を切り替えることで，NOT動作をするかどうかを切り替えることができます．

論理記号を使った回路図の例

　ロジック回路をひととおり覚えたところで，先の電灯の例で示したブロック図の中身を書いてみることにします．この回路は，真理値表を比べると分かるようにXORになります．従って，XORを使うと簡単ですが，ここでは三つの基本ロジック回路を使って回路を作ってみることにします．

　ロジック回路を作成する場合は，真理値表から回路を起こす方法が簡単です．図4-7のように，真理値表から出力が1となる条件を調べていきます．

　出力が1となるのは，SW1が1でSW2が0のときと，SW1が0でSW2が1のときなので，この二つの条件を満たす回路を作成しORをとると求める回路ができ上がります．

　別の方法として，図4-8のように，SW1とSW2のORの条件から，SW1とSW2の両方が1の場合を取り除く方法も考えられます．

　このように，ロジック回路では，同じ機能の回路が異なる回路になることがよくあります．論理的には同じものですが，実際の回路では使用する部品点数が異なったり，動作速度が異なったりしますので，用途に応じて最適な回路を選択する必要があります．

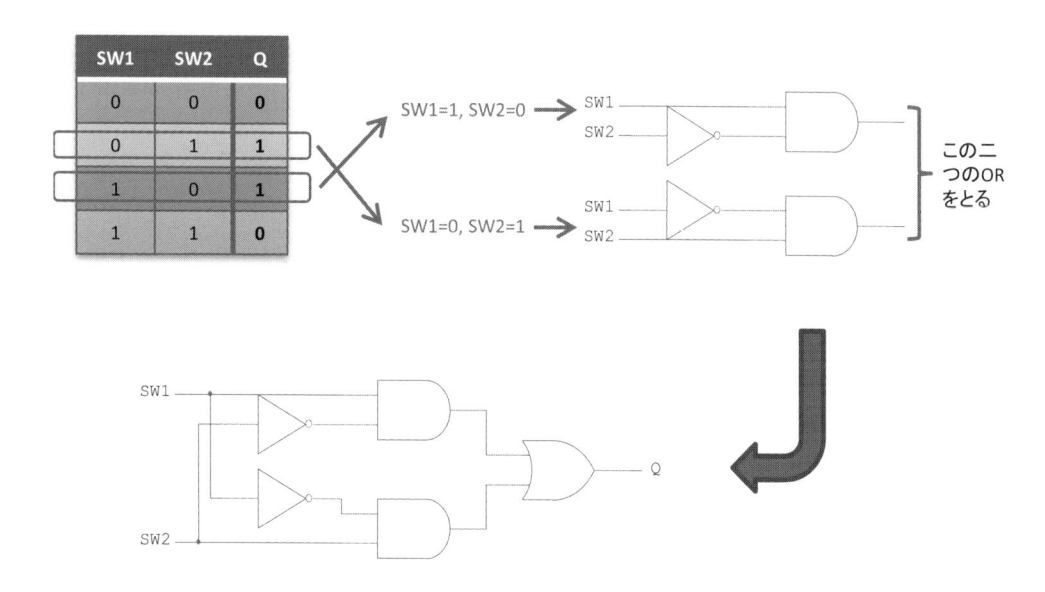

図 4-7　階段の電灯の回路の作成：真理値表から 1 となる条件を求めて回路を作成する

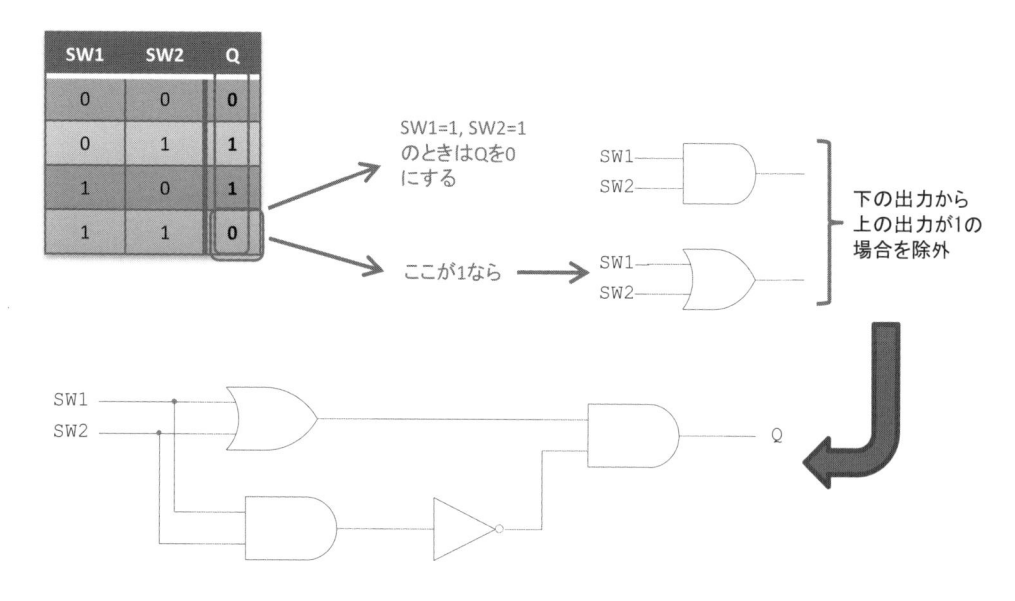

図 4-8　階段の電灯の回路の作成：OR 条件から余計な AND 条件を取り除く

ブール代数

論理回路記号や真理値表を使って回路を構成する方法は，直感的で分かりやすいのですが，回路が複雑になってくると論理回路記号や配線が複雑になり，効率的ではない場合があります．また，真理値表も入力が少ない場合はよいのですが，入力が多くなってくると表も大きくなるため，効率的ではありません．

このような場合，ブール代数を使うと回路を数式として処理できるので便利です．ブール代数は，論理が真のときは1，偽のときは0とします．また，AND や OR，NOT は，**表 4-6** のように・や+，~（または ￣）を使って表します．

AND や OR に四則演算と同じような記号を使うことで，論理演算が直感的に理解できる形で書くことができます．例えば，A，B 二つの信号入力を持つ AND 回路は，

$$A \cdot B, \text{または} AB$$

と書きます．これは掛け算と同じで，A，B の両方が1のときだけ，結果が1になり，どちらかが0ならば，結果が0になります．

OR の場合は，

$$A + B$$

と書きます．両方が0でない限り，結果は0にはなりません（つまり，それ以外は1になる）．

通常の四則演算では，1+1=2 ですが，ブール代数では，1+1=1 ということに注意してください．

	AND	OR	NOT
記号	・(ドット)	+(プラス)	~(チルダ)
例	A・B	A+B	~A

~A は $\overline{A}$ のように，上にバーを書く場合もある

表 4-6 ブール代数の記号

ド・モルガンの法則

ブール代数で重要な定理に"ド・モルガンの法則"があります．これは，次の関係を示す式です．

$$\overline{(A \cdot B)} = \overline{A} + \overline{B}$$

$$\overline{(A + B)} = \overline{A} \cdot \overline{B}$$

この法則は，真理値表を見ると簡単に確認することができます．最初の式は，A と B の AND の否定なので，真理値表は**表 4-7**のようになります．

この結果は，$\overline{A}+\overline{B}$ と一致します．また，2 番目の式も，真理値表では**表 4-8** のように確認することができます．

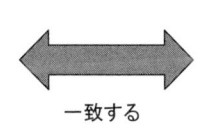

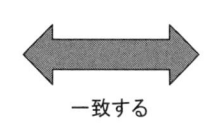

表 4-7 　$\overline{A \cdot B}$ の真理値表

表 4-8 　$\overline{A + B}$ の真理値表

階段の電灯回路のブール代数表記

最後に，階段の電灯回路を，ブール代数で書いてみることにします．階段の電灯回路は，二つの方法で回路を作成したため同じ機能を持つ二つの回路ができました．

図 4-7 の回路は，真理値表から 1 となる条件を求めて回路を作成したもので，ブール代数を使うと次のような式になります．なお，SW1 を A という信号名，SW2 を B という信号名に書き換えています．

$$\mathrm{OUT} = A \cdot \overline{B} + \overline{A} \cdot B$$

また，**図 4-8** の回路は，OR 条件から，余計な AND 条件を取り除く方法で作成したもので，ブール代数では，次のように記述することができます．

$$\mathrm{OUT} = (A + B) \cdot \overline{(A \cdot B)}$$

ブール代数では，**表 4-9** の定理を使って式を展開することができます．

定理	名称
A+B=B+A A·B=B·A	交換則
(A+B)+C=A+(B+C) (A·B)·C=A·(B·C)	結合則
A·(B+C)=A·B+A·C A+(B·C)=(A+B)·(A+C)	分配則
A+A=A A·A=A	同一則
$\overline{\overline{A}}=A$	二重否定則
0+A=A 1+A=1 0·A=0 1·A=A A+(A·B)=A A·(A+B)=A	吸収則
$A+\overline{A}=1$ $A·\overline{A}=0$	相補則
$\overline{(A+B)}=\overline{A}·\overline{B}$ $\overline{(A·B)}=\overline{A}+\overline{B}$	ド・モルガンの法則

表 4-9 ブール代数の定理

また，否定を使った部分は，ド・モルガンの法則を使って展開することができます．すると，2番目の式は次のように展開することができます．

$$\begin{aligned}\text{OUT} &= (A+B) \cdot \overline{(A \cdot B)} \\ &= (A+B) \cdot (\overline{A} + \overline{B}) \\ &= A \cdot \overline{A} + A \cdot \overline{B} + B \cdot \overline{A} + B \cdot \overline{B}\end{aligned}$$

ところで，$A \cdot \overline{A}$ や $B \cdot \overline{B}$ という項は，A が真で，かつ A の否定が真という矛盾した状態を示しているので，この項は，常に 0（偽）となります（仮に A=1 とすれば，$A \cdot \overline{A} = 1 \cdot 0 = 0$ となるため）．

0 の項は，加算には影響がないため，この項を無視することができます．従って，最終的に次のような式となります．

$$\text{OUT} = A \cdot \overline{B} + B \cdot \overline{A}$$

これは，最初の方法で求めた式と同じなので，二つの回路は，論理的にまったく同じ回路であることが分かります．

フリップフロップ

フリップフロップ（Flip-Flop，FF と略すこともある）はメモリなどに使われるディジタル回路のなかでも重要なロジック回路です．フリップフロップには，RS フリップフロップ，JK フリップフロップ，T フリップフロップ，D フリップフロップがありますが，ここでは RS フリップフロップ，T フリップフロップ，D フリップフロップについて説明します．

RS フリップフロップ

RS（Reset-Set）フリップフロップは，最も基本的なフリップフロップです．RS フリップフロップは，信号の一時記憶などに使われます．RS フリップフロップの回路と記号を図 4-9 に示します．この回路の動作を図 4-10 に示します．

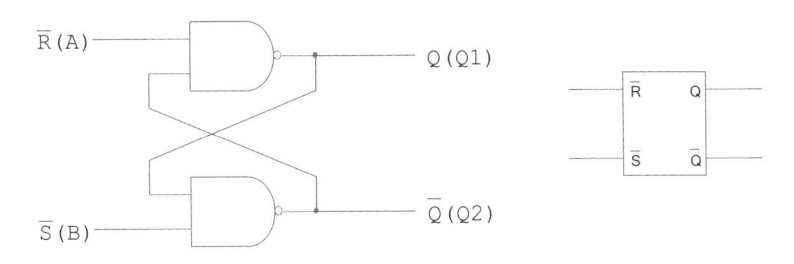

図 4-9　RS フリップフロップの回路と記号

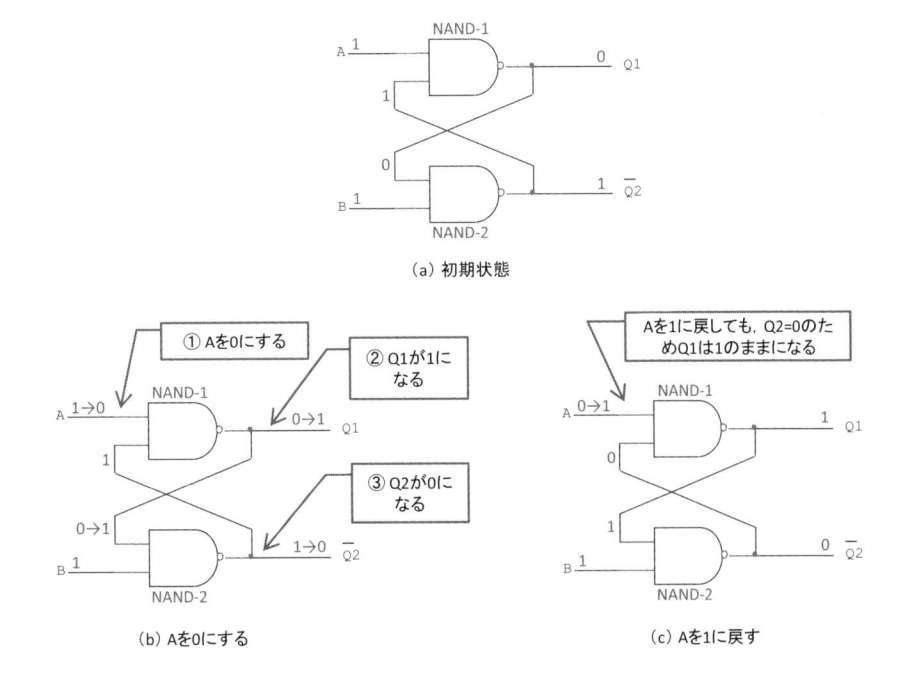

(a) 初期状態

(b) A を 0 にする

(c) A を 1 に戻す

図 4-10　RS フリップフロップの動作

RSフリップフロップは，二つの入力R（Reset）とS（Set），そして二つの出力Q1，Q2があり，二つの入力の通常状態を1にして使用します．

まず，図4-10（a）のようにQ1出力が0になっていたとします．これを初期状態とします．Q1出力はNAND-2の入力となっているため，NAND-2の一方は0となり，NAND-2の出力，すなわちQ2出力はB入力の値とは無関係に1となります．

ここでA入力を一瞬0にした状態を考えます．図4-10（b）はこの状態を表していますが，A入力が0になることでNAND-1のQ1出力はQ2の状態とは無関係に1となります．NAND-1のQ1出力は，NAND-2に接続されていますが，B入力は1なので，Q1出力が1となるとNAND条件が成立してQ2出力は0になります．

ここでA入力を1に戻しても，Q2出力が0になったため，Q1出力は1のまま保持されます．この状態が図4-10（c）です．

結局，初期状態ではQ1=0，Q2=1だったものが，A入力を1回0にしたことで，Q1=1，Q2=0と状態が逆転したことになります．ここで今度はB入力を0にすると，先ほどと逆のことが起こり，初期状態のQ1=0，Q2=1という状態に戻ります．

RSフリップフロップは，A入力とB入力を1の状態に保つことで，最後の状態を記憶できる，ということになります．

RSフリップフロップの"RS"は"Reset-Set"のことですが，A＝リセット端子，B＝セット端子と考えれば，A入力を0にすると回路がリセットされ，B入力を0にすると回路がセットされると考えることができます．

Tフリップフロップ

T（Toggle）フリップフロップは，分周器などに使われます．Tフリップフロップの記号を図4-11に示します．Tフリップフロップの入力はTだけで，通常ここにはクロックを入力します．図4-12は，Tフリップフロップのタイム・チャートです．

図4-12のように，Tフリップフロップは，T入力が0→1と変化するごとに，Q出力が，0→1→0→1と交互に変化します（トグル動作）．このため，Q出力には，T入力に加えたクロックの，ちょうど半分の周波数のクロックが出力されることになります．この性質を利用してTフリップフロップは分周器としてよく利用されます．

Dフリップフロップ

D（Delay）フリップフロップは，最もよく使われるフリップフロップです．コンピュータのデータを記憶するレジスタ，スイッチのチャタリングの除去，またはシフトレジスタに使用したりと，さまざまな使い方があります．

図4-13はDフリップフロップの記号，図4-14はタイム・チャートです．

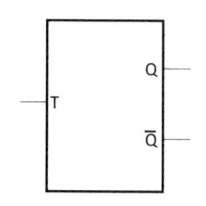

図 4-11　Tフリップフロップの記号

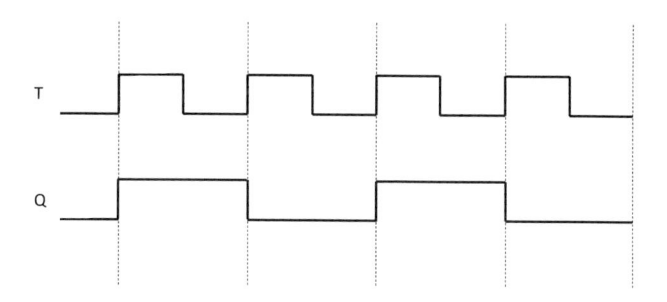

図 4-12　Tフリップフロップのタイム・チャート

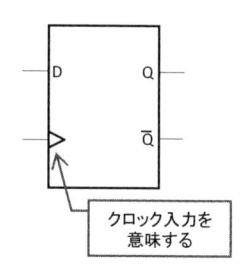

図 4-13　Dフリップフロップの記号

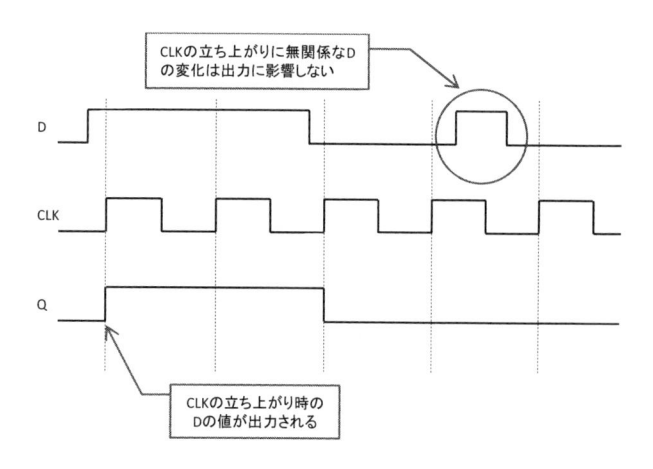

図 4-14　Dフリップフロップのタイム・チャート

Dフリップフロップには，図4-13のように，クロック入力CLKとデータ入力Dがあります．出力は，通常Qとその反転の$\overline{Q}$があります（フリップフロップは，RSフリップフロップをもとにしているため，Q出力と同時にその反転出力$\overline{Q}$を得ることができるため，二つの出力を持つ回路が多くある）．

Dフリップフロップは，CLKの立ち上がりで，D入力のデータを保持（ラッチという）してQに出力します．

このため，D入力が変化しても，次のクロックの立ち上がりまではQの出力は変化せず，次のクロック立ち上がり時点のD入力の値が，次のQ出力の値となります．

では，Dフリップフロップに，なぜ"Delay"の名前が付いたかを説明します．

図4-15のように，Dフリップフロップを3段直列に接続した場合の動作を考えます．

この回路の動作は，次のようになります．

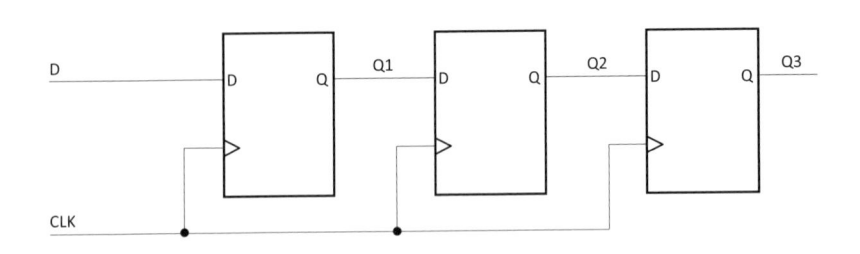

図4-15 Dフリップフロップを3段直列に接続した回路

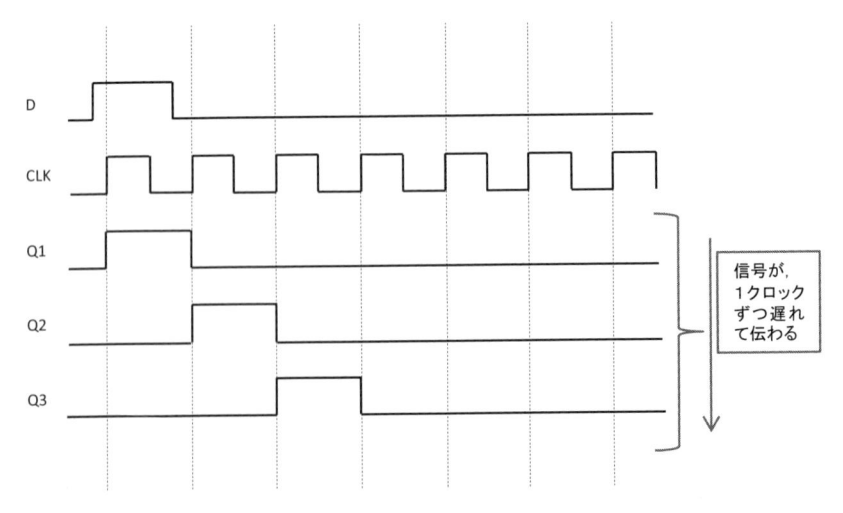

図4-16 Dフリップフロップを3段直列に接続した回路のタイム・チャート

まず1段目のDフリップフロップの動作は，1段の場合とまったく同じで，D入力をクロックの立ち上がりでラッチしてQに出力されます．1段目のQ出力は，クロックの立ち上がりで変化するのですが，実際には，内部回路の遅延によりクロックよりも若干遅れてQが変化します．

2段目のフリップフロップのD入力は，1段目のQ出力をラッチしていますが，最初のクロックの立ち上がりの瞬間は，まだQが変化する前なので，2段目のQ出力は，1段目よりも1クロック遅れて変化を起こすことになります．さらに3段目は，同じように1クロック遅れます．このため，結局この回路は，遅延動作をしていることになります．

DフリップフロップでTフリップフロップを作る

Dフリップフロップは図4-17のように配線すると，簡単にTフリップフロップとして動作させることができます．

D入力には，常に$\overline{Q}$が入っているので，クロックが立ち上がるごとにQ出力が反転し，Tフリップフロップとして動作します．

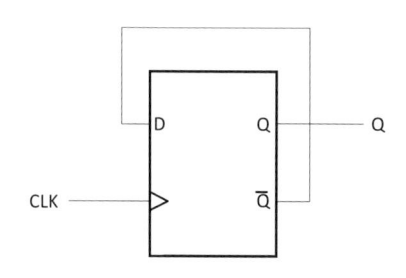

図4-17　DフリップフロップでTフリップフロップを作る

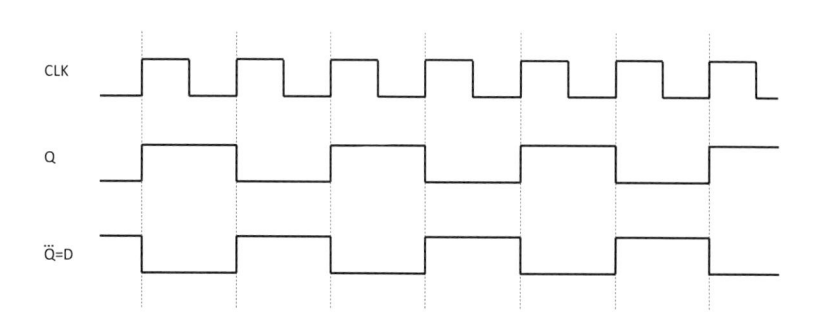

図4-18　図4-17のタイム・チャート

カウンタ

N ビットの出力を持ち，クロックが入るごとに出力が1ずつインクリメントするような回路をカウンタといいます．図 4-19 は，2 ビットのカウンタの回路例です．図 4-19 では，D フリップフロップを T フリップフロップとして使用し，2 段直列に接続しているため，動作は図 4-20 のタイム・チャートのようになります．

図 4-20 のように，クロックが入るごとに，カウンタの出力が 0，1，2 と増えていることが分かります．カウンタの値が 3 までくるとカウンタは 0 に戻ります．

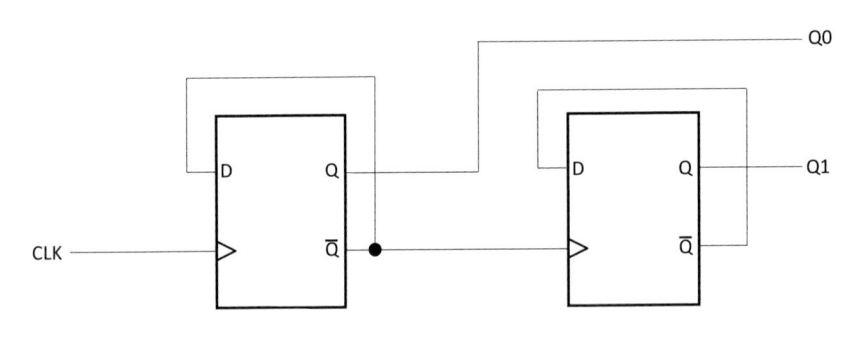

図 4-19　2 ビット・カウンタ

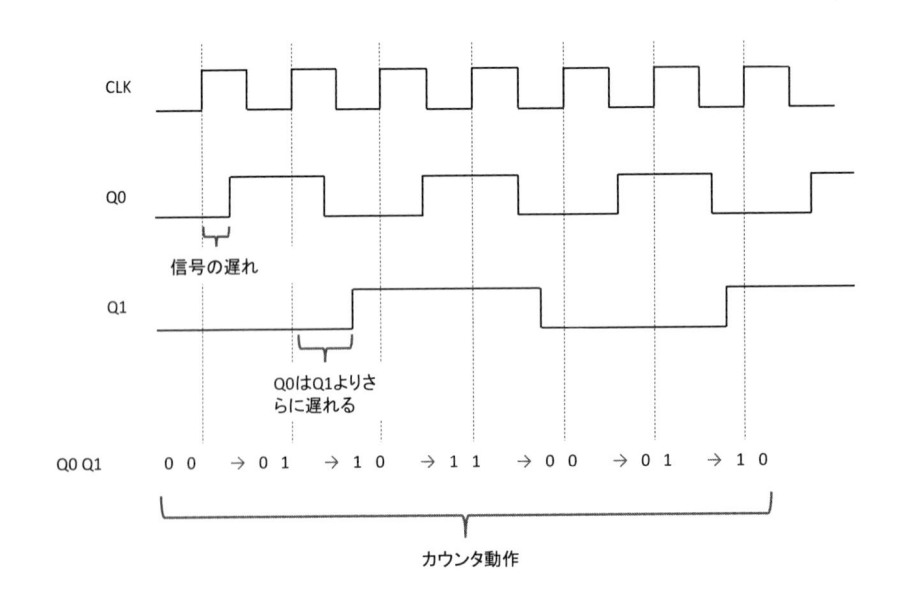

図 4-20　2 ビット・カウンタのタイム・チャート

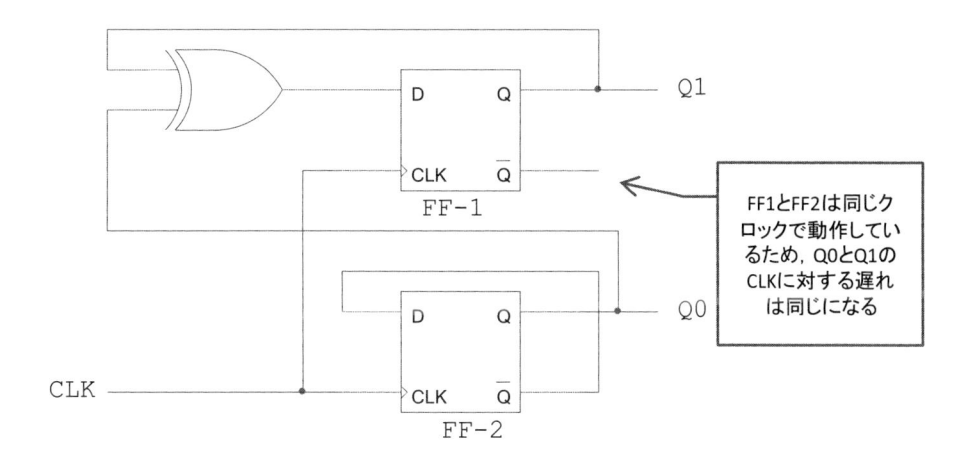

図 4-21　2 ビットの同期カウンタ

　この回路は簡単でよいのですが，フリップフロップを直列に接続しているため，内部の遅延が問題となります．上位のビットは下位のビットが変化してから入力が確定するため，ビット数が増えると高い周波数で上位ビットがクロックの変化についていけなくなります．

　そこで，一般には，この問題を改善した同期カウンタが利用されています．

　図 4-21 は，2 ビットの同期カウンタです．

　同期カウンタは，各ビットの入力は，現在出力されているデータだけで確定するため，どのビットも同じクロック周波数で動作することができます．**図 4-19** のカウンタは，非同期カウンタと呼ばれています．

　同期カウンタは，非同期カウンタよりも回路が複雑になりますが，高速動作が可能なため，最近では，同期カウンタがよく使われます．

ブロック図

　ディジタル回路に限らず，電子回路を作成する場合，機能をブロックに分けて，回路を視覚的に見やすくした図をよく利用します．例として，電子サイコロを考えてみましょう．

　図 4-22 は，電子サイコロの外観図とブロック図です．

　この電子サイコロには，1 個の押しボタンと，1 個の 7 セグメント LED があり，ボタンを 1 回押すとサイコロが回りだして，1〜6 までの数字が LED に表示されます．再度ボタンを押すと，押された時点の数字で表示が止まります．

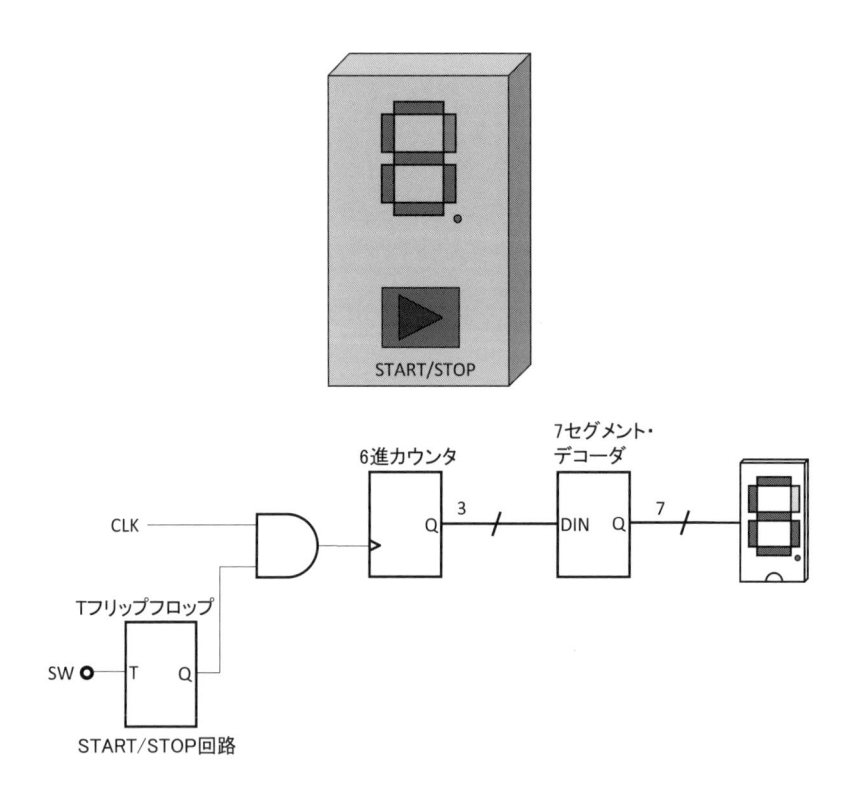

図 4-22　電子サイコロの外観図とブロック図

　ブロック図を見ると，細かい回路図がなくても回路全体の構成が分かり，またそれぞれのブロックの機能から，どのような回路を作っていけばよいかが容易に想像できます．そのため，特に複雑な回路を作成する場合は，まず全体のブロック図を作成して，各ブロックの詳細を詰めていくといった開発技法がよく使われます．

　電子サイコロの場合は機能が単純なためブロック図もシンプルですが，複雑な回路の場合はブロック図のそれぞれのブロックの中がさらに小さなブロックに分かれているような回路もよくあります．

第5章　簡単なVerilog HDL入門

　さて，前置きが長くなりましたが，予備知識ができたところでいよいよVerilog HDLの入門といきましょう．

　Verilog HDLは，HDL（Hardware Description Language＝ハードウェア記述言語）の一つで，その名の通りハードウェア（ロジック回路）を記述するための言語です．パーソナル・コンピュータでは，BasicやC言語など，さまざまなプログラム言語がありますが，HDLもこれらのプログラム言語と同様に，テキスト形式でプログラム・ソースを記述しコンパイルし実行します．ただし，HDLのターゲットがハードウェアそのものなので，実行は実際のハードウェア上で行うことになります．

　ここではVerilog HDLのプログラムはどのように作るかというところを簡単に説明します．実際のプログラムの作成は，第7章以降の実習で，実際にDE0を動作させながら学んでください．

Verilog HDLのプログラム構造

　Verilog HDLでは，プログラムをモジュール単位で作成していきます．第4章の電子サイコロの説明でブロック図を使いましたが，Verilog HDLのモジュールは，一つのモジュールが一つのブロックに対応していると考えてよいでしょう．例えば，電子サイコロでは，6進カウンタのモジュールは，**図 5-1**のようになっています．

　このモジュールの定義は，Verilog HDLを使うと次のようになります．

```
module DiceCounter(clk,dat);
    input clk;
    output [3:1] dat;
endmodule
```

　モジュールには，ポートと言われる，モジュールから出ている入出力の信号があります．これは，ブロック図の箱から出ている信号線と同じです．

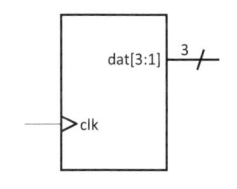

図 5-1　6進カウンタ

モジュールを定義する際は，モジュール名の後ろにポートのリストを記述します．ポート・リストで指定した信号がどのような信号であるかは，2行目以降の宣言部で指定します．この例では，clkが入力信号，datが出力信号です．datの前に[3:1]とありますが，これはdatという信号がバスであることを示しています．バスは信号線の束で，この場合は1～3までの3本の線を束ねた線であることを示しています．

モジュールの宣言の一般形は，次のようになります．

```
module モジュール名 (ポート・リスト);
    ポート宣言;
    回路記述;
endmodule
```

モジュール名はアルファベットとアンダースコア，数字を含む任意の文字列ですが，最初の文字には数字は使用できません．また，Verilog HDLですでに定義されている予約語は使用できません．予約語は，Verilog HDLの文法で使われる名前と考えておけばよいでしょう．

例えば，上記のmoduleやendmoduleは予約語になります．表5-1は，Verilog HDLの予約語の一覧です．この一覧にあるものは，信号名やモジュール名には使用できません．

always	for	notif0	strong0
and	force	notif1	strong1
assign	forever	or	supply0
automatic	fork	output	supply1
begin	function	parameter	table
buf	generate	pmos	task
bufif0	genvar	posedge	time
bufif1	highz0	primitive	tran
case	highz1	pull0	tranif0
casex	if	pull1	tranif1
casez	ifnone	pulldown	tri
cell	incdir	pullup	tri0
cmos	include	pulsestyle_ondetect	tri1
config	initial	pulsestyle_onevent	triand
deassign	inout	rcmos	trior
default	input	real	trireg
defparam	instance	reatime	unsigned
design	integer	reg	use
disable	join	release	vectored
edge	large	repeat	wait
else	liblist	rnmos	wand
end	library	rpmos	weak0
endcase	localparam	rtran	weak1
endconfig	macromodule	rtranif0	while
endfunction	medium	rtranif1	wire
endgenerate	module	scalared	wor
endmodule	nand	showcancelled	xnor
endprimitive	negedge	signed	xor
endspecify	nmos	small	
endtable	nor	specify	
endtask	noshowcancelled	specparam	
event	not	strength	

表5-1 Verilog HDLの予約語一覧

ポート宣言

ポート宣言では，ポート・リストの信号線の属性を指定します．信号の属性には，先に示した input と output のほかに，inout という属性も使用可能です．input は入力信号，output は出力信号で，inout は双方向の信号です．

ただし inout が使用できるのは，通常，デバイスのピンと直接接続されるトップ・モジュールだけで，そのほかの内部モジュールは使用できないので注意してください．

コメント

Verilog HDL では，次の 2 種類のコメントが使用できます．

```
/*
コメント・タイプ 1
*/


//コメント・タイプ 2
```

最初のコメントは，ブロック・コメントと言われ，/* と */ で囲まれた範囲がコメントとして扱われます．2 番目のコメントでは，行コメントと言われ，ダブルスラッシュ // から行末までがコメントとして扱われます．

コメントは，ソース・コードの説明をソース・コードの中に埋め込める便利な機能です．また，デバッグ時に，一時的にコードの一部を無効にしてテストするような場合にもよく利用されます．

Verilog HDL のコメントは，C 言語や C++ 言語で使用されるコメントと同じなので，これらの言語に慣れている方には，分かりやすいと思います．

回路の記述方法

さて，次に回路の記述方法について説明しましょう．回路の記述は，wire と reg を使って記述していきます．wire はその名の通りワイヤで，信号と信号，あるいはモジュールとモジュールなどを接続するために用いられます．

Verilog HDL では，モジュールや信号線をワイヤで接続する形で回路を記述していきます．ディジタル回路の回路図を作成する場合はロジック回路に配線を記述して回路図を作成していきますが，Verilog HDL で記述する場合もこれと同じで，モジュールや信号線をワイヤで接続します．ワイヤの接続には assign 文を使用しますが，これについてはこの後で説明します．

regはレジスタです．レジスタはDフリップフロップと考えてよいでしょう．regをバスで宣言すれば，任意のビット数のレジスタを作成することができます．

wireやregの具体的な使い方は，第7章以降のプログラムのサンプルを見ながら覚えてください．

assign文

Verilog HDLでは信号線の接続にワイヤを使用しますが，ワイヤはassign文を使って接続を定義します．

assign文は，プログラミング言語の代入文とよく似ていて，次のような形で記述します．

```
assign 信号名=論理式;
```

信号名には接続先の信号名を記述し，論理式にはその信号に接続する信号などの論理式を記述します．信号名にワイヤ名を使用すれば，ワイヤに信号を定義することができます．

論理式の記述は，ブール代数の記号と若干異なるので注意が必要です．ANDとORとNOTの論理演算は，それぞれ，&，|，~の記号を使用します．図5-2は，ANDとORとNOTを，論理記号とVerilog HDLのassign文で書いたものです．

条件式

信号のアサインに条件を使いたい場合がよくあります．ある信号が1の場合と0の場合で，動作を変えたい場合などです．assign文では，次のように記述することで，代入時に条件を加えることができます．

```
assign 信号名=条件式 ? 論理式1 : 論理式2;
```

この形式の場合，条件式が真ならば，論理式1が信号に代入され，偽ならば論理式2が代入されます．

また，次のように，論理式2の部分に条件式を加えて，さらに複雑な条件を指定することもできます．

```
assign 信号名=条件式1 ? 論理式1 : 条件式2 ? 論理式2 : 論理式3;
```

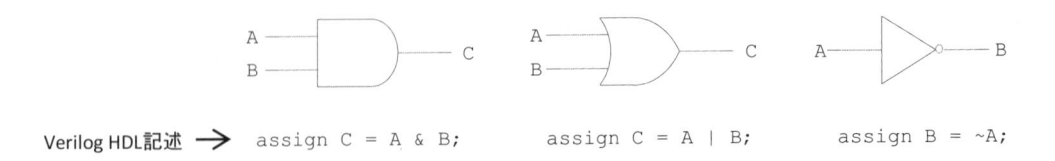

Verilog HDL記述 → `assign C = A & B;`   `assign C = A | B;`   `assign B = ~A;`

図5-2 ANDとORとNOTの論理記号とVerilog HDLの記述

この場合，条件式1が偽ならば，さらに条件式2が評価され，その結果が真ならば論理式2が，偽ならば，論理式3が代入されます．

この例のように，Verilog HDL のソース・コードの記述は，C言語と同様でフリー・フォーマットなので，適当な位置で改行したりインデントを加えて，ソース・コードを読みやすくしたりすることができます．

条件式の書き方

条件式は，通常の論理式と似ていますが，AND や OR などの記号が，論理式の場合と異なります．条件式で使用する記号は，表 5-2 のようになります．通常の論理式と条件式の違いは，バスの信号を比較した場合に起こります．例えば，A と B の AND（論理積）を考えます．

A と B がともに 1 ビットで，ともに 1 であれば，A & B も A && B も真となり，結果は同じです．

結果が異なるのは，A と B がバスの場合です．それぞれ 2 ビットのバスで，A の値が 2'b01，B の値が 2'b10 だとします．この場合の演算結果は次のようになります．

```
A  &  B = 2'b01  &  2'b10 = 2'b00
A && B = 2'b01 && 2'b10 = 真 && 真 =真
```

最初の式では，ビットごとの AND となるため，結果は 0（偽）となります．

2番目の式は，A と B それぞれの真偽判定の結果の AND になります．Verilog HDL では 0 でないものはすべて真なので，2'b01 も 2'b10 も真です．よって，この場合は，真の値と真の値の AND なので結果は真となります．

また，値の大小や一致を比較する比較演算子は，通常条件式でのみ使用します．

演算子	意味
!	論理否定
<	右辺が左辺より大
<=	右辺が左辺より大，または右辺と左辺が等しい
>	左辺が右辺より大
>=	左辺が右辺より大，または左辺と右辺が等しい
==	左辺と右辺が等しい
!=	左辺と右辺が等しくない
&&	論理積（AND）
||	論理和（OR）

表 5-2 条件式で使用する記号

定数の表現

assign 文では，ワイヤや信号のほか，定数を使いたい場合があります．例えば，ある条件のときには，出力を必ず1にしたい場合などです．Verilog HDL の定数は，ビット幅と基数（進数）を指定して記述することができます．

  ＜ビット幅＞ ' ＜基数＞＜数値＞

表 5-3 は，Verilog HDL の基数の記号一覧です．

基数には，2進，8進，10進，16進の指定ができ，それぞれの記号は，b，o，d，h，または大文字でB，O，D，H となります．例えば，16進の AA という数値を8ビットで記述すると，8'hAA となります．単に数値のみを書いた場合は，32ビットの10進数という扱いになります．

ビット幅の指定は，バス信号に数値を出力する際に使用します．通常の信号は，1ビット幅のバスとして扱うことができるので，1'b0 のように1ビット幅の数値を使用します．

また，数値には，区切り文字として，アンダースコア（ _ ）を使用することができます．2 進数のように，数値の桁数が多くなる場合は，区切り文字をうまく利用して，8'b0101_1010 のように読みやすい記述にすることができます．

組み合わせ回路と順序回路

非常に簡単でしたが，Verilog HDL の予備知識の学習はひとまずここまでとして，最後に順序回路と組み合わせ回路について説明しましょう．

組み合わせ回路というのは，フリップフロップのような記憶回路を含まないロジック回路だけで構成された回路で，入力信号の状態が決まれば出力が必ず確定する回路です．

AND 回路や OR 回路など，ロジック回路で構成された回路は，入力が決まれば必ず出力が決まるので，このような回路は組み合わせ回路ということになります．

記号	進数	使用例
b, B	2進数	4'b0110
o, O	8進数	4'O5
d, D	10進数	8'd128
h, H	16進数	8'haa

表 5-3 Verilog HDL の基数の文字一覧

これに対して順序回路は，入力の状態だけでは出力は決まらず，内部の状態が出力に影響します．一例をあげると，例えばカウンタ回路は順序回路になります．カウンタ回路には入力信号としてクロックがありますが，このクロックが 1 になったとしてもその前の状態によって出力が変わります．カウンタの値が 0 であれば，クロックが入力されれば 1 という値になりますが，カウンタの値が 3 の場合はクロックが入力されれば 4 が出力されます．

順序回路には，内部に必ずフリップフロップのような記憶回路を含んでいると考えてよいでしょう．逆に言えば，組み合わせ回路にフリップフロップのような記憶回路を組み合わせれば，順序回路ができます．

いままでの Verilog HDL の説明では，まだレジスタの記述方法については説明していませんが，assign 文だけで組み合わせ回路は構成できるので，これだけでもかなりの回路を作ることができます．第 7 章では，まずは assign 文を使った組み合わせ回路を学習し，徐々に順序回路の記述を説明していきます．

第6章　簡単な PLD 入門

さて，Verilog HDL の学習はここでひとまずお休みして，具体的な実習の前に，PLD についての予備知識を付けておくことにしましょう．

PLD は，Programmable Logic Device の略で，"プログラム可能な論理デバイス"ということになります．

市販されているディジタル・デバイスの多くは，ある特定の機能を持ったデバイスで，製造時にカウンタやデコーダなど，特定の機能が決まっています．ディジタル回路を設計する際には，このようなデバイスを用途に応じていくつも使い，それぞれ適切に配線し必要な機能を実現します．これに対して PLD は，製造時には何も機能が組み込まれておらず，あとからプログラムを書き込むことで任意の機能を実現することができます．

PLD を使うと，回路変更がプログラムの書き換えで済むため，仕様変更などに柔軟に対応できる回路を作ることができます．

よく使われている PLD には，CPLD と FPGA という二つのタイプのデバイスがあります（PLD の略号は，メーカによって若干異なる場合がある．ここで説明している CPLD と FPGA の区分けは，比較的よく使われる区分けである）．

どちらのデバイスも，プログラムの書き換えで内部のロジック回路を変更できるという点では同じですが，内部構造の違いによりそれぞれ特徴があり，用途によって使い分けられています．

CPLD

CPLD は，Complex Programmable Logic Devie の略で，マクロセルという回路を使って回路を実現しています．図 6-1 は，典型的なマクロセルの回路図です．

組み合わせ回路では，入力の状態が決まれば自動的に出力の状態が決まります．出力は，入力信号を組み合わせた論理式で記述することができますが，どのような論理式もド・モルガンの法則を使えば次の式のように複数の AND 項の和（OR）として記述することができます．

出力＝AND 項 1＋AND 項 2＋AND 項 3・・・

マクロセルでは，すべての入力信号とその否定信号に対して任意の AND をとることができる AND 回路が複数あり，さらにそれらの AND 回路を結合する OR 回路があります．AND 回路や OR 回路の結線は，外部からのプログラムにより接続や切断が行えるようになっています．AND 項は，多入力 AND 回路となっていて，すべての入力信号とその否定信号に対して任意の AND がとれるので，あらゆる AND 条件が作ることができます．OR 回路は，最大数がデバイスによって決まっているため，この最大数を超えない範囲での組み合わせ回路が実現可能になっています．

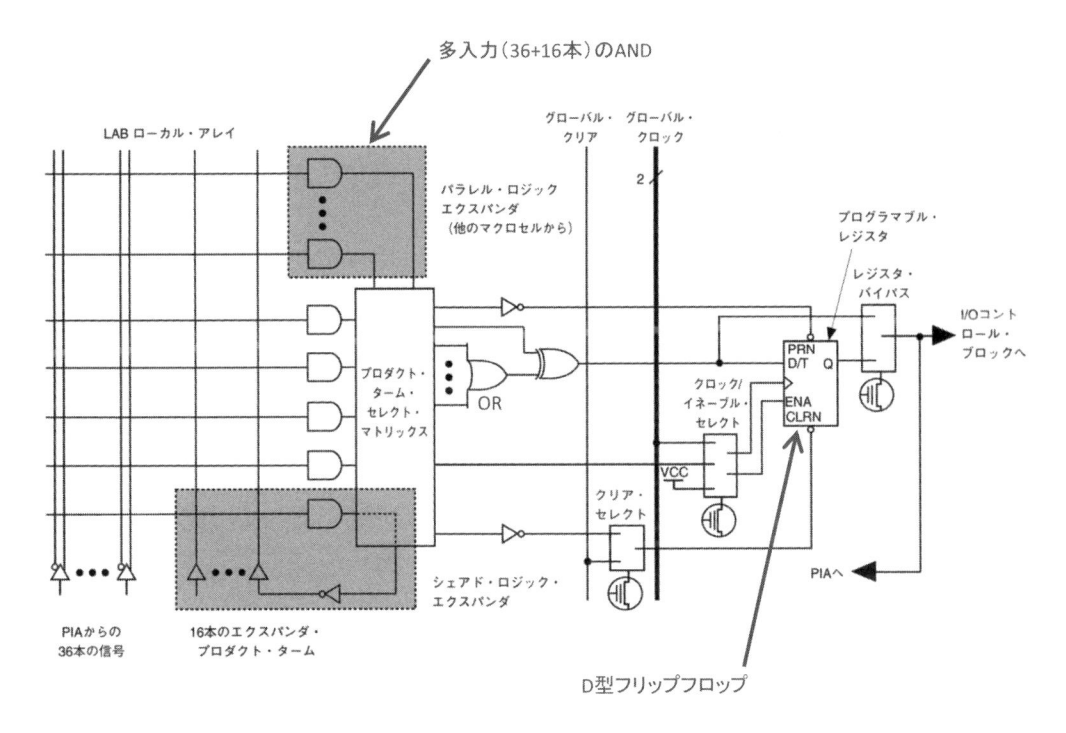

図 6-1　典型的なマクロセル
（MAX 3000A プログラマブル・ロジック・デバイス・ファミリ・データシート, p.6 図2を引用）

また，OR回路の出力にはDフリップフロップがあり，プログラムによってこれを使用するかどうかが選択できます．フリップフロップの出力は，さらにマクロセルの入力としてもフィードバックされているため，これを使えば順序回路も作ることができます．

CPLDにはこのようなマクロセルがいくつもあり，それらが配線領域を使って任意の接続ができるようになっています．

CPLDは，非常に歴史が古いデバイスで，ブール代数に忠実な回路を実現しているデバイスと言えそうです．ロジック回路を展開したものがそのまま回路となります．

CPLDは，その構造上，大規模なものが作り難く，小規模なPLDによく利用されます．CPLDはComplex PLD，すなわち"複雑なPLD"という意味なので矛盾しているようですが，初期のPLDでは，マクロセルが数個程度のPLD（SPLD=Simple PLDと言われている）があり，当時はPLDと言えばSPLDのことを指していたためそれに対して使われた言葉です．

CPLDには，一般に次のような特徴があります．

- 構造が比較的単純なため，小規模・低価格なデバイスが多い
- 不揮発性で，電源を切っても回路データが消えない
- 信号が通過する回路は，AND項-OR項と固定されているため，出力信号の遅延が固定され，計算しやすい

FPGA

　FPGAは，Field Programmable Gate Arrayの略で，フィールドでプログラム可能なゲートアレイという意味です．DE0基板で採用されているCyclone IIIはFPGAです．

　FPGAは，ロジック・セルと呼ばれる回路ブロックを，図6-2のように格子状に並べ，それぞれのブロックをプログラムで配線することで回路を実現していきます．

　また，ロジック・セルは，図6-3のようにLUT（Look Up Table）と呼ばれる小規模なRAMでロジック回路を実現しています．図6-3では，アドレスが4ビットで，出力が1ビットのRAMでLUTを構成しています．4入力の順序回路は，図6-4のような真理値表で表すことができます．

　真理値表の出力は，実現する回路により，それぞれが0または1の値が出力されますが，真理値表の出力の値を，あらかじめLUTのRAMに書き込んでおけば，RAMの出力は，真理値表通りの値が出力されることになります．RAMはプログラムで簡単に変更可能なので，与えられた入力に対して，どのような回路もこれで実現することができます．

　ロジック・セルのRAMは小規模なので数本の入力しか扱えないため，マクロセルと比較すると単体ではあまり複雑な回路は構成できません．従って，複雑な回路を実現するには，複数のロジック・セルを組み合わせて使う必要があります．

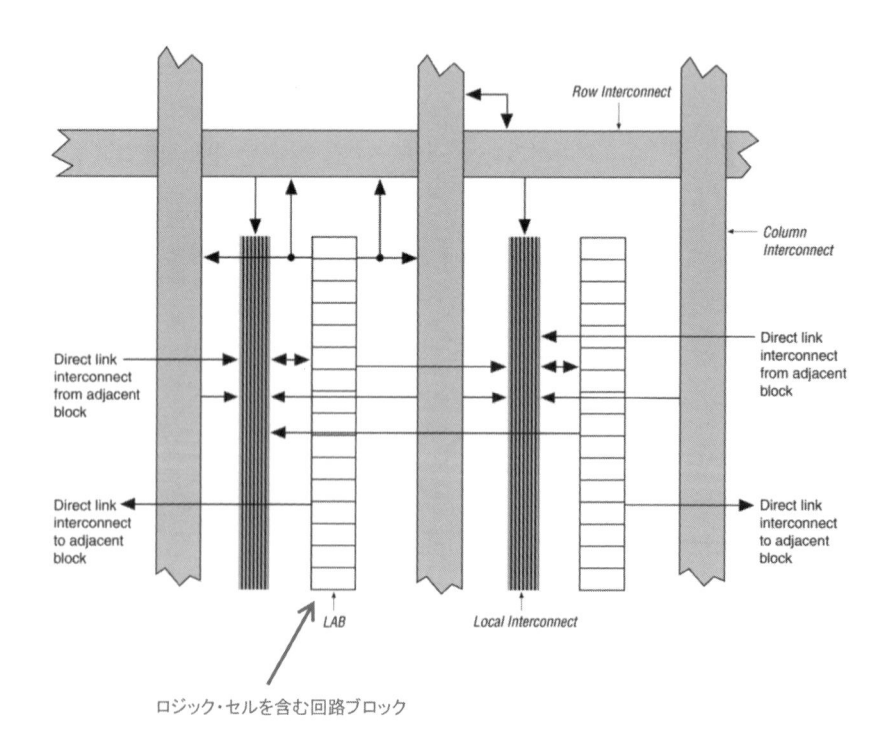

図6-2　FPGAの内部構造

(Cyclone III Device Handbook, Volume 1 Figure2-4を引用)

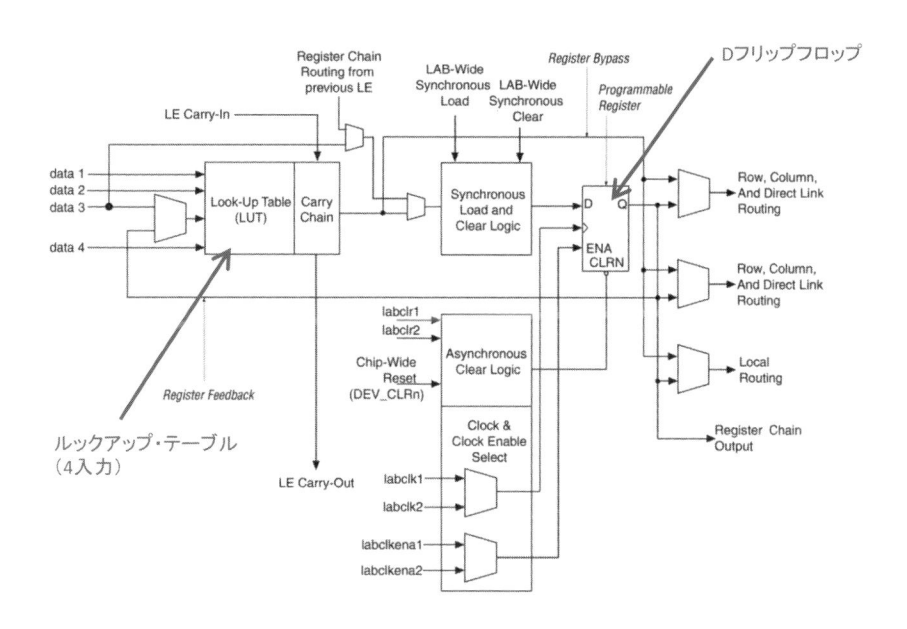

図 6-3 ロジック・セル

(Cyclone III Device Handbook, Volume 1 Figure2-1 を引用)

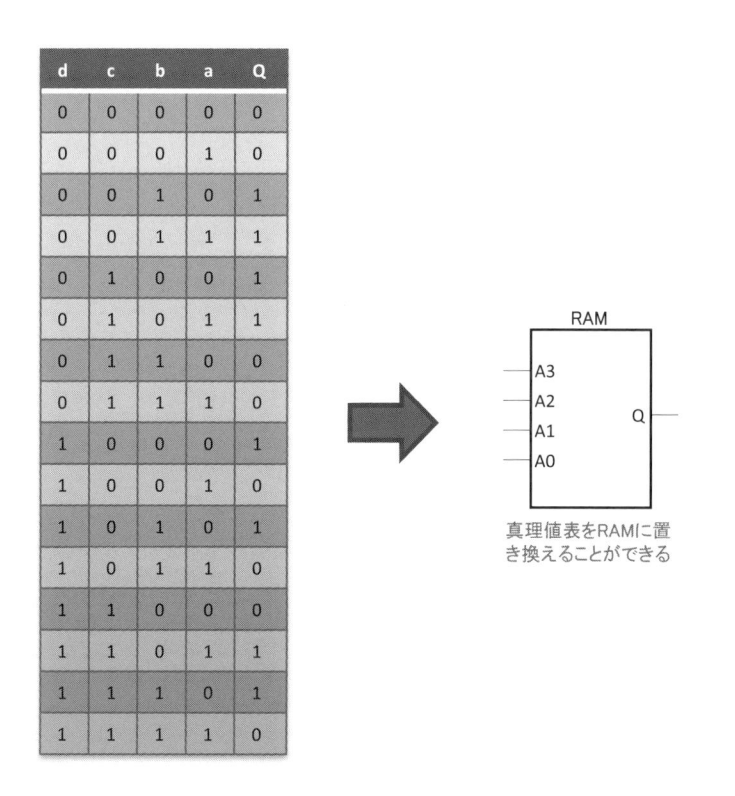

d	c	b	a	Q
0	0	0	0	0
0	0	0	1	0
0	0	1	0	1
0	0	1	1	1
0	1	0	0	1
0	1	0	1	1
0	1	1	0	0
0	1	1	1	0
1	0	0	0	1
1	0	0	1	0
1	0	1	0	1
1	0	1	1	0
1	1	0	0	0
1	1	0	1	1
1	1	1	0	1
1	1	1	1	0

真理値表をRAMに置き換えることができる

図 6-4 4入力の真理値表の例

FPGAは，その構造上，CPLDと比較して大規模な回路が作りやすいため，大容量のPLDはほとんどがFPGA構造となっています．

FPGAの特徴は，次のようになります．

- 大容量のデバイスに向いている
- RAM構造のため，電源を切るとプログラムが消えてしまう
- 構造上，小規模な回路にはあまり向かない
- 複数のロジック・セルを接続して使用するため，遅延の計算が複雑になる

FPGAはRAM構造のため，電源を切るとプログラムが消えてしまいます．このため，通常FPGAを使用する際は，外部に不揮発性のメモリを用意し，電源投入時に，このメモリからプログラムを読み込んでから動作するようになっています．

このプログラムの読み込みは，非常に短時間で行われるため，通常の回路ではリセット期間中に処理が完了するので，この時間が問題になることはほとんどありません．

Verilog HDL 入門編

　ここからは，DE0 を使って，Verilog HDL の入門を行います．第 5 章では，簡単な Verilog HDL の記述方法を説明しましたが，これだけでは，実際にどのようにプログラムを書いて，それをコンパイルし，実際の基板にそれを書き込むのかといったことが，まったく分かりません．

　ここからは，実際に Quartus II を使いながら，これらの手順を学習していきます．なお，ここでは，基本的な使い方の説明しかできませんので，Quartus II の詳しい使用方法は，アルテラの Quartus II のマニュアルを参照してください．

　また，このマニュアルで紹介しているプログラムは，すべて"DE0Sample"というフォルダに格納されています．作成したプログラムがうまく動作しない場合や，とりあえず動作の確認をしたい場合は，このフォルダのプログラムを参照してください．

　"DE0Sample"フォルダには，各セクション毎にフォルダ分けされ，それぞれの Quartus II のプロジェクトが格納されています．フォルダ名は，セクション・タイトルの後に，(フォルダ名)の形で記載しています．例えば，最初のスイッチと LED のサンプルは，

　スイッチと LED（Lesson1）

というタイトルなので，格納フォルダ名は，"Lesson1"という名前のフォルダとなります．

第7章　スイッチとLED（Lesson1）

最初に，簡単なサンプルとして，図 7-1 のようなスイッチと LED の回路を DE0 で作成してみましょう．

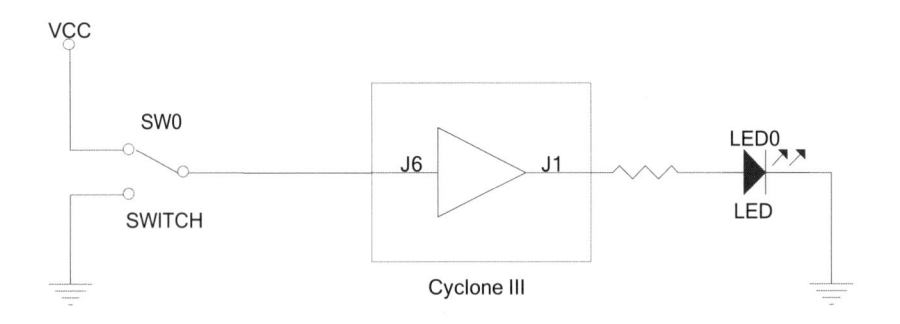

図 7-1　スイッチとLED（Lesson1）の回路図

図 7-1 は，SW0 を ON にすると LED0 が点灯し，SW0 を OFF にすると，LED0 が消灯する簡単な回路です．

DE0 には，10 個のスライド・スイッチと LED が付属しているので，この中の SW0 と LED0 を使用します．

また，回路図中のバッファのピン番号の J6 や J1 は，実際の DE0 で搭載している FPGA Cyclone III の SW0 と LED0 が接続されているピンの番号です．

Cyclone III は，ピン数が非常に多いため，通常の数字ではなくアルファベットと数字を組み合わせた番号となっています．

新規プロジェクトの作成

Quartus II で新規にプロジェクトを作成する場合の手順を説明します．

まず，Quartus II を起動し，「File」メニューの「New Project Wizard…」を起動して，新しいプロジェクトを作成します．

作成手順は次のようになります．

第7章 スイッチとLED (Lesson1)

- 「File」メニューのNew Project Wizard…を起動する．図 7-2のような画面が出たら[Next]ボタンを押す．

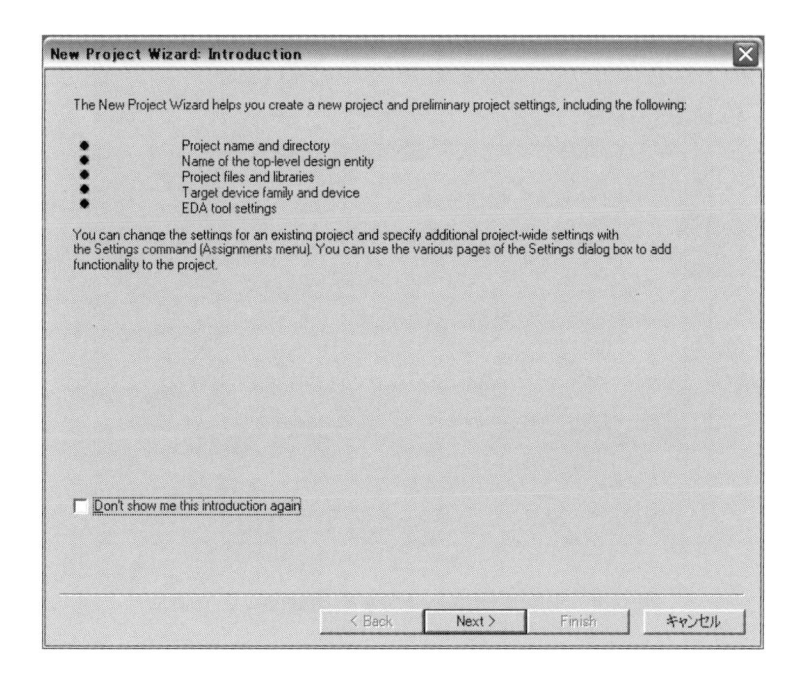

図 7-2 New Project Wizard Introduction

- プロジェクトを作成するフォルダとプロジェクト名，およびトップ・レベルのモジュール名を入力し，[Next]ボタンを押す（図 7-3）．ここでは，フォルダをC:¥DE0Sample¥Lesson1とし，プロジェクト名とトップ・レベルのモジュール名をLesson1としている．

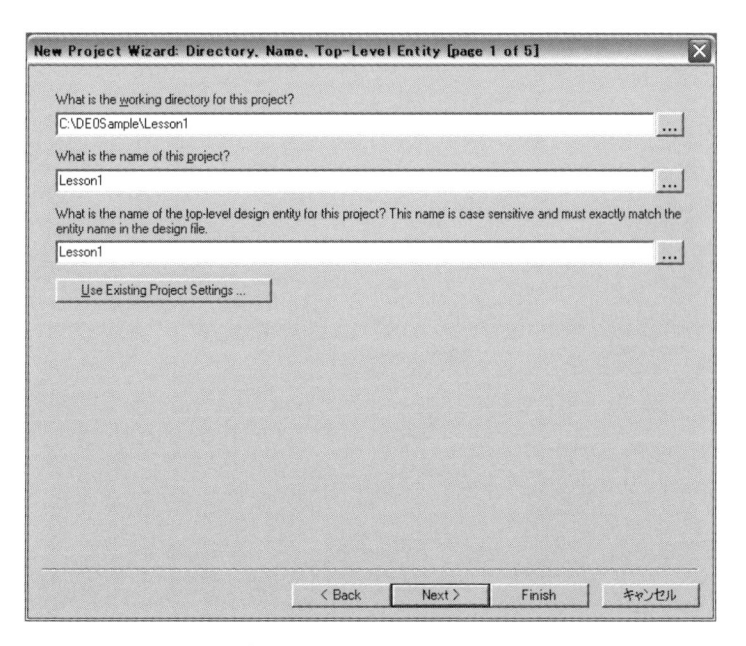

図 7-3 フォルダとプロジェクト名，トップ・モジュール名を入力

- すでに作成されているモジュールを追加する場合はここで追加作業を行うが，新規に作成する場合はそのまま［Next］ボタンを押す（図 7-4）．

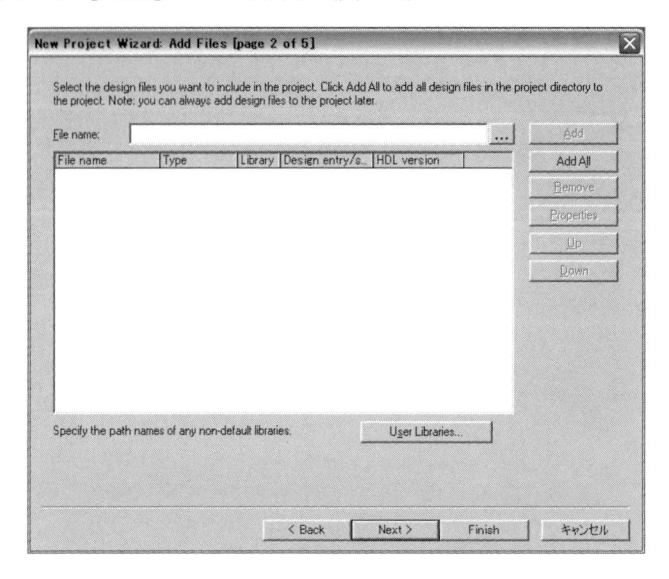

図 7-4 モジュールを追加する場合はここで追加

- 使用する FPGA デバイスを選択する（図 7-5）．DE0 では Cyclone III EP3C16F484C6 なので，Device Family で「Cyclone III」を選択して，「EP3C16F484C6」を選択する．Package や Pin count, Speed grade を設定するとデバイスが絞り込まれて，デバイスを見つけやすくなる．ここでは「EP3C16F484C6」を選択して［Next］ボタンを押す．

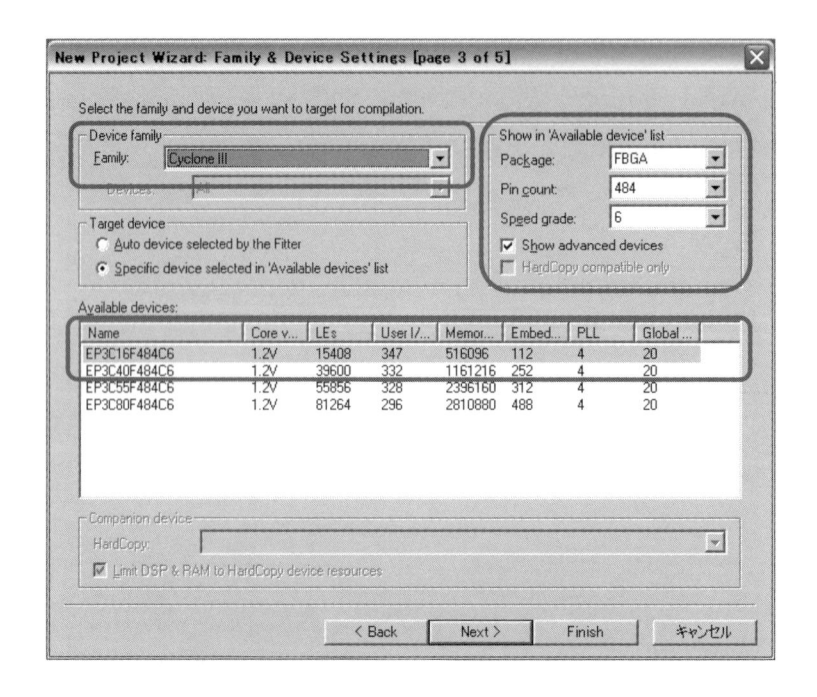

図 7-5 使用する FPGA デバイスを選択

第 7 章 スイッチと LED（Lesson1）

- EDA ツールの設定画面が表示されるが（図 7-6），そのまますべて「None」を選択して[Next]ボタンを押す．

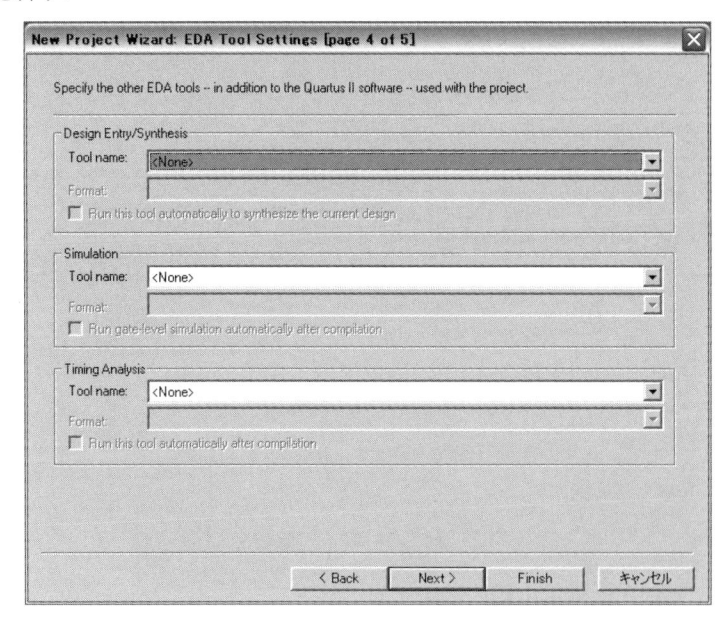

図 7-6　EDA ツールの設定画面

- 最後にサマリが表示される（図 7-7）．設定内容に誤りがないかを確認し，誤りがあれば[Back]ボタンで戻って修正します．内容にまちがいがなければ，[Finish]ボタンを押してプロジェクトの作成を完了させる．

図 7-7　サマリ

ここまでの操作で，DE0用のプロジェクトが作成されました．次に，Verilog HDLのソースを追加して，LED点灯回路の実装を行います．

なお，Verilog HDLでは，複数のモジュールを作成することができますが，PLDのピンと直接接続できるのは，トップ・モジュールに指定したモジュールだけです．今回のように，モジュールが一つだけの場合はそれがトップ・モジュールとなります．

Verilog HDLソースの追加とコーディング

Verilog HDLのソースの追加は，次の手順で行います．

「File」メニューから，「New」を選択して，図7-8のようなダイアログが表示されたら，「Verilog HDL File」を選択して，［OK］ボタンを押します．

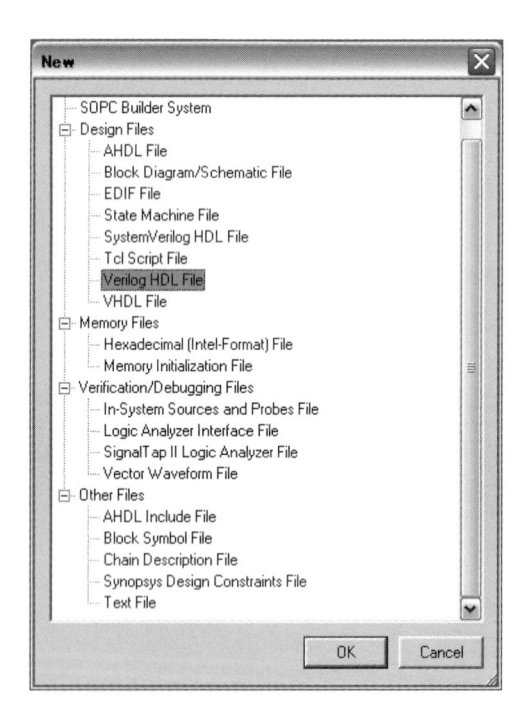

図7-8 Newのダイアログ

第7章 スイッチとLED (Lesson1)

次に，図 7-9のように「Verilog HDL1.v」というタイトルの編集ウィンドウが表示されます．

編集ウィンドウが表示されたら，とりあえず「File」メニューの「Save As」を選択して，作成したプロジェクトのフォルダに，「Lesson1.v」というファイル名で保存します（Verilog HDLのソースは，拡張子がvとなる．図 7-10）．

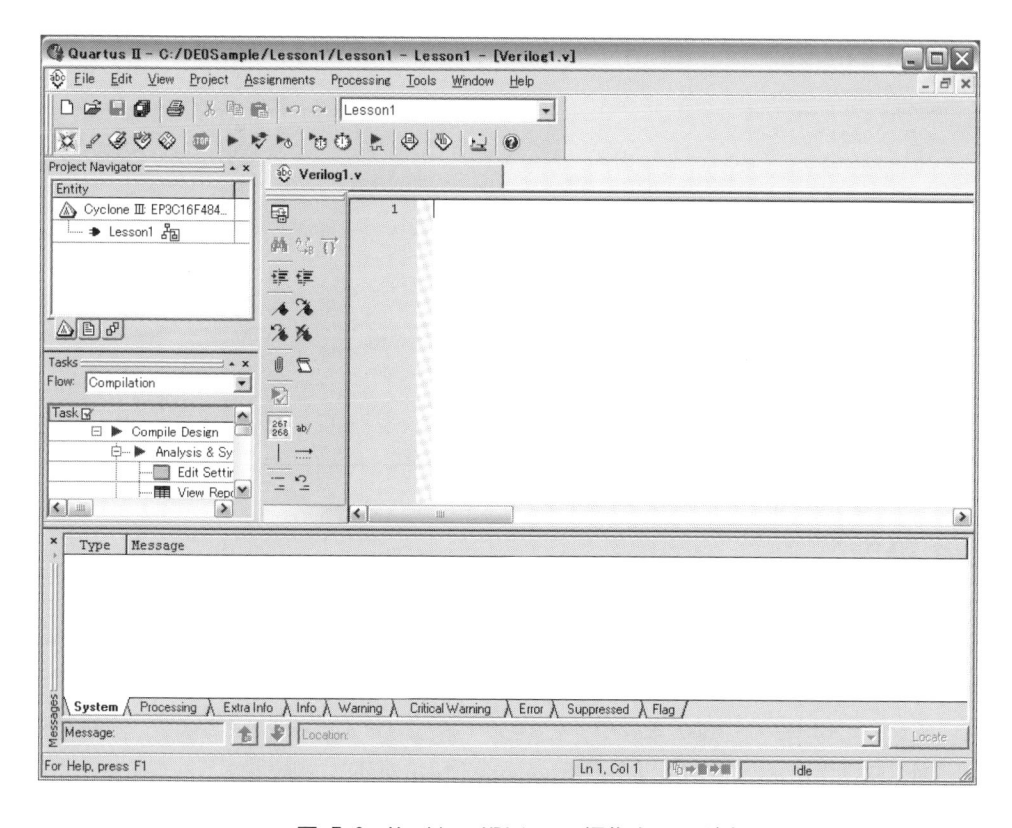

図 7-9 Verilog HDL1.vの編集ウィンドウ

図 7-10 Save As ダイアログ

ファイルを保存すると，Quartus II のエディタの編集ウィンドウのタイトルが「Lesson1.v」という名前に変わります．そこで Lesson1.v に リスト 7-1 のようなソースを記述します．

ソースの詳しい説明は後ほど行いますが，とりあえず記述を確認して，ファイルを保存します．

ファイルの保存は，「File」メニューで「Save」を選択します．

リスト 7-1　Lesson1.v

```
module Lesson1(switch,led);
    input switch;
    output led;

    assign led=switch;

endmodule
```

ピンの設定

今までの操作で，Verilog HDL のモジュールの作成は終了ですが，このままでは単に Lesson1 というモジュールが作成されただけです．この Lesson1 のモジュールを正しく動作させるためには，実際のスイッチと LED のピン番号をこのモジュールに関連付けする必要があります．最初に示した回路図（図 7-1）のように，DE0 では，SW0 が J6，LED0 が J1 に接続されています．

スイッチと LED の関連付けは，ピン・プランナという機能で行います．Verilog HDL は HDL と言われる，いわゆるハードウェア記述言語の一つですが，Verilog HDL は，あくまでハードウェアのモジュールの記述を行うためのもので，実際のデバイスのピン・アサインのような機能は，Verilog HDL の機能には含まれていません．ピン番号は，FPGA のメーカや使用するデバイス，あるいは実際のハードウェアによって異なるので，別のツールで設定するようになっています．

ピン・プランナを使用する前に，Quartus II に作成したモジュールを認識させる必要があります．モジュールを認識させるには，「Processing」メニューから，「Start」-「Start Analysis & Elaboration」を選択します（図 7-11）．

分析が成功すると，「Analysis & Elaboration was successful」というメッセージが表示されます（図 7-12）．ここでエラーが表示された場合は，ソース・コードのどこかにまちがいがあるので，もう一度ソース・コードを見直してエラーを修正してください．

次に，「Assignments」メニューから，「Pin」を選択して，ピン・プランナを起動します（図 7-13）．

第 7 章 スイッチと LED（Lesson1）

ピン・プランナが起動すると，画面下側の Node Name の欄に，led と switch という項目が表示されます．

これは，先の分析の操作で，トップ・モジュールの Lesson1 モジュールには，led という出力ピンと switch という入力ピンが見つかったことを示しています．そこで，led と switch の「Location」という項目を，それぞれ「PIN_J1」と「PIN_J6」に設定します．これで，led と switch の信号線が，実際の DE0 の LED0 と SWITCH0 に接続されることになります．

Location の入力が終わったら，ピン・プランナの「File」メニューから「Close」を選択して，ピン・プランナを終了します．

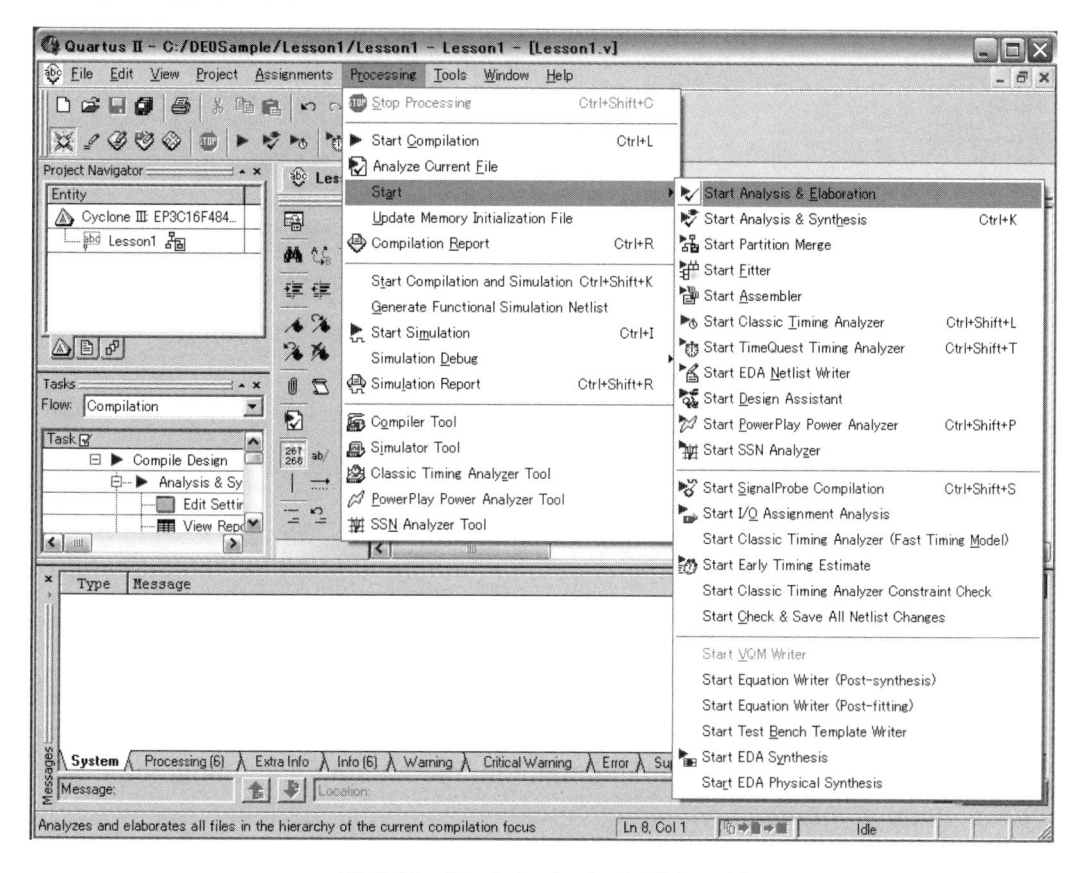

図 7-11 Start Analysis & Elaboration

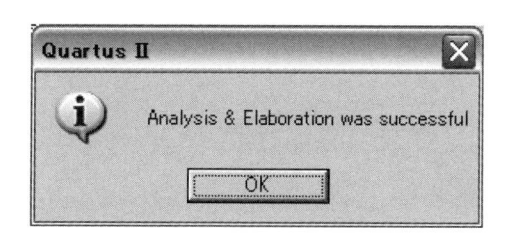

図 7-12 Analysis & Elaboration was successful

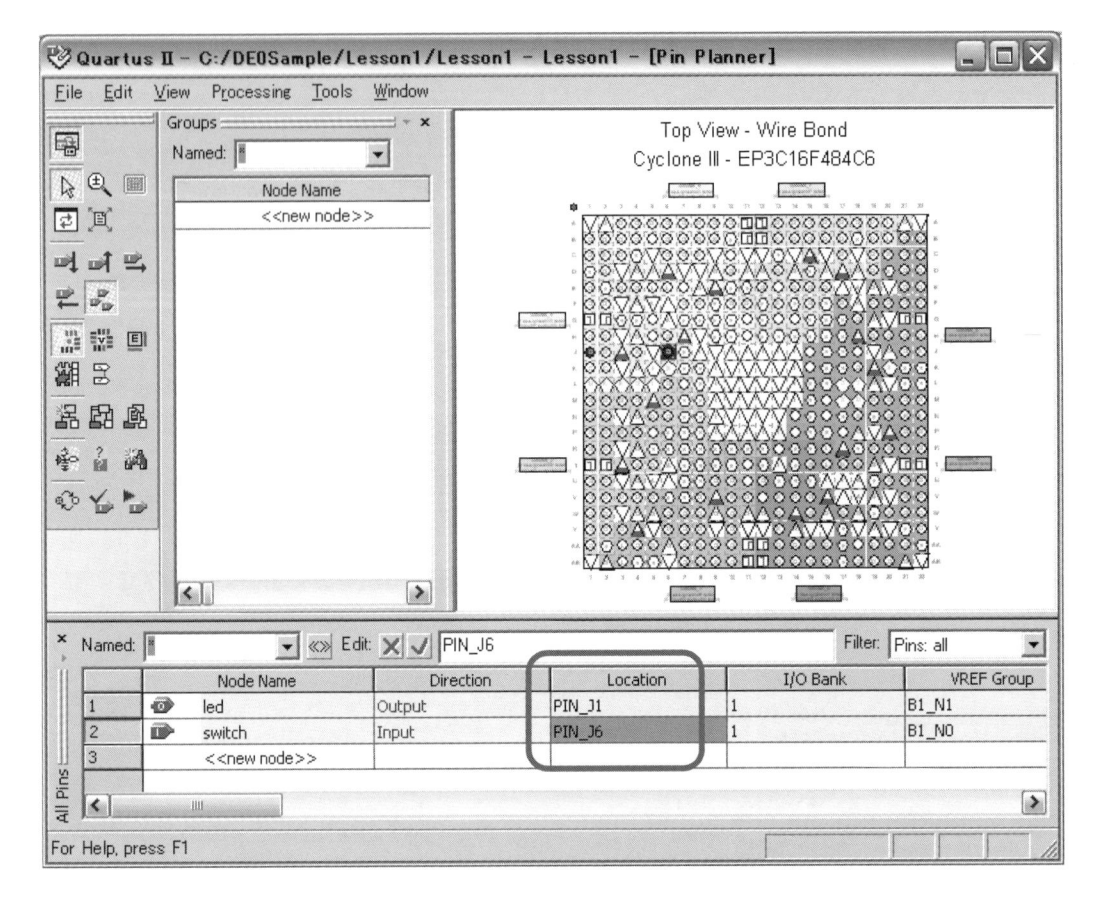

図 7-13 ピン・プランナ

コンパイル

ピンの設定が終わったら，いよいよ最終段階です．

「Processing」メニューから，「Start Compilation」を選択してコンパイルを行います．コンパイルが完了すると図 **7-14** のようなメッセージが表示されます．

［OK］ボタンを押して，コンパイルを終了させます．

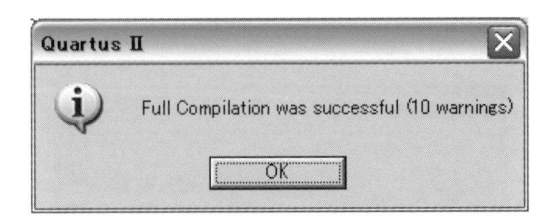

図 7-14　Full Compilation was successful

プログラムのダウンロード

最後に作成したプログラムを DE0 にダウンロードして，LED の ON/OFF を行ってみましょう．

まず，DE0 の RUN/PROG スイッチを RUN 側にして，DE0 を USB ケーブルで PC と接続します．

次に電源ボタンを押して，DE0 の電源を入れます．DE0 には，まだプログラムを書き込んでいないため，ここではデフォルトのプログラム（通常は，出荷時のデモ・プログラム）が動作します．

次に，「Tools」メニューから「Programmer」を選択して，プログラマを起動します（図 7-15）．

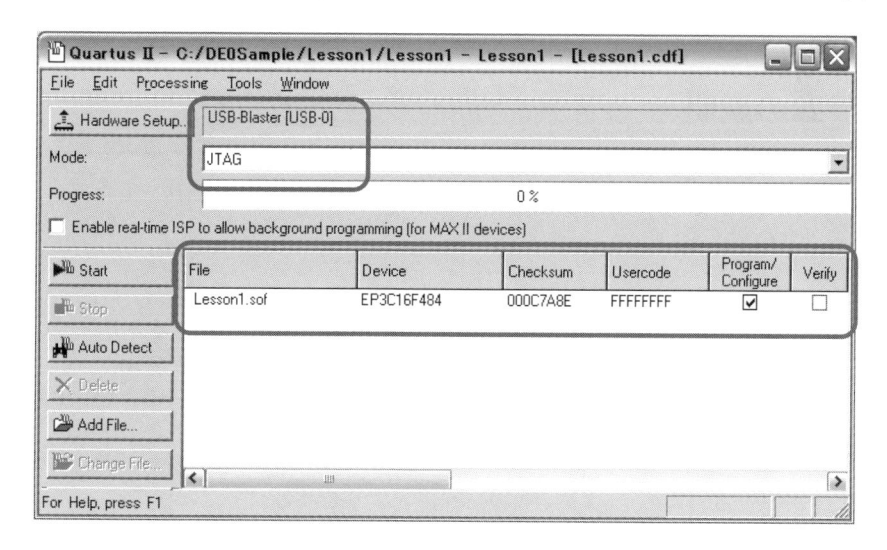

図 7-15 プログラマの画面

画面左上の［Hardware Setup…］ボタンを押します．

Hardware Setup ダイアログが表示されたら，「Currently selected hardware」の右のドロップダウン・リストで，「USB-Blaster（USB-0）」を選択して，［Close］ボタンを押します．

画面右上の「Mode」設定を「JTAG」にします．「File」欄に「Lesson1.sof」が表示されて，「Program/Configure」にチェックが入っていることを確認します．

ここで［Start］ボタンを押すと，プログラムが開始され，DE0 のプログラムが Lesson1 のプログラムに変わります．これでプログラムのダウンロードは終了なのでプログラマを終了します．

動作の確認

プログラムの書き込みは終了したので，Lesson1 の動作確認を行います．

DE0 の SW0 を ON/OFF すると，それに合わせて LED0 が点灯/消灯することが確認できると思います（写真 7-1）．これで，最初のプログラムは終了です．

写真 7-1 スイッチと LED（Lesson1）の実行例

プログラムの説明

ここで，今回作成した Verilog HDL ソースを詳しく見てみましょう．今回作成したプログラムは，リスト **7-2** のようなソースです．

ここでは説明のため，先頭に行番号を入れていますが，実際のソースには行番号はありません．

Verilog HDL のプログラムは，モジュール構造をとっています．モジュール構造とは，図のように，ブロック図を作成してブロックごとにプログラムを作成していくことです．

図 **7-16** では，DE0 の Cyclone III をイメージしていますが，周辺デバイスは一部のデバイスのみ表示しています．Cyclone III の中には，Top Module という名前のトップ・モジュールがあり，この中に，ModuleA，ModuleB・・・ModuleD といったモジュールがあります．図のように，モジュールの中に，さらに別のモジュールを入れることも，同じモジュールを複数入れることもできます．

リスト 7-2　Lesson1.v の行番号付きリスト

```
1   module Lesson1(switch,led);
2       input switch;
3       output led;
4
5       assign led=switch;
6
7   endmodule
```

第 7 章 スイッチと LED（Lesson1）

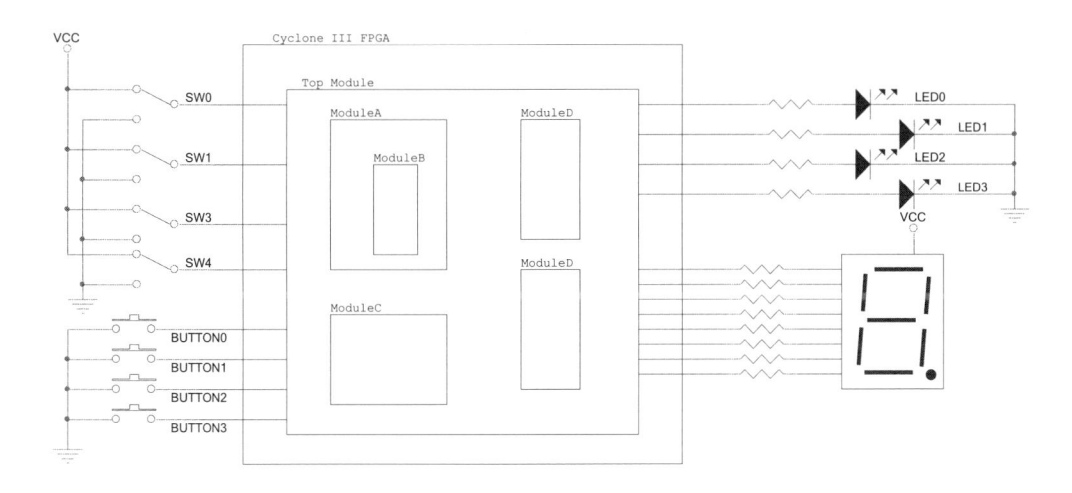

図 7-16 モジュール構造

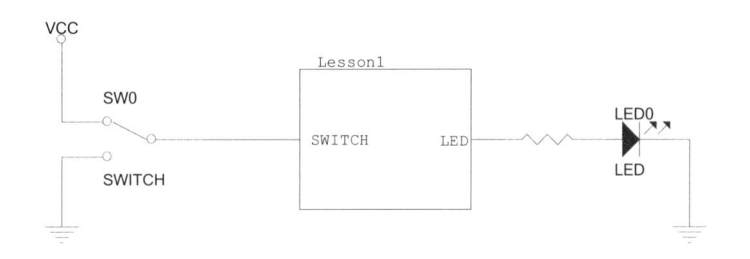

図 7-17 Lesson1 のブロック図

　重要なことは，Cyclone III の I/O ピンに接続されるのは，トップ・モジュールだけという点です．回路を複数のモジュールで作成する場合は，必ず一つのトップ・モジュールの中に複数のモジュールを組み込むような構成をとる必要があります．

　今回作成した回路はスイッチと LED だけの簡単な回路で，ブロック図は図 **7-17** のようになります．この回路には，図のように Lesson1 というブロックが一つだけ存在し，SWITCH という入力と LED という出力がそれぞれ一つ存在します．

　今回作成した Verilog HDL のプログラムの 1 行目には，

```
module Lesson1(switch,led);
```

という行があり，5 行目には，

```
endmodule
```

という行があります．1 行目がモジュールの宣言で，Lesson1 というモジュールを宣言しています．また，Lesson1 の後にはかっこがあり，この中に switch と led という名前が定義されていますが，これがこのモジュールに接続可能な信号となります．従って，1 行目で図 **7-17** の Lesson1 というブロックを宣言したことになります．

module 〜 endmodule

Verilog HDL では，モジュールの実際の機能は，module 宣言から endmodule の間，すなわち先のプログラムでは，2 行目から 4 行目までが Lesson1 というモジュールの機能の定義となります．Verilog HDL は，よく C 言語と比較されますが，この部分だけみると C 言語というよりむしろ Pascal 言語に近いような感じもします．

とりあえず，"module モジュール名(信号線のリスト・・・);" で始まり "endmodule" までが，一つのモジュールの定義となっています．モジュールに接続可能な信号線は，C 言語や Pascal 言語などの関数のように，モジュールの引き数のような書式で記述することをまずは覚えておきましょう．

input, output, inout

次に，ソースの 2 行目と 3 行目を見てみましょう．ここでは次のように記述されています．

```
input switch;
output led;
```

これらは，モジュールの信号線（ポート信号）の属性の定義（ポート宣言）です．1 行目で定義した switch と led の属性が，それぞれ入力と出力であることを示しています．

信号線の属性は，input, output, inout の三つのうちのいずれかとなります．このうち，inout に関しては，通常はトップ・モジュール（最も上位のモジュールで，直接 FPGA の I/O ピンに接続されるモジュール）でしか使用できないので注意が必要です．モジュール宣言で宣言したポート信号は，すべてここで属性を定義しておきます．

assign

最後にソースの 4 行目ですが，次のようになっています．

```
assign led=switch;
```

ここでは，モジュールの実際の動作を定義しています．今回の回路は非常に簡単なため，動作の定義はこの 1 行のみです．複雑なモジュールになれば，この部分を複数の行で記述することになります．

このプログラムでは，assign という代入文を使用して機能を実現しています．assign 文は，BASIC 言語の LET のようなものと考えてもよいでしょう．

assign 文では，その言葉通り led という出力信号に swich という信号を "アサイン" します．これで，電気的に switch 入力が led 出力に繋げられたことになり，目的の回路を実現できたことになります．

Verilog HDL では，assign 文だけでもかなりのことができるので，まずは assign 文をマスタして，さまざまな回路を記述できるようにしましょう．

第8章　論理演算（Lesson2）

ロジック回路の基本回路には，AND，OR，NOT，XOR といったものがあります．そこで，今度は図 8-1 のような回路を作ってみましょう．

図 8-1 ではスイッチと LED の回路は省略していますが，回路図上の SW0〜SW6 と LED0〜LED3 が，DE0 の同名のスイッチと LED に接続されています．

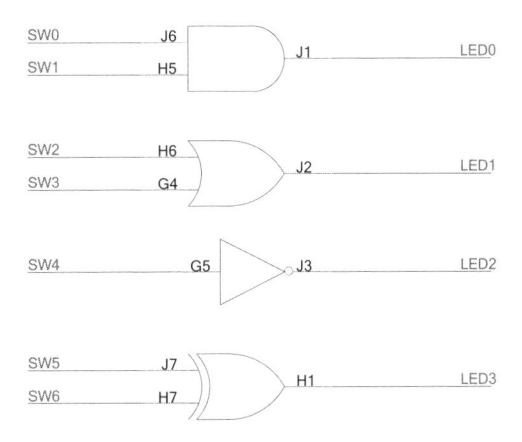

図 8-1　論理演算（Lesson2）の回路図

リスト 8-1　Lesson2.v

```verilog
1  module Lesson2(sw, led);
2      input [6:0] sw;
3      output [3:0] led;
4      wire w_and, w_or, w_not, w_xor;
5  
6      assign w_and=sw[0] & sw[1];
7      assign w_or=sw[2] | sw[3];
8      assign w_not=~sw[4];
9      assign w_xor=sw[5] ^ sw[6];
10 
11     assign led={w_xor, w_not, w_or, w_and};
12 endmodule
```

Lesson1 の要領で，新しいプロジェクトを今度は Lesson2 というフォルダに作成します．Lesson2 のプロジェクトができたら，今度は Lesson2.v というモジュールのソースを作り，**リスト 8-1** ようなコードを書いてください．

あとは Lesson1 の要領で，「Start Analysis & Elaboration」を実行してから，ピン・プランナを実行します．ピン・アサインは回路図のピン番号を入力するので**図 8-2**のようになります．

コンパイルに成功したら，プログラマを使ってダウンロードを行います．

動作確認

プログラムをダウンロードしたら，早速動作を確認します．今回は，四つの回路を入れているので，それぞれの回路の動作を確認します．

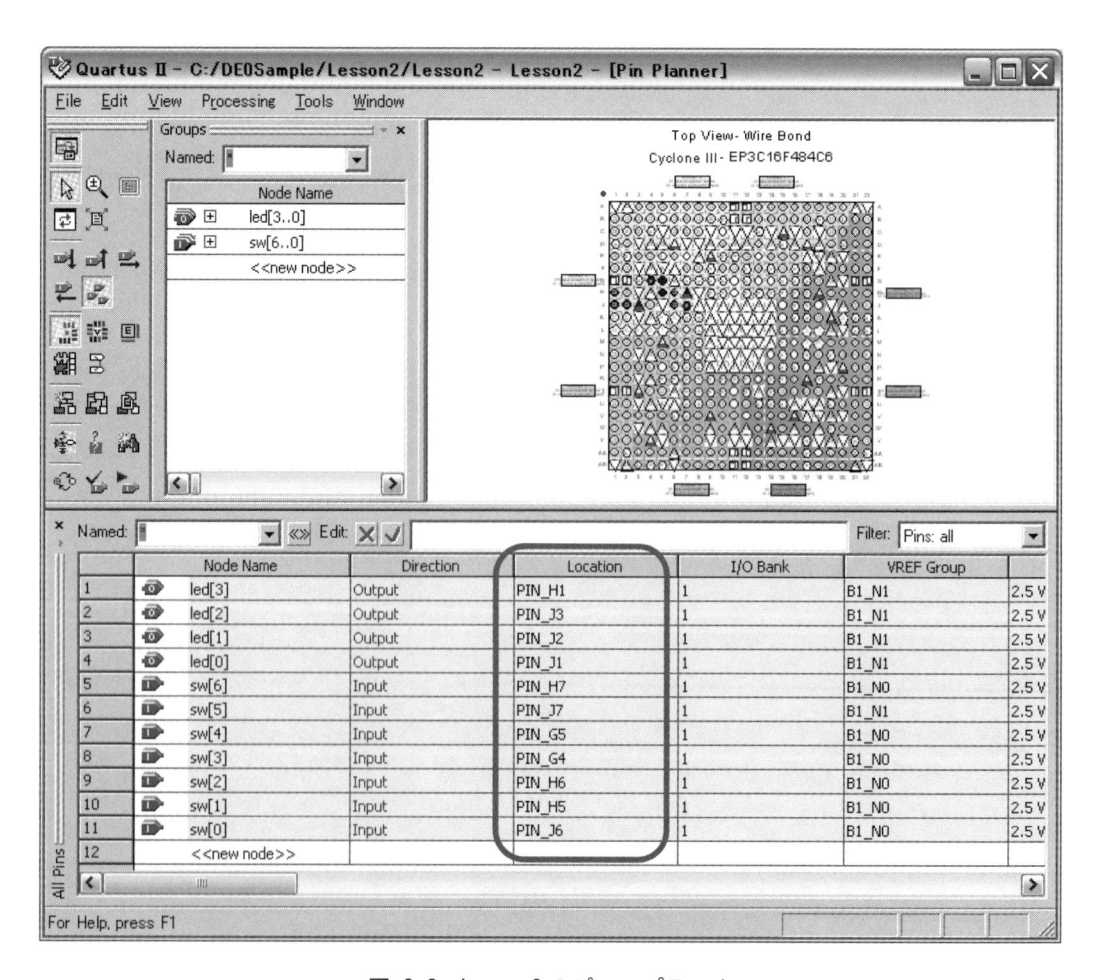

図 8-2 Lesson2 のピン・プランナ

第 8 章 論理演算（Lesson2）

AND 回路

AND 回路は，SW0 と SW1 の AND が，LED0 に出力されています．SW0 と SW1 の両方が ON のときだけ，LED0 が点灯することを確認します．

OR 回路

OR 回路は，SW2 と SW3 の OR が，LED1 に出力されています．SW2 と SW3 のいずれかが ON のときに，LED1 が点灯することを確認します．

NOT 回路

NOT 回路は，SW4 の NOT が LED2 に出力されています．SW4 が OFF の時 LED2 が点灯し，SW4 が ON のときに LED2 が消灯する様子を確認します．

XOR 回路

XOR 回路は，SW5 と SW6 の XOR が，LED3 に出力されています．この回路では，SW5 と SW6 の ON と OFF が逆の状態のときだけ，LED3 が点灯します．SW5 と SW6 の両方が ON または OFF のときは，LED3 は点灯しません．

実行例を**写真 8-1** に示します．

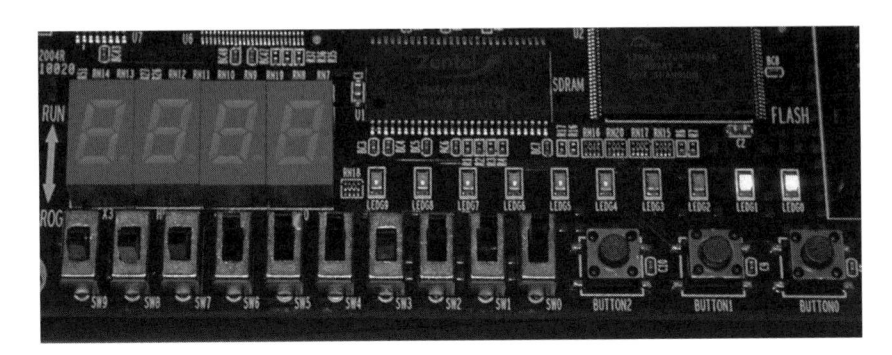

写真 8-1　論理演算（Lesson2）の実行例

プログラムの説明

では，ここでプログラムの説明をしましょう．Lesson2 では，バスとワイヤという，二つの Verilog HDL の機能を使っています．

バス

まず，2 行目と 3 行目は，次のようになっています．

```
input [6:0] sw;
output [3:0] led;
```

Lesson1 のときは，input sw;とか output led;のように記述しましたが，ここでは信号名の前に，[6:0]という数字と記号が追加されています．これがバスの記述となります．バスは，同じ機能の複数の信号線を一つに束ねたものです．

今回は，7 個のスイッチを使用しているので，sw という信号線は 7 本の信号線を持つバスとなります．バスの信号線は，信号線それぞれを識別するための数字が付けられます．[6:0]と書くと，sw というバスには，0〜6 までの番号があることになります．同様に，led のバスは 4 本で，0〜3 間での番号があることになります．

バスの信号線は，1 本以上に分割して取り出すことができます．例えば，sw[0]と書くと，sw のバスから 0 番目の信号を取り出したことになります．また，sw[3:0]と書くと，sw のバスのうち，下位の 4 本の信号線を取り出すことになります．

wire

Verilog HDL では，assign と論理演算を使って，出力信号にさまざまな信号を割り当てることができますが，内部でのみ使用する信号線を定義して使用することも可能です．wire は，その名の通り，部品と部品を繋ぐワイヤの働きをします．例えば，図 8-3 のような回路を考えます．

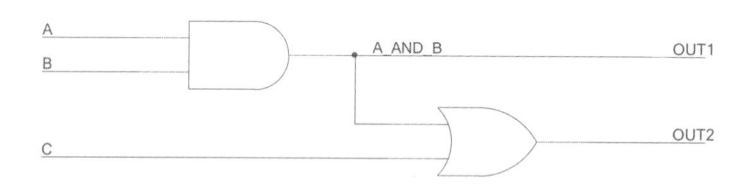

図 8-3 ワイヤの説明用回路

図 8-3 では，A と B の AND はそのまま OUT1 に出力されるだけではなく，C という信号と OR をとって OUT2 の出力に利用されています．OUT1 と OUT2 の論理式を，assign 文だけを使って記述すると次のようになります．

```
assign out1=a & b;
assign out2=c | (a & b);
```

このように記述すると，a & b という回路が 2 個生成され，無駄にセルを消費してしまう可能性があります（最近の高度なコンパイラでは，オプティマイザが最適化を行い，無駄な回路を生成しないようになっている）

そこで，wire を使って次のような記述すれば，回路図通りの回路の実現が期待できます．

```
wire w_and;
assign w_and=a & b;
assign out1=w_and;
assign out2=c | (w_and);
```

このように記述すると，AND 回路は 1 個しか使われないため，回路図通りの記述となります．

実際の wire の効能は，セルの消費を防ぐというよりもロジック回路の記述を整理して見やすくする点が大きいでしょう．最近のコンパイラは非常に優秀で，高度なオプティマイザを内蔵しているので，最適化処理はオプティマイザに任せてロジック回路の記述は分かりやすさに注意して記述を行うと，記述のミスなどによるバグの発生が防げますし，あとからソースを見直す際にも有効です．

さて，話を元のプログラムに戻しましょう．

このプログラムでは次のように四つの wire を宣言しています．

```
Wire w_and, w_or, w_not, w_xor;
```

wire の宣言は，C 言語の変数宣言のようなイメージです．また，それぞれの wire の論理式は次のように記述されています．

```
assign w_and=sw[0] & sw[1];
assign w_or=sw[2] | sw[3];
assign w_not=~sw[4];
assign w_xor=sw[5] ^ sw[6];
```

論理式は，C 言語の論理式と同じで，表 8-1 のように，AND，OR，NOT，XOR を，それぞれ，

```
&   |   ~   ^
```

という演算子で記述することができます．wire へのアサインも，出力信号へのアサインとまったく同じです．

Verilog HDL では，このほかにも C 言語と同じ構文が使用されているので，C 言語をご存知の方には，非常になじみやすい言語となっています．

記号	機能	使用例
&	AND（論理積）	A & B
|	OR（論理和）	A | B
~	NOT（否定）	~A
^	XOR（排他的論理和）	A ^ B

表 8-1 Verilog HDL の演算子

バスの結合

最後に，四つのワイヤで作った AND 回路，OR 回路，NOT 回路，XOR 回路の出力を，LED バスに接続します．これは，プログラムの最後の次の記述で行います．

```
assign led={w_xor, w_not, w_or, w_and};
```

Verilog HDL では，{}を使って信号線を簡単にバスにすることができます．かっこの中には，信号線をカンマで区切って，バスの数だけ信号線を記述しますが，次のような記述をすることも可能です．

```
assign led={2'h0,sw[3:2]};
```

この例では，LED の下位 2 ビットはスイッチの 3 と 2 が接続され，LED の上位 2 ビットはどちらも 0 となります．

2'h0 は，Verilog HDL の数値表現で，バス幅が 2 で，値が 16 進数の 0 という意味になります．また，10 進数の場合は，h の代わりに d という文字を使い，2 進数の場合は，b を使用します．

このように，Verilog HDL では，バスの分割や結合がとても簡単に行うことができます．

第9章　セレクタ（Lesson3）

本章では，図9-1のようなセレクタを作ってみましょう．

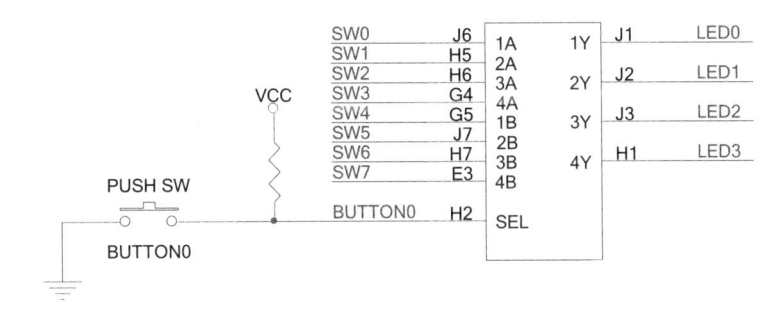

図9-1　セレクタ（Lesson3）の回路図

この回路は，ボタンBUTTON0の状態により，LED0～LED3の出力が，SW0～SW3，またはSW4～SW7に切り替えることができるものです．BUTTON0を離しているときは，LED0～LED3にSW0～SW3の状態が表示され，BUTTON0が押されると，LED0～LED3にSW4～SW7の状態が表示されるようにします．

今までと同様に，Lesson3というフォルダを作成して，プロジェクト・ウィザードでLesson3というプロジェクトを作成してください．プロジェクトを作成したら，リスト9-1のようなソースを記述します．

ピンの設定

図9-2は，ピン・プランナで設定したピンの状態です．

リスト9-1　Lesson3.v

```verilog
module Lesson3(sw,led,button);
    input  [7:0] sw;
    output [3:0] led;
    input  button;
    assign led=(button==1'b1) ? sw[3:0] : sw[7:4];
endmodule
```

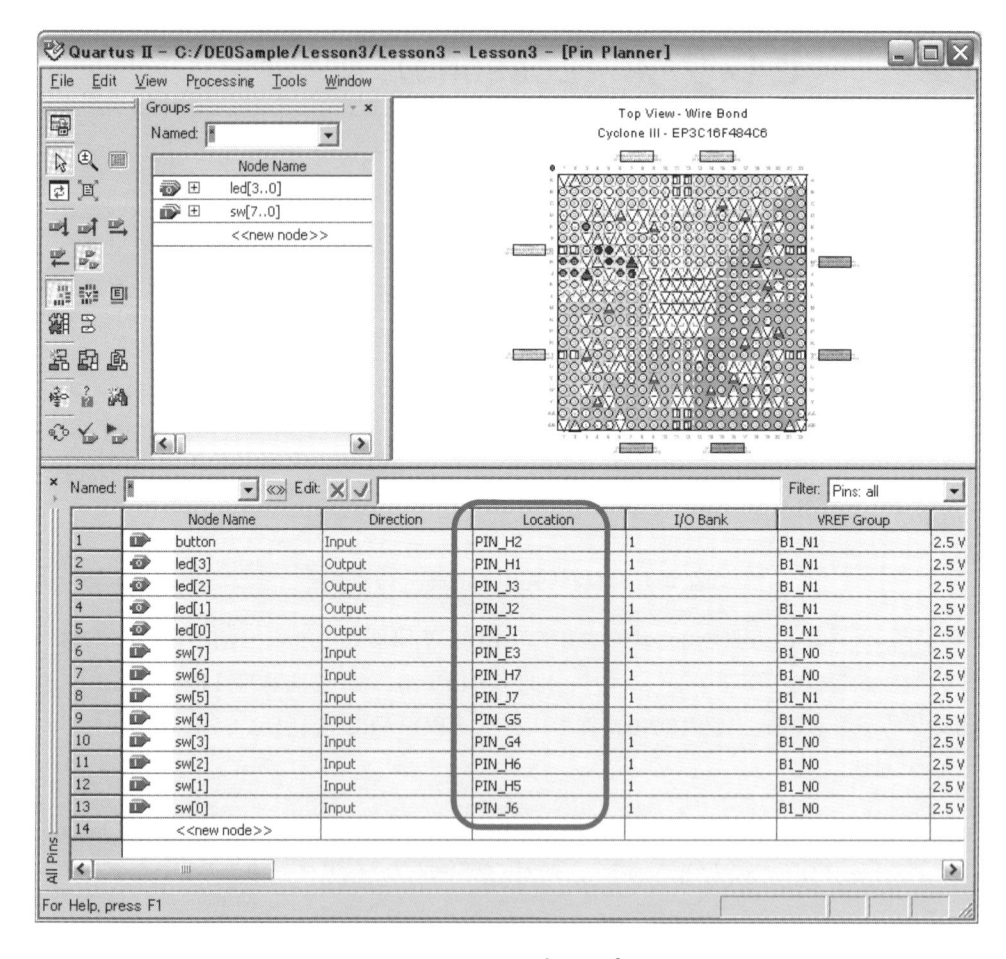

図 9-2 Lesson3 のピン・プランナ

ピンの設定まで終わったら，コンパイルしてプログラマで DE0 にプログラムをダウンロードしてください．ダウンロードが終わったら，SW0〜SW7 を適当な値にセットして，BUTTON0 を押してみてください．ボタンを押した状態と離した状態で，SW4〜SW7 と SW0〜3 にそれぞれ切り替わることが確認できます．

実行例を**写真 9-1**に示します．

写真 9-1 セレクタ（Leeson3）の実行例

プログラムの説明

条件演算子

このプログラムでは，assign 文で条件判断を入れています．assign 文での条件判断の書式は，C言語のマクロでよく利用される条件演算子の使い方と同じです．

条件演算子は，

　　　　条件式 ? 式1 : 式2

という形をとります．条件演算子では，条件式が真であれば，式1を返し，偽であれば，式2を返します．従って，

```
assign led=(button==1'b1) ? sw[3:0] : sw[7:4];
```

という式では，button 信号の値が 1 であれば led には sw[3:0]が出力され，button 信号が 0 であれば led には sw[7:4]が出力されます．DE0 の button0～button2 は通常 High レベル（1）で，ボタンが押されたときに Low レベル（0）になるので，button が 1 のとき sw[3:0]を出力するようにしています．

assign 文で使用した条件演算子は，さらに複雑な条件の記述が可能です．例えば，button0 と button1 の二つのボタンがあって，button0 が押されていないときには sw[3:0]，button0 が押されたときには sw[7:4]，button0 と button1 が押されたときに LED をすべて点灯（4'hf）したい場合は，次のような記述することができます．

```
assign led=(button0==1'b1) ? sw[3:0] :
           (button1==1'b1) ? sw[7:4] : 4'hf;
```

この式では，条件演算子の偽のときの式に，button1 の条件演算子の式を書いています．assign 文では，さらに続けて，複数の条件演算子を記述することができますが，あまり多くの条件を一つの式に入れてしまうとソースの可読性が悪くなり，不具合を見つけにくくなります．

Verilog HDL でセレクタのような条件によって処理を変える機能を実現する方法は，条件演算子以外にもあります．式が複雑になる場合は別の方法を使って記述した方がよい場合があります．

他の記述方法については，この後の課題を参照してください．

第10章　フリップフロップ（FlipFlop）

さて，組み合わせ回路はこのくらいにして，そろそろ順序回路を試してみることにしましょう．

順序回路は，内部にフリップフロップのような記憶素子を持つ回路です．組み合わせ回路の場合は，入力の状態が決まれば出力の状態が確定しますが，順序回路の場合はさらに内部のフリップフロップの状態によって出力が変化します．

ここでは，図 10-1 のような回路を作成してみましょう．

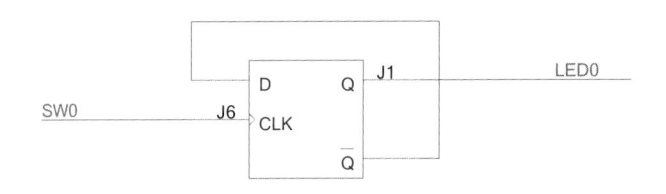

図 10-1　フリップフロップ回路

これは，D フリップフロップを使って T フリップフロップを構成している回路です．SW0 を ON/OFF すると最初に LED が点灯し，次の SW0 の ON/OFF で LED が消灯します．これは，いわゆるトグル動作というものです．

ここではスイッチのチャタリングを無視しているので，スイッチにチャタリングがあると誤動作します．チャタリング対策については後のサンプルで説明しますので，ここではチャタリングについては無視してください．時々スイッチの ON/OFF に反応しない場合がありますが，これはチャタリングによる誤動作なので，解決方法は別の項で説明します．

リスト 10-1　FlipFlop.v

```verilog
module FlipFlop(switch,led);
    input switch;
    output led;
    reg ff;

    always @(posedge switch) begin
        ff=~ff;
    end
    assign led=ff;
endmodule
```

第 10 章 フリップフロップ（FlipFlop）

Node Name	Direction	Location
led	Output	PIN_J1
switch	Input	PIN_J6

図 10-2　ピン・アサインの設定

プロジェクトの作成方法はすでに説明しているのでここでは省略します．

プログラムのソースは，リスト 10-1 のようになります．ピン・アサインは図 10-2 の通りです．

未使用端子の設定方法

今までのサンプルの実行で，未使用の LED がうっすら点灯しているのが気になるかもしれません．これは，LED を使用しないサンプルで，LED の設定を行っていないために起こります．LED をすべて配置して，未使用の LED に 0 を出力すれば解決しますが，ここではもっと簡単な解決策を紹介します．

まず，「Assignments」メニューから「Device」を選択して，デバイスの設定ダイアログを開きます（図 10-3）．

ダイアログの右中央にある，［Device and Pin Options…］ボタンを押します．「Device and Pin Options」ダイアログのタブから，図 10-4 のように「Unused Pins」を選択します．

デフォルトでは，「Reserve all unused pins:」の設定が「As input tri-stated with weak pull-up resistor」となっていますが，これを図 10-4 のように「As input tri-stated」に変更します．あとは，［OK］ボタンを押してダイアログを閉じてコンパイルを行えば，LED の薄暗い点滅はなくなります．

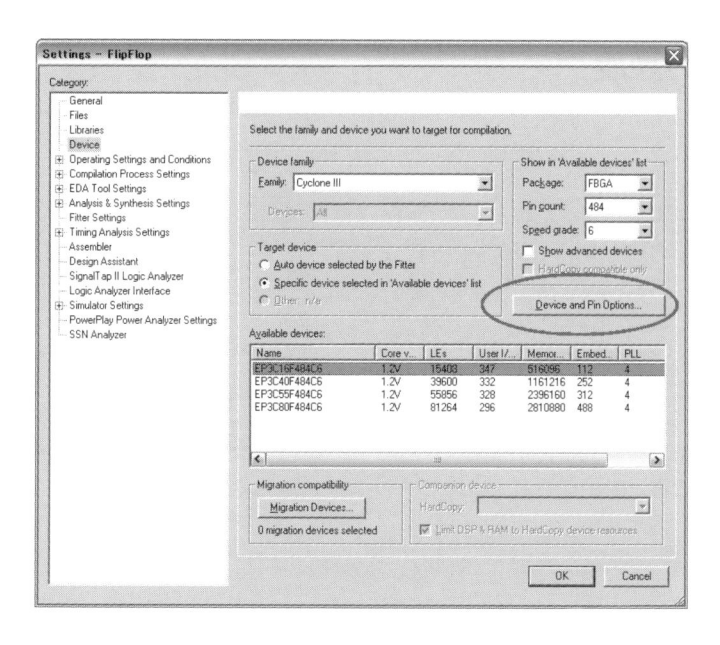

図 10-3　デバイスの選択ダイアログから Device and Pin Options…を選択

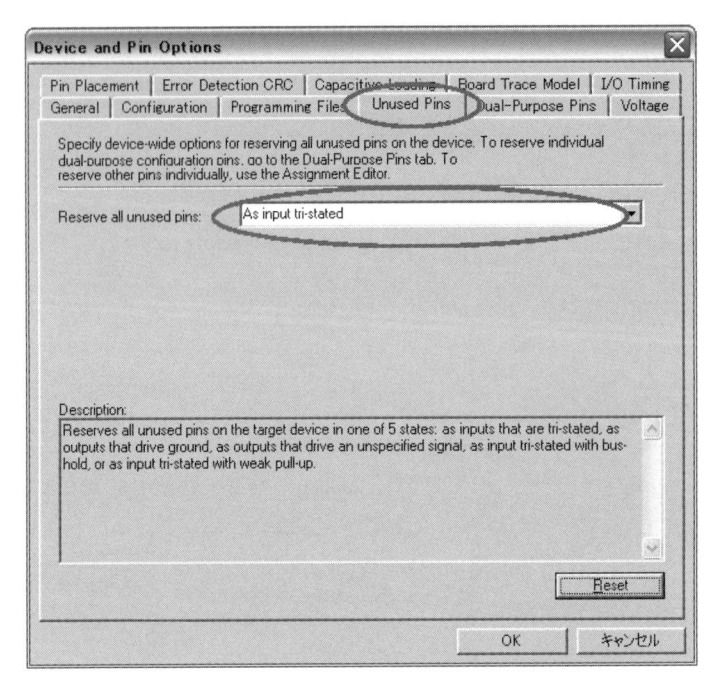

図 10-4　Device and Pin Options ダイアログ

　これは，デフォルトでは，未使用のピンがプルアップされるようになっていて，このプルアップにより LED が点灯していたためです．

　プルアップ抵抗の値が大きいため LED は完全には点灯せず，うっすらと点灯します．未使用ピンの設定をトライ・ステートにすると，プルアップは行われなくなるためこの LED は点灯しなくなります．

プログラムの説明

　今度のプログラムでは，二つの新しい構文があります．

reg

　最初は，

```
reg ff;
```

という行です．これはレジスタの宣言で，使い方は wire とよく似ていますが，wire が配線を行うのに対して reg ではレジスタを生成します．フリップフロップもレジスタなので，今回作成するフリップフロップはこの宣言で生成されることになります．

always @(…)

　フリップフロップの実際の動作の記述は，次の新しい構文，always @(・・・)で記述します．

第 10 章 フリップフロップ（FlipFlop）

フリップフロップは，クロックのエッジに同期してデータを読み込みますが，これを Verilog HDL で記述する場合はこの always という構文を使用します．always の begin から end までの処理は，always に続くかっこ内の条件を満たしたときだけ実行されます．今回はこの条件は，次のようになっています．

```
posedge switch
```

posedge は，switch の立ち上がりエッジという意味です．従って，この always 文は，switch 信号が立ち上がったとき（switch が OFF から ON に変わる瞬間）だけ実行されます．また，実行内容は，次のようになっています．

```
ff=~ff;
```

これは，ff の内容を反転させる処理です．従ってこのプログラムでは，switch 信号が立ち上がるたびに ff の値を反転させていることになります．

最後に，

```
assign led=ff;
```

という行があるため，このフリップフロップの状態が LED に表示されるようになっています．

ピンのアサインは回路図を参照して入力するか，サンプル・プロジェクトを参照してください．

第11章　10進カウンタ（Counter）

フリップフロップの理解ができたところで，今度は10進カウンタを作ってみることにします．

フリップフロップを並べてカウンタを作る場合，16進のカウンタは比較的簡単にできますが，10進のように，2の n 乗にならない数のカウンタは比較的面倒です．しかし，Verilog HDL を使うと，このようなカウンタもとても簡単に作ることができます．

まず，回路図は図 11-1 のようになります．

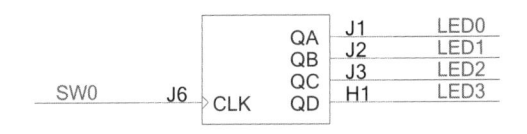

図 11-1　10進カウンタ

SW0 を OFF→ON にするごとに，LED0～LED3 が，0000 → 0001 → 0010....とインクリメントしていきます．16進カウンタの場合は，1111（15）になると次は0000に戻りますが，10進の場合は1001（9）になると次のクロックで0000に戻ります．

このプログラムは，第10章のフリップフロップによく似ていて，リスト 11-1 のようになります．ピン・アサインは図 11-2 の通りです．

リスト 11-1　Counter.v

```verilog
module Counter(switch, led);
    input switch;
    output [3:0] led;
    reg [3:0] ff;

    always @(posedge switch) begin
        if(ff==4'h9)
            ff=4'h0;
        else
            ff=ff+1;
    end
    assign led=ff;
endmodule
```

Node Name	Direction	Location
led[3]	Output	PIN_H1
led[2]	Output	PIN_J3
led[1]	Output	PIN_J2
led[0]	Output	PIN_J1
switch	Input	PIN_J6

図 11-2　ピン・アサインの設定

プログラムの説明

　第10章のフリップフロップは1個だけなので，LEDもレジスタも1個でしたが，今回は4ビットあるのでそれぞれが4個宣言されています．

　4ビットのレジスタを宣言する方法は，4ビットのワイヤを宣言する方法と同じです．これは，C言語でよく利用する配列と同じように考えると分かりやすいかもしれません．ただ，C言語の配列では，宣言時は配列の数だけ宣言し，添え字は常に0から始まりますが，Verilog HDLの場合は，始まりと終わりの数で宣言することができます．例えば，

```
reg [7:4] ff;
```

と書いても，4ビットのレジスタが宣言でき，添え字は，4～7までの数字を使用することができます．

if ～ else, begin ～ end

　always 文の中は，今回は if 文が使用されています．if 文の使い方も C 言語とよく似ていて，上記のプログラムのように，if と else が使用できます．if や else の処理が，複数の処理にまたがる場合は，begin～end で囲むことで複数の処理を記述することができます．C 言語の場合は，中かっこ{ }で囲みますが，Verilog HDL の場合は begin～end なので注意してください（この文法は，C 言語よりも Pascal 言語に似ている）．

　if 文の処理は，ff レジスタの値が9の場合は ff レジスタを0にして，それ以外の場合は ff レジスタをインクリメントしています．正確に書けば，ff レジスタの値が9の状態で，なおかつ switch が立ち上がったとき（クロックが入ったとき）に ff レジスタを0にしています．これは，同期リセットを使って10進カウンタを作っていると考えれば分かりやすいかもしれません．

　Verilog HDL ではこのように簡単にカウンタを記述できます．このサンプルを実際に動かすと，チャタリングの影響で必ずしも数値が1ずつインクリメントしない場合があると思います．これは，次章のチャタリング防止の処理を入れることで解決できます．

　実行例を**写真 11-1**～**写真 11-4**に示します．

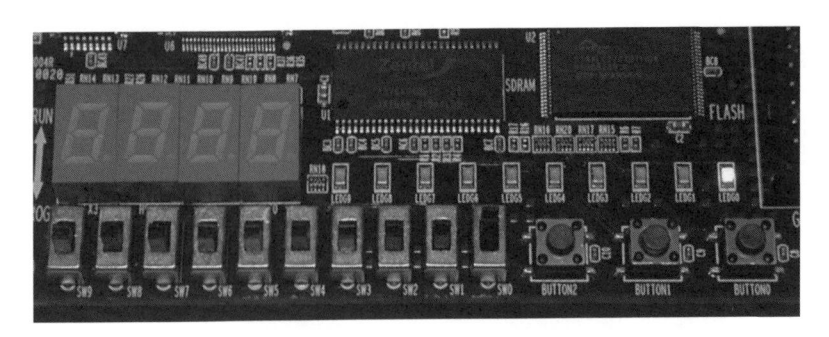

写真11-1　10進カウンタ（Counter）の実行例（0001）

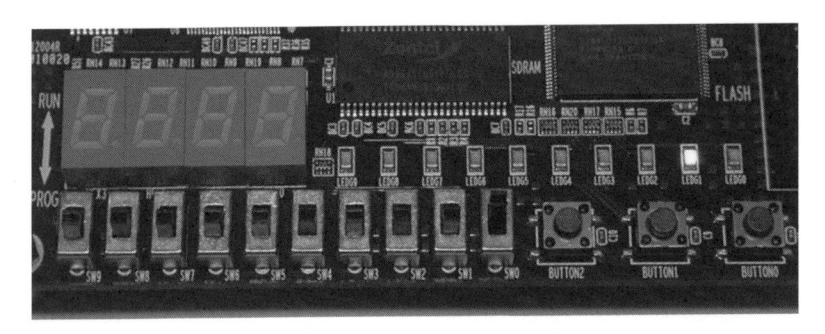

写真11-2　10進カウンタ（Counter）の実行例（0010）

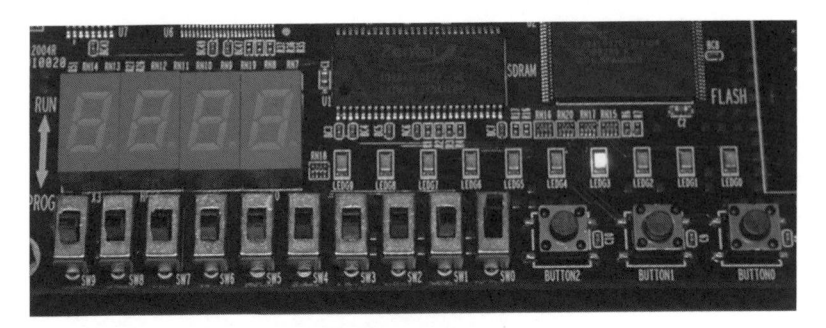

写真11-3　10進カウンタ（Counter）の実行例（1000）

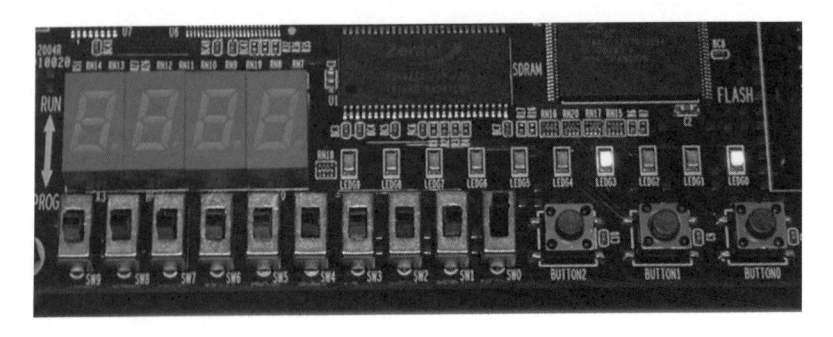

写真11-4　10進カウンタ（Counter）の実行例（1001）

第12章　チャタリングの除去（Chattering）

チャタリングとは

　チャタリングは，スイッチを入れたり切ったりするときに発生する現象です．家庭用の電灯のスイッチで，チャタリングを意識することはまずないと思いますが，高速で動作するハードウェアでは非常に重要な問題です．

　スイッチをON/OFFすると，スイッチの接点の汚れや接点の振動などにより，非常に短い時間ですが，ONとOFFが図12-1のように繰り返される現象が発生します．これがチャタリングと言われる現象です．

　チャタリングが発生する時間は非常に短く，通常数msから，長くても30ms程度といわれています．従って，家庭用の電灯のON/OFFではこのような瞬間的なON/OFFは気がつきませんが，ディジタル回路は数ns周期のクロックでも動作しますので，この時間は非常に長いことになります(msはnsの100万倍の値なので)．従って，カウンタのクロックにチャタリングが発生すると，1回のスイッチ操作でいくつものクロックが入力されることになり，誤動作の原因になります．

　チャタリングの防止回路はいくつか考えられますが，簡単な回路として図12-2のような回路があります．この回路では，スイッチの入力をDフリップフロップで受けて，その出力を回路のスイッチ入力として使います．

　Dフリップフロップのクロックは，チャタリングの発生時間よりも長い周期にしておきます．Dフリップフロップは，クロックが立ち上がる瞬間のデータを取り込みますが，クロックの周期はチャタリング時間よりも長いので，チャタリングによりデータを取りこぼしても次のクロックで正しい値が取り込めることになります．Chatteringサンプルでは，先ほどの10進カウンタにチャタリングの防止回路を入れていますが，回路図は図12-3のようになります．

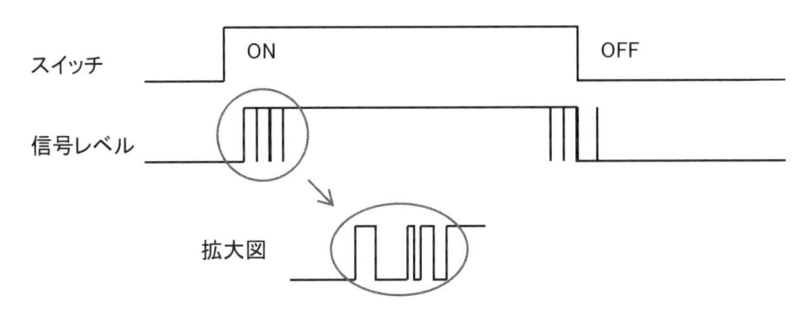

図12-1　スイッチのチャタリングのようす

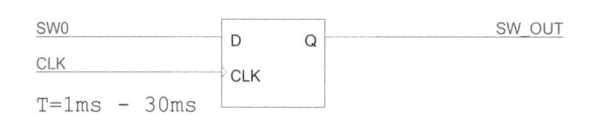

図 12-2 チャタリング防止回路

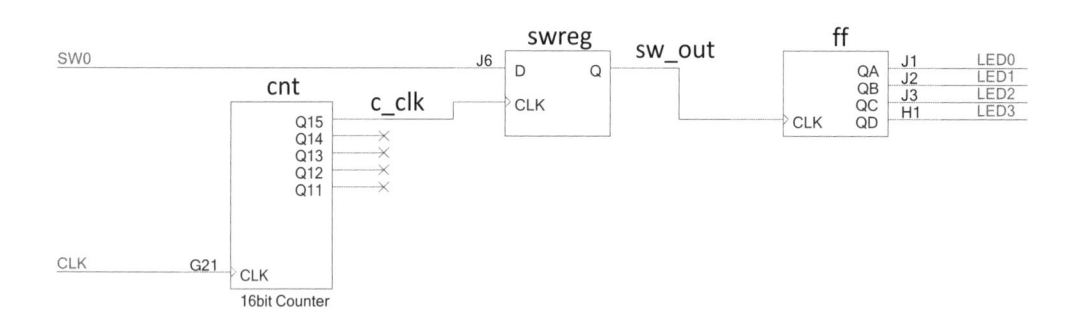

図 12-3 チャタリング防止付き 10 進カウンタの回路図

　DE0 には，50MHz の外部クロックがありますが，このクロックはチャタリングの防止クロックに使うには速すぎるので，16 ビットのカウンタで分周しています．16 ビットの分周器だと周波数は 1/65536 となるので約 763Hz のクロックとなります．このクロックの周期は約 1.3ms で，通常のチャタリングの防止であれば問題なさそうです．まだチャタリングが発生するようであれば，分周器のビット数を増やして，クロックの周期を長くすれば問題ありません．

プログラムの説明と動作確認

　プログラムは，リスト 12-1 のようになります．ピン・アサインは図 12-4 の通りです．ここでは，ソースを分かりやすくするためにコメントを入れています．Verilog HDL では，C/C++言語で使用される，/* で始まり */ で終わるブロック・コメントと，// で始まる行コメントを使用することができます．

Node Name	Direction	Location
clk	Input	PIN_G21
led[3]	Output	PIN_H1
led[2]	Output	PIN_J3
led[1]	Output	PIN_J2
led[0]	Output	PIN_J1
switch	Input	PIN_J6

図 12-4　ピン・アサインの設定

第12章 チャタリングの除去（Chattering）

このプログラムでは，一つのトップ・モジュールの中に三つの機能を組み込んでいます．最初の機能が16ビット・カウンタです．これは，cntという名前のレジスタで作成しています．

このカウンタは，DE0の50MHzの外部クロックで動作しています．この16ビット・カウンタの最上位ビットをc_clkという名前のワイヤで引き出して，チャタリング防止用のクロックとしています．2番目の機能はチャタリング防止用のフリップフロップです．こちらは，swregという名前のレジスタを使用して，先ほどのc_clkに同期してスイッチの状態をラッチしています．

swregの値は，sw_outというワイヤで取り出して，10進カウンタのクロックとしています．

3番目の機能は，第11章のCounterで作成した10進カウンタです．クロックにスイッチ入力を使っていたものをチャタリング除去したsw_outに変更しています．

プログラムをコンパイルして動作させると，第11章のCounterと異なり，今度は正確にインクリメントしていることが分かると思います．

リスト12-1 Chattering.v

```verilog
module Chattering(clk,switch,led);
    input clk,switch;
    output [3:0] led;
    reg [3:0] ff;
    reg [15:0] cnt;
    reg swreg;
    wire c_clk,sw_out;

    //16bit Counter
    always @(posedge clk) begin
        cnt=cnt+1;
    end
    assign c_clk=cnt[15];    //clock for chattering inhibit

    //switch latch
    always @(posedge c_clk) begin
        swreg=switch;
    end
    assign sw_out=swreg;
```

```verilog
    always @(posedge sw_out) begin
        if(ff==4'h9)
            ff=4'h0;
        else
            ff=ff+1;
    end
    assign led=ff;
endmodule
```

第13章　7セグ・デコーダ（SevenSegmentDec）

簡単に数字を表示したい場合，7セグメントLEDがよく利用されます．7セグメントLEDは，電卓などでよく見かける，日の字形をした数字表示用のLEDです．7セグメントLEDは，数字用の7個のLEDに小数点用のドット，合計8個のLEDが使用されています．

図 13-1は，DE0のHEX0の結線図です．

図 13-1　DE0のHEX0の結線図

7セグメントLEDで数字を表示する場合は，その数字で使用するセグメントのLEDのみを点灯さ せればよいことになります．例えば，数字の1を表示する場合は，HEX0_D1とHEX0_D2のLEDのみを点灯させます．

コンピュータでは16進数のデータをよく利用しますが，7セグメントLEDでは図 13-2のように数字に加えて，A～Fまでの文字を表示させることができます．そこで，図 13-3の回路図のような，7セグメント・デコーダを作成してみましょう．

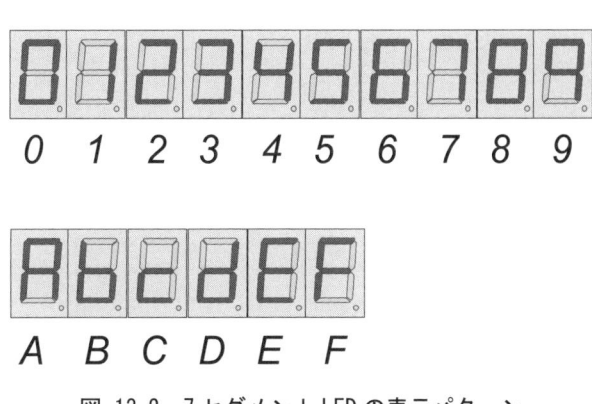

図 13-2　7セグメントLEDの表示パターン

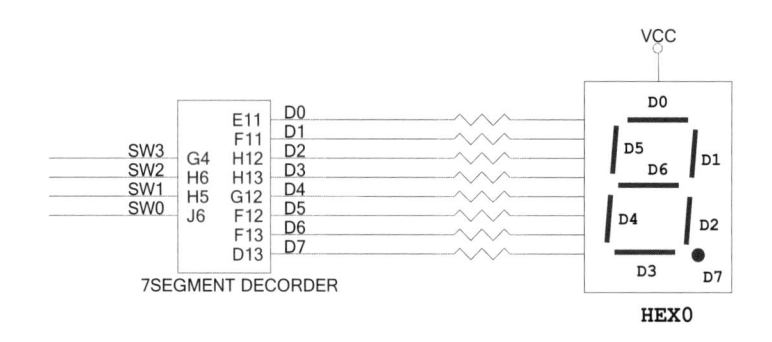

図 13-3　7セグメント・デコーダの回路図

図 13-3 は，SW0～SW3 を 4 ビットの 16 進コード入力として，この値をデコードして 7 セグメント LED の HEX0 に表示するものです．

DE0 の 7 セグメント LED は，アノード・コモンというタイプのもので，内部の LED のアノード側が共通になっています．このため，LED を点灯するには，点灯したいビットを 0 にし，それ以外のビットは 1 にする必要があります．

プログラムの説明

プログラム・ソースはリスト 13-1 のようになります．ピン・アサインは図 13-4 の通りです．

ここでは，新しく function と case という構文を使用しています．デコーダは assign 文の条件式で書くこともできますが，この方法だと 7 セグメント LED が複数ある場合，その数だけ条件式を書かなければなりません．この方法は，無駄にソースが長くなり，見通しが悪くだけではなく，バグも出やすくなるので，できるだけ簡潔な方法でソースを書く方が得策です．

Node Name	Direction	Location
led[7]	Output	PIN_D13
led[6]	Output	PIN_F13
led[5]	Output	PIN_F12
led[4]	Output	PIN_G12
led[3]	Output	PIN_H13
led[2]	Output	PIN_H12
led[1]	Output	PIN_F11
led[0]	Output	PIN_E11
sw[3]	Input	PIN_G4
sw[2]	Input	PIN_H6
sw[1]	Input	PIN_H5
sw[0]	Input	PIN_J6

図 13-4　ピン・アサインの設定

function 〜 endfunciotn

　functionは，C言語などの関数と同じような使い方ができますが，定義方法などが異なります．C言語の関数は，関数内部に別の関数を定義することはできませんが，Verilog HDLのfunctionは，モジュール内部で定義することができます．

　リスト 13-1のfunctionからendfunctionまでが関数定義となります．この例では，functionの戻り値は8ビットとして定義されています．また，引き数は，4ビットのnumという信号となります．

　functionの実際の機能は，次のbeginからendまでです．functionの戻り値は，function名と同じ信号に設定した値となります．ここでは，LedDecがfunction名です．

case 〜 endcase

　この関数では，case文を使って値の代入を行っています．case文は，C言語のswitch〜caseと同じような働きをします．case文では，caseの後のかっこの信号名の値と，ラベルの数値が一致する行にジャンプします．例えば，numの値が3であれば，4'h3:というラベルの行にジャンプしますので，この場合は，

```
LedDec = 8'b10110000;
```

という行が実行されます．numの値は0〜F以外はないので，defaultラベルは不要ですが，ここでは使い方の紹介のためdefaultラベルを入れています．numと一致するラベルが見つからないときはdefalutラベルの行が実行されます．

　functionを使うメリットは，同じ機能を繰り返し使う場合にソースが見やすくなる点です．

　例えば，num1〜num4までの4桁の数値を表示したい場合は，次のように記述することができます．

```
assign led1=LedDec(num1);
assign led2=LedDec(num2);
assign led3=LedDec(num3);
```

　実行例を**写真 13-1**〜**写真 13-4**に示します．

リスト 13-1　SevenSegmentDec.v

```verilog
module SevenSegmentDec(sw,led);
   input [3:0] sw;
   output [7:0] led;

   function [7:0] LedDec;
     input [3:0] num;
     begin
       case (num)
         4'h0:      LedDec = 8'b11000000;  // 0
         4'h1:      LedDec = 8'b11111001;  // 1
         4'h2:      LedDec = 8'b10100100;  // 2
         4'h3:      LedDec = 8'b10110000;  // 3
         4'h4:      LedDec = 8'b10011001;  // 4
         4'h5:      LedDec = 8'b10010010;  // 5
         4'h6:      LedDec = 8'b10000010;  // 6
         4'h7:      LedDec = 8'b11111000;  // 7
         4'h8:      LedDec = 8'b10000000;  // 8
         4'h9:      LedDec = 8'b10011000;  // 9
         4'ha:      LedDec = 8'b10001000;  // A
         4'hb:      LedDec = 8'b10000011;  // B
         4'hc:      LedDec = 8'b10100111;  // C
         4'hd:      LedDec = 8'b10100001;  // D
         4'he:      LedDec = 8'b10000110;  // E
         4'hf:      LedDec = 8'b10001110;  // F
         default:   LedDec = 8'b11111111;  // LED OFF
       endcase
     end
   endfunction

   assign led=LedDec(sw);
endmodule
```

第13章 7セグ・デコーダ（SevenSegmentDec）

写真 13-1　7セグ・デコーダ（SevenSegmentDec）の実行例（0）

写真 13-2　7セグ・デコーダ（SevenSegmentDec）の実行例（3）

写真 13-3　7セグ・デコーダ（SevenSegmentDec）の実行例（d）

写真 13-4　7セグ・デコーダ（SevenSegmentDec）の実行例（F）

第14章　BCDカウンタ（BcdCounter）

8ビットのデータは数値演算を行う場合には便利ですが，数値を10進で表示する場合は少々面倒なことになります．8ビットのデータは0～255までの数値を表現できるため，第13章の7セグメント・デコーダを拡張して8ビット・データを直接3桁の7セグメントLEDのデータに変換する回路も作れなくはありません．しかし，ちょっと考えただけでもテーブルの数が256にもなってあまり実用的ではないことが分かります．

ディジタル回路で10進数を扱う場合，BCD（Binary Coded Decimal）コードを使うと便利です．BCDコードは，8ビットのデータを上位と下位の4ビットに分割して，10進2桁の数値を扱う方法です．

上位と下位のデータはそれぞれ4ビットあるので，0～Fまでの16通りの数値を扱うことができますが，BCDコードの場合はA～Fまでの数値は扱いません．従って，下位の桁が9までインクリメントされると，次のインクリメントで桁上げが発生して下位の桁は0に戻ります．

BCDコードを使うと，8ビットで10進2桁の数値を各桁がそれぞれ4ビットの数値として切り出せるので，7セグメント・デコーダを二つ使えば8ビットのBCDコードを簡単に10進2桁の数値に変換して表示することができます．

以上のように，10進数を扱う用途では，カウンタにBCDカウンタを利用すれば，カウンタの値をそのまま表示できるので便利です．そこでここでは，BCDカウンタを作成してみることにします．

BCDカウンタは，図14-1のように4ビットの10進カウンタを内部に二つ持たせることで，簡単に作成することができます．ここでは，図14-2のような回路を作成します．

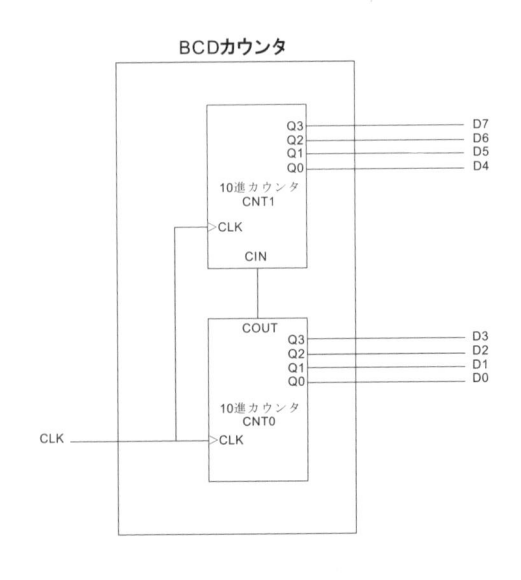

図 14-1　BCDカウンタの構成図

第 14 章 BCD カウンタ (BcdCounter)

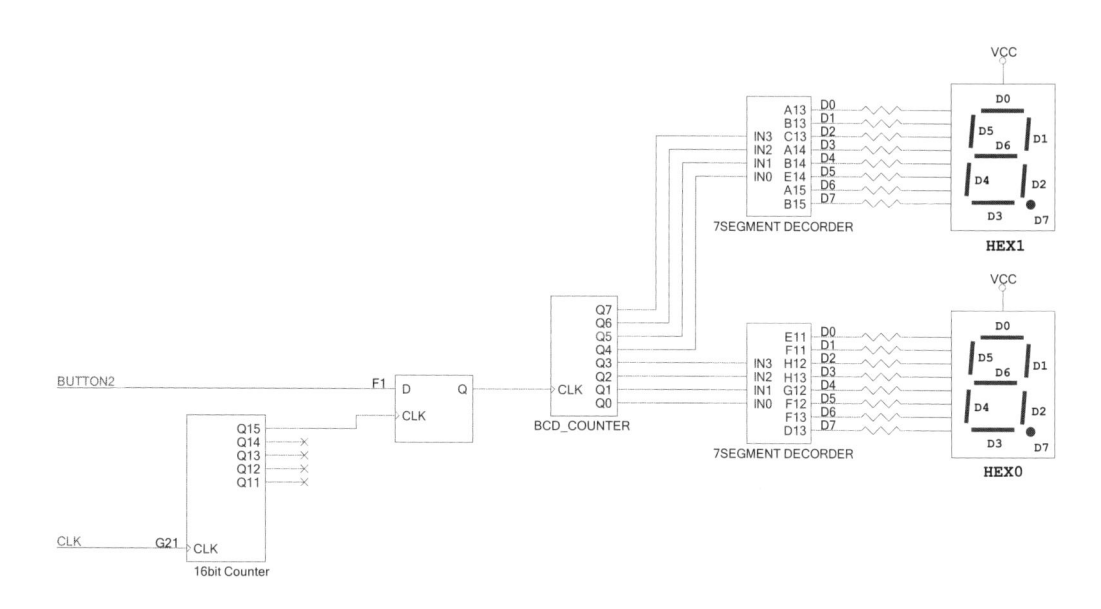

図 14-2 BCD カウンタの回路図

　この回路はやや複雑に見えますが，左の 16 ビット・カウンタと D フリップフロップは，第 12 章のチャタリング防止回路を入れたカウンタの回路をそのまま使用しています．ただし，今度は操作しやすいように，スライド・スイッチの代わりにプッシュ・ボタン BUTTON2 を使用しています．

　真ん中の BCD_COUNTER が，本章のテーマである BCD カウンタになります．この出力の 8 ビットを上位と下位の 4 ビットに分割して，7 セグメント・デコーダの回路で 7 セグメント LED に表示しています．

プログラムの説明

　リスト 14-1 は，BCD カウンタのプログラム・ソースです．ピン・アサインは図 14-3 の通りです．

　いくつもの機能が一つのモジュール内にあるため少々見にくいのですが，"16bit Counter" というコメントから "switch latch" の終わりまでは，チャタリング防止回路を入れたカウンタのソースをそのまま入れて，button2 のチャタリングを取って sw_out という信号を作っています．

　BCD カウンタは，"decimal counter1" と "decimal counter2" の二つの 10 進 4 ビット・カウンタで構成されています．"decimal counter1" は，第 11 章の 10 進カウンタとほとんど同じですが，クロックのエッジを negedge にして，ボタン信号の立ち下がりでカウントするようにしています．これは，プッシュ・ボタンが負論理で，ボタンが押されると 0 になるためです．

　下位 4 ビットの桁上げ信号は，"d_cry" というワイヤになります．この信号は，"decimal counter1" の値が 9 のとき（すなわち，dcnt1==9 のとき）だけ 1 となるようになっています．このようにすることで，9→0 へ変化するときに桁上げを行うことができます．

"decimal counter2"は，"decimal counter1"とほとんど同じですが，カウントの条件にd_cry==1'b1を入れています．このようにすると，桁上げが発生するときだけ，dcnt2がカウント・アップするため，10の位の計算が正しく行われることになります．

最後の"7Segment Decoder"は，7セグメント・デコーダからのソースの流用です．ここでは，16進の表示は必要ないので，A～Fのデコードは割愛しています．7セグメント・デコーダは，functionで定義されているため，1の位も10の位も，同じデコーダを使うことができます．従って，二つの7セグメントLEDの出力は，次の2行で簡潔に記述することができます．

```
assign hex0=LedDec(dcnt1);
assign hex1=LedDec(dcnt2);
```

作成したプログラムをDE0にダウンロードすると，BUTTON2を押すごとに，2桁の数値がインクリメントされ，09の次は10というように，正しく10進でカウント・アップしていることが分かります．

実行例を**写真 14-1**に示します．

リスト 14-1　BcdCounter.v

```verilog
module BcdCounter(clk,btn,hex0,hex1);
    input clk,btn;
    output [7:0] hex0;
    output [7:0] hex1;
    reg [3:0] ff;
    reg [15:0] cnt;
    reg swreg;
    wire c_clk,sw_out;
    reg [3:0] dcnt1;
    reg [3:0] dcnt2;
    wire d_cry;    //Carry

    //16bit Counter
    always @(posedge clk) begin
        cnt=cnt+1;
    end
    assign c_clk=cnt[15];    //clock for chattering inhibit

    //switch latch
    always @(posedge c_clk) begin
```

```verilog
        swreg=btn;
    end
    assign sw_out=swreg;

    //decimal counter1
    always @(negedge sw_out) begin
       if(dcnt1==4'h9)
           dcnt1=0;
       else
           dcnt1=dcnt1+1;
    end
    //Carry
    assign d_cry=(dcnt1==4'h9) ? 1'b1 : 1'b0;
    //decimal counter2
    always @(negedge sw_out) begin
       if(d_cry==1'b1) begin
           if(dcnt2==4'h9)
               dcnt2=0;
           else
               dcnt2=dcnt2+1;
       end
    end

    //7Segment Decorder
    function [7:0] LedDec;
      input [3:0] num;
      begin
        case (num)
          4'h0:     LedDec = 8'b11000000; // 0
          4'h1:     LedDec = 8'b11111001; // 1
          4'h2:     LedDec = 8'b10100100; // 2
          4'h3:     LedDec = 8'b10110000; // 3
          4'h4:     LedDec = 8'b10011001; // 4
          4'h5:     LedDec = 8'b10010010; // 5
          4'h6:     LedDec = 8'b10000010; // 6
          4'h7:     LedDec = 8'b11111000; // 7
          4'h8:     LedDec = 8'b10000000; // 8
```

```
            4'h9:       LedDec = 8'b10011000;  // 9
            default:    LedDec = 8'b11111111;  // LED OFF
        endcase
      end
  endfunction

  assign hex0=LedDec(dcnt1);
  assign hex1=LedDec(dcnt2);

endmodule
```

Node Name	Direction	Location
btn	Input	PIN_F1
clk	Input	PIN_G21
hex0[7]	Output	PIN_D13
hex0[6]	Output	PIN_F13
hex0[5]	Output	PIN_F12
hex0[4]	Output	PIN_G12
hex0[3]	Output	PIN_H13
hex0[2]	Output	PIN_H12
hex0[1]	Output	PIN_F11
hex0[0]	Output	PIN_E11
hex1[7]	Output	PIN_B15
hex1[6]	Output	PIN_A15
hex1[5]	Output	PIN_E14
hex1[4]	Output	PIN_B14
hex1[3]	Output	PIN_A14
hex1[2]	Output	PIN_C13
hex1[1]	Output	PIN_B13
hex1[0]	Output	PIN_A13

図 14-3 ピン・アサインの設定

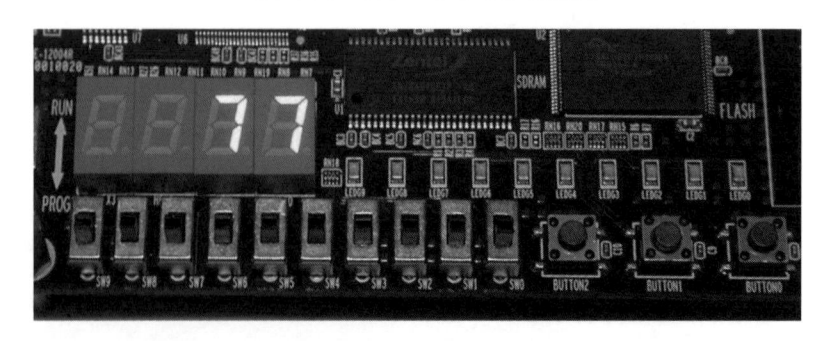

写真 14-1 BCDカウンタの（BcdCounter）の実行例

第15章　正確なタイマ（Timer）

　ディジタル回路では，基本クロックとして水晶発振回路がよく利用されます．水晶発振回路は，クオーツ式の時計でも使われるように，非常に正確な発振回路です．このためディジタル回路は，時計やストップウォッチのように，時間を計測する用途にもよく利用されます．DE0には50MHzの水晶発振回路が内蔵されているので，これを利用して正確なタイマを作ってみることにします．

　第12章のチャタリングのサンプルでは，チャタリングを防止するためのクロックとして，16ビットのカウンタを利用して，約763Hzのクロックを作りました．これは，50MHzを16ビットのカウンタで1/65536に分周した値ですが，タイマに利用するには周波数が半端です．そこで，50MHzのクロックから0.1秒周期（すなわち10Hz）のクロックを作ってみることにします．

　本章で作成する回路は，図 15-1のような回路になります．

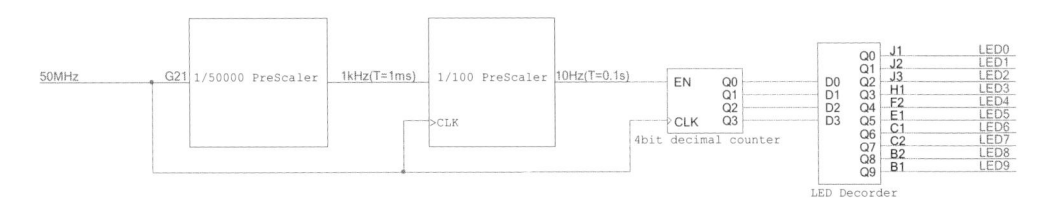

図 15-1　正確なタイマの回路図

　この回路では，まず50MHzのクロックを16ビットのカウンタで1/50000に分周します．これで，50MHz÷50000=1kHzのクロックが得られます．

　これをさらに1/100に分周すると，10Hzのクロックが得られ0.1秒のタイマとなります．0.1秒のタイマはそのままLEDで点灯すると点滅が速すぎるので，10進カウンタとデコーダで10個のLEDを0.1秒ごとに順次点灯してみることにします．1/100のプリスケーラやdecimal counterのクロックが50MHzになっている点に注意してください．

非同期回路と同期回路

　今までの回路では，プリスケーラの出力を次のクロックとして使用していました．これは非同期回路と言われる回路で，カウンタを何段も繋げると図 15-2のようにそれぞれのカウンタの遅延が重なり，最初のカウンタと最終段のカウンタでは，かなりの時間差が出る場合があります．

　これに対して同期回路の場合は，クロックは共通にしてカウント・アップをするかどうかのイネーブル信号を制御することで次段以降のカウンタを制御します．図 15-3は，同期カウンタの回路図です．このような回路構成にすると非同期式の場合と比べて回路規模は増えますが，クロックが共通のため遅延による問題は発生しません．

図 15-2　非同期カウンタの回路

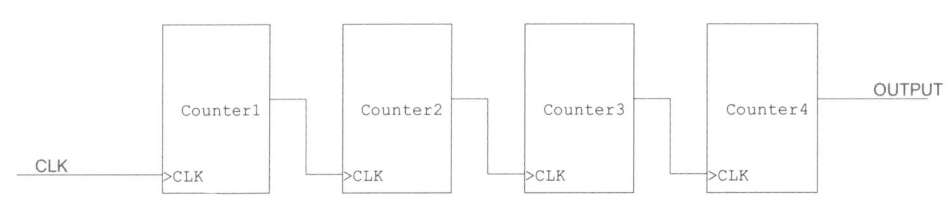

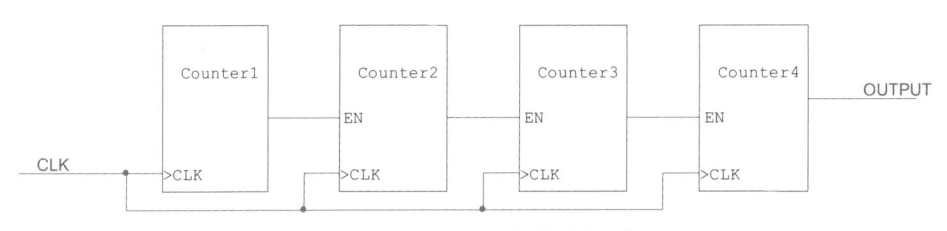

それぞれのカウンタの遅延が加算される

図 15-3　同期カウンタの回路

CLKは共通のため，遅延は生じない

プログラムの説明

　リスト 15-1 は，Timer モジュールのソース・プログラムです．ピン・アサインは図 15-5 の通りです．

　このプログラムでは，デコーダ部分を assign だけで記述していますが，もちろん第 13 章の 7 セグメント LED のときのように，function を使う方法でも記述可能です．

　10 進カウンタの動作条件に，iclk1 と iclk2 がある点に注意してください．

　iclk2 は，1/100 プリスケーラがカウント・アップするときの条件です．10 進カウンタのクロックは 50MHz です．1/100 プリスケーラは 50000 クロックに 1 回カウント・アップするので，iclk2 がアクティブになっている期間は，図 15-4 のように 50000 クロックあることになります．

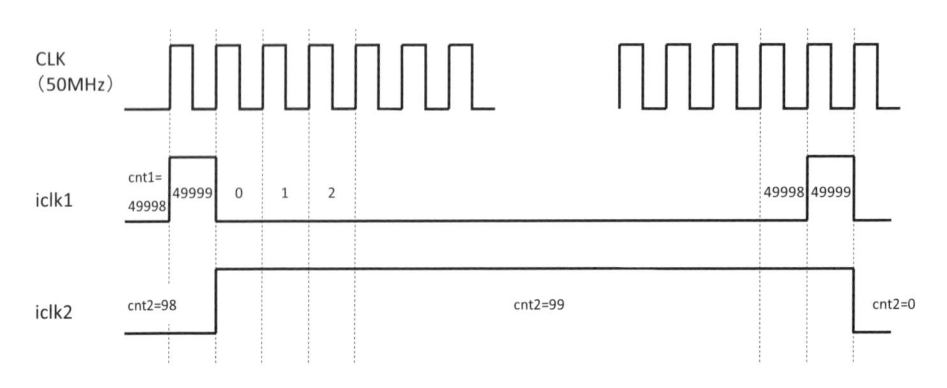

図 15-4　iclk1 と iclk2

このため，10進カウンタのカウント・アップ条件をiclk2だけにすると，iclk2が有効になった瞬間，10進カウンタが5万回カウントされることになります．これを防ぐため，1/100プリスケーラのカウント・アップ条件であるiclk1も条件に加えています．

プログラムをDE0にダウンロードすると，LED0～LED9が0.1秒ごとに右から左へ光が流れていくようすが確認できます．

リスト 15-1 Timer.v

```verilog
module Timer(clk,led);
   input clk;
   output [9:0] led;

   reg [15:0] cnt1;
   reg [6:0] cnt2;
   reg [3:0] dcnt;
   wire iclk1;    //1kHz clock
   wire iclk2;    //1Hz clock

   //1/50000 PreScaler
   assign iclk1=(cnt1==16'd49999) ? 1'b1 : 1'b0;
   always @(posedge clk) begin
      if(iclk1==1'b1)
         cnt1=0;
      else
         cnt1=cnt1+1;
   end

   //1/100 PreScaler
   assign iclk2=(cnt2==7'd99) ? 1'b1 : 1'b0;
   always @(posedge clk) begin
      if(iclk1==1'b1)begin
         if(iclk2==1'b1)
            cnt2=0;
         else
            cnt2=cnt2+1;
      end
```

```verilog
    end

    //decimal counter
    always @(posedge clk) begin
        if((iclk1==1'b1) && (iclk2==1'b1)) begin
            if(dcnt==4'd9)
                dcnt=0;
            else
                dcnt=dcnt+1;
        end
    end

    //decorder
    assign led[0]=(dcnt==4'd0) ? 1'b1 : 1'b0;
    assign led[1]=(dcnt==4'd1) ? 1'b1 : 1'b0;
    assign led[2]=(dcnt==4'd2) ? 1'b1 : 1'b0;
    assign led[3]=(dcnt==4'd3) ? 1'b1 : 1'b0;
    assign led[4]=(dcnt==4'd4) ? 1'b1 : 1'b0;
    assign led[5]=(dcnt==4'd5) ? 1'b1 : 1'b0;
    assign led[6]=(dcnt==4'd6) ? 1'b1 : 1'b0;
    assign led[7]=(dcnt==4'd7) ? 1'b1 : 1'b0;
    assign led[8]=(dcnt==4'd8) ? 1'b1 : 1'b0;
    assign led[9]=(dcnt==4'd9) ? 1'b1 : 1'b0;
endmodule
```

Node Name	Direction	Location	I/O Bank
clk	Input	PIN_G21	6
led[9]	Output	PIN_B1	1
led[8]	Output	PIN_B2	1
led[7]	Output	PIN_C2	1
led[6]	Output	PIN_C1	1
led[5]	Output	PIN_E1	1
led[4]	Output	PIN_F2	1
led[3]	Output	PIN_H1	1
led[2]	Output	PIN_J3	1
led[1]	Output	PIN_J2	1
led[0]	Output	PIN_J1	1

図 15-5　ピン・アサインの設定

第16章　汎用カウンタ（UniversalCounter）

第11章では10進カウンタを作成しましたが，このときは，カウンタの値が10進数の最大数である9になると，次のクロックでカウンタを0に戻す方法をとっていました．

この最大数を変更することで，8進数や12進数など，任意のタイプのカウンタを作ることができます．カウンタの構造はどの場合も同じで，最大値の比較の値が変わるだけなので，C言語の関数の引き数のように，最大値を指定するとその値で任意の進数のカウンタにできると便利です．

Verilog HDLでは，パラメータ（parameter）という機能を使うと，このようなことが簡単にできます．

ここでは，パラメータの機能を見るため，図 16-1 のような回路を作ってみることにします．

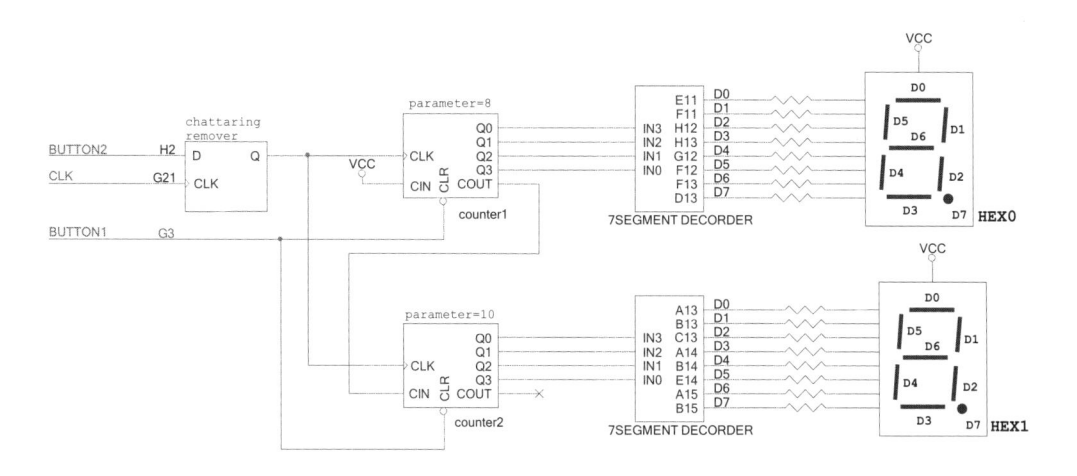

図 16-1　汎用（ユニバーサル）カウンタの回路図

counter1 と counter2 は同じモジュールを使いますが，モジュールを使うときのパラメータで8進カウンタと10進カウンタに設定しています．

7セグメントのデコーダは，第13章のものをそのまま流用しています．

また，このカウンタには，リセット入力のCLR端子と，キャリー・イン（桁上げ用入力）のCIN端子，およびキャリー・アウト（桁下げ用入力）のCOUT端子を備えています．このようにしておくと，任意のタイミングでリセットができ，またカウンタを数珠繋ぎにして任意の桁数の回路を作成することができます．

カウント・アップは BUTTON2 で行いますが，以前作成したチャタリング防止回路を通してカウンタに入力しています．BUTTON1はリセット用なので，チャタリング防止回路は入れていません．

プログラムの説明

リスト 16-1 は，汎用(ユニバーサル)カウンタのプログラム・リストです．ピン・アサインは図 16-2 の通りです．

今までのプログラムは単一のモジュールでしたが，このプログラムでは，ucounter と unchatter，および UniversalCounter の三つのモジュールがあることに注意してください．トップ・モジュールは UniversalCounter です

ソースが長いので，最初戸惑うかもしれませんが，トップ・モジュールのところから見ていくと分かりやすいと思います．トップ・モジュールは次の行の部分です．

```
module  UniversalCounter(btn2,btn1,clk,hex0,hex1);
```

最初に，各信号の input/output の定義や，使用するワイヤなどの定義があります．その後，次のような行があります．

```
unchatter uc(btn2,clk,cclk);
```

これは，unchatter というモジュールを uc というインスタンス名で作成し，信号を順に btn2, clk, cclk を接続するという意味です．unchatter モジュールは，チャタリング防止で作成した機能をモジュール化したものです．

Node Name	Direction	Location
btn1	Input	PIN_G3
btn2	Input	PIN_F1
clk	Input	PIN_G21
hex0[7]	Output	PIN_D13
hex0[6]	Output	PIN_F13
hex0[5]	Output	PIN_F12
hex0[4]	Output	PIN_G12
hex0[3]	Output	PIN_H13
hex0[2]	Output	PIN_H12
hex0[1]	Output	PIN_F11
hex0[0]	Output	PIN_E11
hex1[7]	Output	PIN_B15
hex1[6]	Output	PIN_A15
hex1[5]	Output	PIN_E14
hex1[4]	Output	PIN_B14
hex1[3]	Output	PIN_A14
hex1[2]	Output	PIN_C13
hex1[1]	Output	PIN_B13
hex1[0]	Output	PIN_A13

図 16-2　ピン・アサインの設定

unchatter モジュールはソースの中ほどに定義してあり，定義部分は次のようになっています．

  module unchatter(din,clk,dout);

従って，トップ・モジュールの btn2 という信号は，unchatter モジュールの din 信号に接続され，clk が clk，cclk が dout に接続されるということになります．このようにモジュール化することによって，同じ回路をいくつも使用したりソースを見やすくするといったメリットがあります．

parameter

次に，次のような二つのカウンタの定義があります．

  ucounter #(7) counter1(cclk,btn1,1'b1,cout,cnt0);
  ucounter #(9) counter2(cclk,btn1,cout,cout2,cnt1);

ここでの定義は，unchatter とよく似ていますが，モジュールのインスタンス名の前に#(x)という設定があります．この#(x)の部分がパラメータです．かっこの中には，設定するパラメータを書きます．今回はパラメータ maxcnt が一つだけですが，複数のパラメータがある場合は，

  x, y, z, ・・・

のようにカンマで区切って，複数のパラメータを指定することができます．

ucounter のパラメータは，N進カウンタの最大数を指定するので，設定する値は，$N-1$ となります．従って，10進カウンタなら9，8進カウンタなら7を設定します．

ucounter の定義はソースの最初に定義されていて，次のような行で始まっています．

  module ucounter(clk,nclr,cin,cout,q);
   parameter maxcnt=15; //default=HEX counter
   input clk;
   input nclr;
    :

ここで，入出力信号の定義の前に，parameter maxcnt=15 という行があることに注意してください．これがパラメータの宣言です．パラメータはデフォルト値を持つことができ，ここでは16進を示す15という数値を設定しています．従って，ucounter をパラメータを設定せずに使用すると，16進のカウンタとなります．

ここで宣言した maxcnt という名前が ucounter のモジュール内部で使用されると，ucounter を使用する際に設定したパラメータの値に置き換わります．ucounter の内部では，カウンタのリセットとキャリー・アウトの条件に maxcnt が使用されていますが，これが7や9に置き換わって使用されることになります．

トップ・モジュールでは ucounter を二つ使用しています．このように，モジュールを使うと同じ回路を複数使用する場合に非常に便利です．

トップ・モジュールの ucounter の後は，7 セグメント・デコーダ部分となりますが，こちらは何度も出てきているので説明は不要でしょう．7 セグメントのデコーダは，ここでは他のソースと同様に function を使用していますが，これもモジュール化すればもう少し見やすいソースになると思いますので演習問題として試してみてください．また，カウンタのパラメータをいろいろな数にして動作を確認してみてください．

なお，このプログラムでは，BUTTON2 をクロックにしていますが，カウンタのクロックが正論理のままのため，起動時に 01 と表示されていると思います．これは，起動時に，BUTTON2 のプルアップ抵抗のためクロックが 1 回入るためです．信号を反転させるか，カウンタのエッジを negedge に変更すれば 00 が初期値になります．また，BUTTON1 を押すとカウンタがリセットされます．

リスト 16-1 UniversalCounter.v

```verilog
//universal counter module
module ucounter(clk,nclr,cin,cout,q);
    parameter maxcnt=15;    //default =HEX counter
    input clk;
    input nclr;
    input cin;
    output cout;
    output [3:0] q;
    reg [3:0] cnt;

    assign q=cnt;

    always@(posedge clk or negedge nclr) begin
        if(nclr==1'b0) begin
            cnt=4'h0;
        end
        else begin
            if(cin==1'b1) begin
                if(cnt==maxcnt)
                    cnt=4'h0;
                else
                    cnt=cnt+1;
            end
        end
    end
```

```verilog
    assign cout=((cnt==maxcnt) && (cin==1'b1)) ? 1'b1 : 1'b0;
endmodule

//chattering remover
module unchatter(din,clk,dout);
    input din;
    input clk;
    output dout;
    reg [15:0] cnt;
    reg dff;

    always @(posedge clk) begin
        cnt=cnt+1;
    end

    always @(posedge cnt[15]) begin
        dff=din;
    end

    assign dout=dff;
endmodule

//Top module
module UniversalCounter(btn2,btn1,clk,hex0,hex1);
    input btn2;
    input btn1;
    input clk;
    output [7:0] hex0;
    output [7:0] hex1;
    wire cclk,cout1,cout2;
    wire [3:0] cnt0;
    wire [3:0] cnt1;

    //chattering remover
    unchatter uc(btn2,clk,cclk);

    //octal counter
```

```verilog
    ucounter #(7) counter1(cclk,btn1,1'b1,cout,cnt0);
    //decimal counter
    ucounter #(9) counter2(cclk,btn1,cout,cout2,cnt1);

    //7segment decorder
    function [7:0] LedDec;
        input [3:0] num;
        begin
            case (num)
                4'h0:       LedDec = 8'b11000000;  // 0
                4'h1:       LedDec = 8'b11111001;  // 1
                4'h2:       LedDec = 8'b10100100;  // 2
                4'h3:       LedDec = 8'b10110000;  // 3
                4'h4:       LedDec = 8'b10011001;  // 4
                4'h5:       LedDec = 8'b10010010;  // 5
                4'h6:       LedDec = 8'b10000010;  // 6
                4'h7:       LedDec = 8'b11111000;  // 7
                4'h8:       LedDec = 8'b10000000;  // 8
                4'h9:       LedDec = 8'b10011000;  // 9
                4'ha:       LedDec = 8'b10001000;  // A
                4'hb:       LedDec = 8'b10000011;  // B
                4'hc:       LedDec = 8'b10100111;  // C
                4'hd:       LedDec = 8'b10100001;  // D
                4'he:       LedDec = 8'b10000110;  // E
                4'hf:       LedDec = 8'b10001110;  // F
                default:    LedDec = 8'b11111111;  // LED OFF
            endcase
        end
    endfunction

    assign hex0=LedDec(cnt0);
    assign hex1=LedDec(cnt1);

endmodule
```

第17章　ピン・アサインの使い方（PinAssign）

　QuartusIIは，FPGAの開発ツールとして非常によく出来ていますが，今までサンプルを作成するごとにピン・プランナで多くのピンを定義するのが面倒に思った人もいるのではないでしょうか？

　DE0では，さまざまなI/Oデバイスがあり，またそれぞれのI/Oのピン数も多いので，サンプルを作るたびにピン・プランナでピン番号を入力するのはかなり大変です．

　ピン・プランナはよく出来たソフトウェアで，ピン番号のところで"PIN_G3"と入力するところで，"G"というキーを入力すると，ドロップダウン・リストが自動的に"PIN_G1"のところまでスクロールします．

　さらに続けて"3"のキーを入力すれば"PIN_G3"になるので，そのままEnterキーを押せば，ピンの入力が完了します．

　この操作に慣れれば，マウスを使ってドロップダウン・リストからピンを選択するよりも格段に速く入力できますが，それでも毎回同じ設定を行うのは作業の無駄のように思えます．

リスト 17-1　PinAssign.v

```verilog
module PinAssign(clk,btn,sw,led,hled0,hled1,hled2,hled3);
    input clk;
    input [2:0] btn;
    input [9:0] sw;
    output [9:0] led;
    output [7:0] hled0;
    output [7:0] hled1;
    output [7:0] hled2;
    output [7:0] hled3;

    assign led=10'h0;
    assign hled0=8'hff;
    assign hled1=8'hff;
    assign hled2=8'hff;
    assign hled3=8'hff;
endmodule
```

QuartusIIには，他のプロジェクトからピン配置を読み込む機能があります．この機能を使うには，流用するモジュールと同じ信号名であると便利なのですが，サンプルでは今まで使用したクロック，ボタン，スライド・スイッチ，LED，7セグメントLEDを主に使っているので，今後はここで作成する標準のトップ・モジュールをベースにモジュールを作成することにします．

ここで作成するトップ・モジュールはピンのアサインだけを行うので，プログラムは**リスト 17-1**のようになります．

出力信号は，LEDはすべて0，7セグメントLEDはすべて1にしています．7セグメントLEDは0で点灯なので，すべて1にして消灯するようにしています．

ピン・アサインの Import/Export

設定するピン・アサインは，**表 17-1**のようになります．

他のプロジェクトからピンのアサインを読み込む場合は，まずQuartusIIの「Assignments」メニューから，「Import Assignments…」を選択します（**図 17-1**）．

あとは，File Nameの参照ボタン(…)を押して，ターゲットのプロジェクトのqsfファイルを選択して，［OK］ボタンを押します．また，元になるプロジェクトでピン・プランナの「File」メニューから「Export」を選択すると，ピン情報をCSVファイルに変換することもできます．

ピン情報の読み込みは，このCSVファイルでも可能です．CSVファイルを使った場合は，テキスト・エディタやExcelなどで，簡単に信号名を書き換えられるので，信号名を変更している場合はこの方法が便利でしょう．

入門編の終わりに

ここまでで，Verilog HDLの入門編は終わりとなります．これまでに学習したVerilog HDLのテクニックを使えば，かなりいろいろなプログラムを作ることができます．

入門編では，基礎的な学習が中心でしたので，「サンプルが面白くない！」とか，「もっと実用的なものを作りたい！」といったご意見があるかと思います．このような方は，次章の応用編に進んで，より具体的なサンプルを試してみてください．

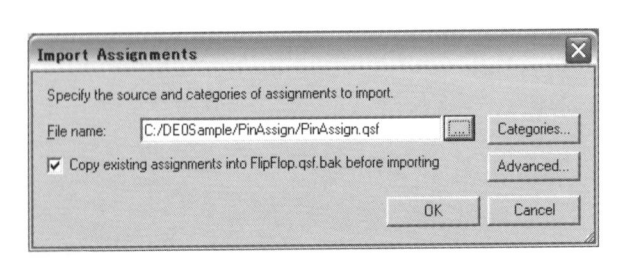

図 17-1 Import Assignments ダイアログ

第17章 ピン・アサインの使い方（PinAssign）

信号名	ロケーション
clk	PIN_G21

信号名	ロケーション
btn[2]	PIN_F1
btn[1]	PIN_G3
btn[0]	PIN_H2

信号名	ロケーション
led[9]	PIN_B1
led[8]	PIN_B2
led[7]	PIN_C2
led[6]	PIN_C1
led[5]	PIN_E1
led[4]	PIN_F2
led[3]	PIN_H1
led[2]	PIN_J3
led[1]	PIN_J2
led[0]	PIN_J1

信号名	ロケーション
sw[9]	PIN_D2
sw[8]	PIN_E4
sw[7]	PIN_E3
sw[6]	PIN_H7
sw[5]	PIN_J7
sw[4]	PIN_G5
sw[3]	PIN_G4
sw[2]	PIN_H6
sw[1]	PIN_H5
sw[0]	PIN_J6

信号名	ロケーション
hled0[7]	PIN_D13
hled0[6]	PIN_F13
hled0[5]	PIN_F12
hled0[4]	PIN_G12
hled0[3]	PIN_H13
hled0[2]	PIN_H12
hled0[1]	PIN_F11
hled0[0]	PIN_E11

信号名	ロケーション
hled1[7]	PIN_B15
hled1[6]	PIN_A15
hled1[5]	PIN_E14
hled1[4]	PIN_B14
hled1[3]	PIN_A14
hled1[2]	PIN_C13
hled1[1]	PIN_B13
hled1[0]	PIN_A13
hled2[7]	PIN_A18
hled2[6]	PIN_F14
hled2[5]	PIN_B17
hled2[4]	PIN_A17
hled2[3]	PIN_E15
hled2[2]	PIN_B16
hled2[1]	PIN_A16
hled2[0]	PIN_D15
hled3[7]	PIN_G16
hled3[6]	PIN_G15
hled3[5]	PIN_D19
hled3[4]	PIN_C19
hled3[3]	PIN_B19
hled3[2]	PIN_A19
hled3[1]	PIN_F15
hled3[0]	PIN_B18

表 17-1　ピン・アサインの設定

Verilog HDL 応用編

　第17章までの入門編では，Verilog HDL の基本的な使い方を学習するため，比較的単純なサンプルで Verilog HDL を学習しました．Verilog HDL の基本は，ここまでで十分理解できたかと思いますので，そろそろ実用的なサンプルを紹介したいと思います．

　Verilog HDL の機能は今まで紹介した以外にもまだまだありますが，今までの学習内容だけでもたいていの物は作れるようになっているはずです．そこで，Verilog HDL の詳細説明は他書にお任せして，ここではいくつか面白そうな例や，変わった使い方などを紹介しようと思います．

　また，必要に応じて，今まで使わなかった Verilog HDL の機能もできるだけ紹介していきたいと思います．なお，これ以降の章では，ROM や RAM のように，機能の説明だけでサンプル・ソースがないものもあります．サンプル・ソースがない場合は，章のタイトルの後に続く"(フォルダ名)"の部分がないのでご注意ください．

　それでは，今まで作成したサンプルのテクニックを使って，早速いくつか実用的なサンプルを作ってみることにしましょう．

第18章　ストップウォッチ（StopWatch）

7セグメントLEDと二つのボタンを使って，ストップウォッチを作ってみましょう．

作成するストップウォッチの機能は，次のようなものです．

- 計測時間は1～99秒で，1/100秒単位の計測が可能
- BUTTON2はスタート/ストップで，1回押すと計測開始，もう一度押すと停止
- BUTTON1はリセットで，測定値を00.00に戻す

作成するストップウォッチのブロック図を図 18-1に示します．

BUTTON2はスタート/ストップ・スイッチで，チャタリング防止回路（uchatter.v）を通して，START/STOPのフリップフロップのクロックとなっています．このフリップフロップはトグル動作となっているため，BUTTON2を押すたびにスタート/ストップが切り替わります．

このフリップフロップのQ端子はcounter0のCINとなっているため，Q=0の間はカウンタはスタートしません．

counter0～counter3は，汎用カウンタを10進に設定して使用します．counter0が1/100の位で，順に1/10秒，1秒，10秒の位となっています．カウンタが99.99となると，オーバーフローが発生して，START/STOPのフリップフロップをリセットすることで，カウンタを停止するようになっています．

また，それぞれのカウンタのクロックは，タイマで作成したプログラムを修正して1/100秒のクロックにしています．

4桁のカウンタは，それぞれ7セグメント・デコーダ（HexSegDec.v）を通して，四つの7セグメントLED（HEX0～HEX3）を表示しています．

実行例を**写真 18-1**に示します．

写真 18-1　ストップウォッチ（StopWatch）の実行例

第18章 ストップウォッチ（StopWatch）

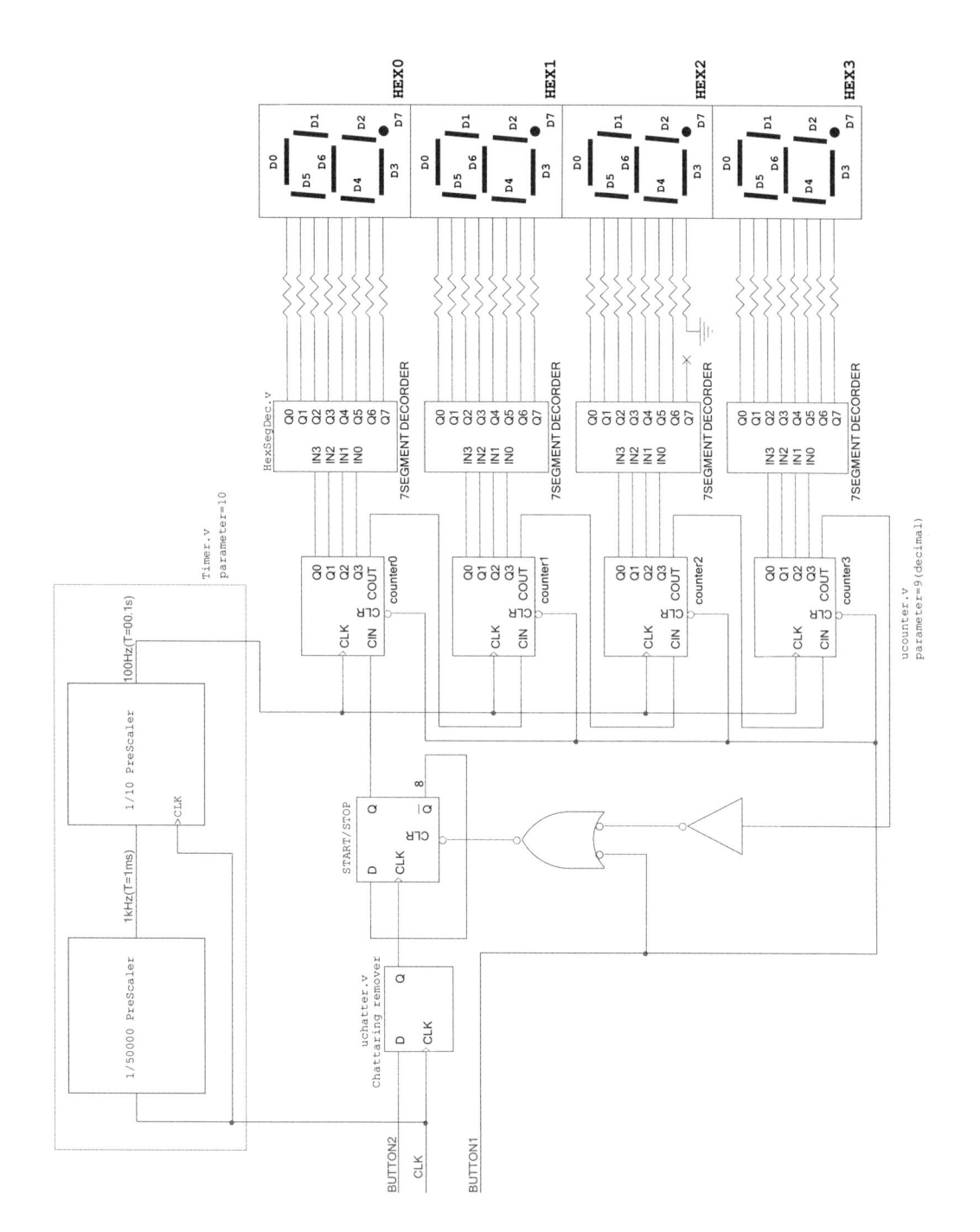

図 18-1　ストップウォッチのブロック図

プログラムの説明

このプログラムからは，単一のソースではなく，各モジュールを個別ファイルに分けています．

Verilog HDL でモジュールを複数のファイルに分ける場合は，C 言語のような #include の指定やプロトタイプ宣言などは一切不要で，単にモジュールごとに別ファイルにしてプロジェクトに加えるだけです．

今回は，チャタリング防止回路（uchatter.v），プリスケーラ（Timer.v），汎用カウンタ（ucounter.v），7 セグメント・デコーダ（HexSegDec.v）をそれぞれ別モジュールにして，それぞれ別ファイルに格納しています．

Quartus II のプロジェクトにソース・ファイルを追加する場合は，トップ・モジュールの作成と同じ要領で，Verilog HDL のファイルを新規に作成し，適当なファイル名で保存すると，そのファイルがプロジェクトに追加されます．

また，Project メニューの「Add/Remove Files in Project…」を選択すると，図 18-2 のようなダイアログでファイルの追加や削除を行うことができます．

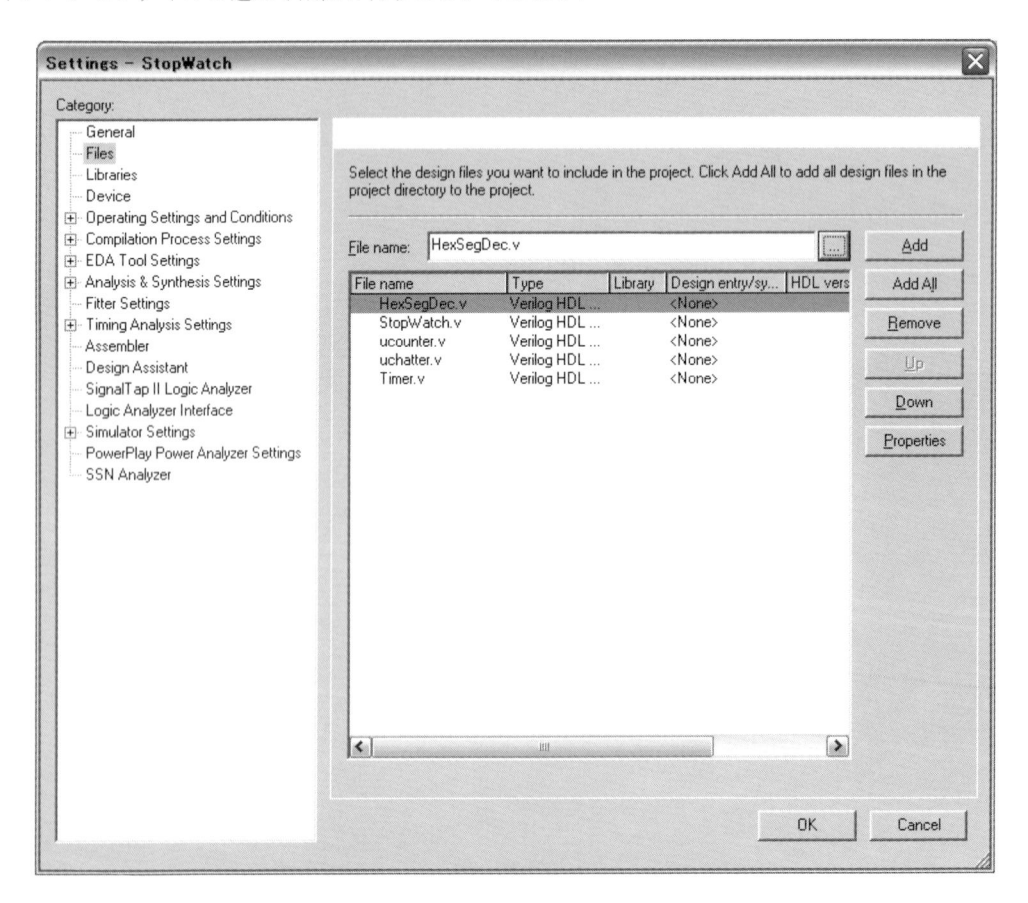

図 18-2 Add/Remove Files in Project ダイアログ

以下では,それぞれのモジュールのソースを示します.

StopWatch.v

StopWatch.v はトップ・モジュールです.ソースを**リスト 18-1** に示します.

モジュールの宣言は,ピン・アサインを簡単にするため,第 17 章のピン・アサインのプロジェクトと同じにしてあります.これで,［Assignments］-［Import Assignments］で,簡単にピン・アサインをインポートできます.

さて,このプロジェクトは,今までのサンプルに比べて使用するモジュールが多くなっています.モジュール間の接続にはワイヤが必要なので,ワイヤの宣言も多少多くなっています.それでも,基本的な考え方は今までとまったく同じです.

トップ・モジュールで使用しているレジスタは,START/STOP のフリップフロップ

  ss_ff

のみです.

このフリップフロップは BUTTON2 でトグル動作をし,BUTTON1 が押されたときとカウンタがオーバーフローしたときにリセットされます.

BUTTON2 はチャタリング防止モジュールを経由して,ss_ff のクロックに入力されています.

カウンタは,汎用カウンタを 4 個並べています.

汎用カウンタのクロックは,Timer で作成したモジュールを parameter で周期変更が可能なように変更されています.パラメータは「設定値×ms」のタイマとなります.ここでは 10 を設定しているので,10ms のタイマ,すなわち 1/100 秒のクロックとなっています.

7 セグメント・デコーダは,function ではなく別モジュールとしています.HEX2 だけは小数点を表示する必要があるため,HEX2 へのアサインで次のように小数点のビットを 0 にしています.

  assign hled2={1'b0,whex2[6:0]};

uchatter.v

uchatter.v は,チャタリングの防止モジュールです.ソースを**リスト 18-2** に示します.

Timer.v

Timer.v はタイマ・モジュールです.ソースを**リスト 18-3** に示します.

第 15 章の正確なタイマのサンプルとほとんど同じですが,parameter でタイマ周期を変更できるようにしている点と,出力をそのままクロックとして使用できるようにするため,出力にフリップフロップ rclk を入れている点が異なります.非同期のカウンタを使用する場合は,このようにしておくと便利です.

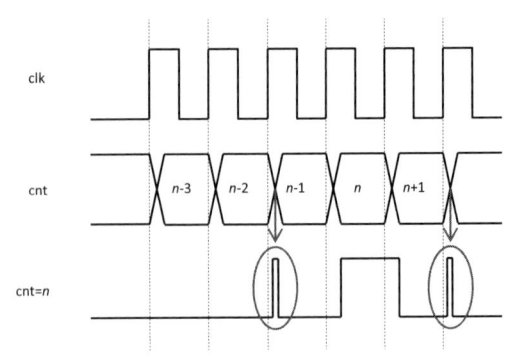

図 18-3 カウンタの変化時に生じる出力のひげ

　一見すると，出力段のフリップフロップ rclk が無駄なようですが，これを入れないと非同期カウンタのクロックとして用いる場合に不具合が生じます．

　タイマの出力は，内部カウンタの値が（scale-1）になったときに 1 になるようにしています．しかしながら，内部カウンタは複数のカウンタで構成され，カウント・アップの瞬間にはそれぞれのビットの変化タイミングの微妙なずれにより，設定値でないのに条件が成立してしまい，図 18-3 のように出力にひげのような信号が出てしまう場合があります．

　このひげは，クロック同期カウンタの場合はクロック・エッジにはかからないため問題ありませんが，非同期カウンタの場合は，このひげでもカウントしてしまうため，誤動作の原因となります．そのため，いったんこの信号を D フリップフロップで受けて，クロックに同期させています．これによって，ひげ部分は読み込まれないため，正しいクロックとして使用可能になります．

ucounter.v

　汎用カウンタのモジュールです．parameter で，N 進に設定できます．parameter には $N-1$ の値（1 桁の最大値）を設定できます．最大値は 16 進の 15 までです．ソースは，リスト 18-4 のようになります．

HexSegDec.v

　7 セグメント・デコーダのモジュールです．モジュール内では，第 13 章で作成した function をそのまま利用しています．ソースはリスト 18-5 のようになります．

　モジュールの説明は以上です．モジュールを別ファイルにしておくと，別のプロジェクトでソースを流用する場合，必要なソースをコピーしてプロジェクトに加えるだけでモジュールが使用できるのでとても便利です．以降のサンプルでは，ここで作成したモジュールを流用し，必要に応じて変更を加えて使用しています．

第18章 ストップウォッチ（StopWatch）

リスト 18-1　StopWatch.v

```verilog
module StopWatch(clk,btn,sw,led,hled0,hled1,hled2,hled3);
    input clk;
    input [2:0] btn;
    input [9:0] sw;
    output [9:0] led;
    output [7:0] hled0;
    output [7:0] hled1;
    output [7:0] hled2;
    output [7:0] hled3;
    //wire and register
    wire ss_btn,ss_nreset;
    wire [3:0] cout; //carry out
    reg ss_ff;       //Start/Stop Flip-Flop
    wire iclk;       //1/100s clock
    //decimal counter wire
    wire [3:0] dout0;
    wire [3:0] dout1;
    wire [3:0] dout2;
    wire [3:0] dout3;
    //Hex output wire
    wire [7:0] whex0;
    wire [7:0] whex1;
    wire [7:0] whex2;
    wire [7:0] whex3;

    // unused output
    assign led=10'h0;

    //Button2
    unchatter unc(btn[2],clk,ss_btn);

    //Start/Stop FF Reset signal
    assign ss_nreset=btn[1] & ~cout[3]; // =~(~btn[1] | cout[3]);
    //Start/Stop Flip Flop
    always@(negedge ss_btn or negedge ss_nreset) begin
```

```verilog
        if(ss_nreset==1'b0)
            ss_ff=0;
        else
            ss_ff=~ss_ff;
    end

    //10ms Timer
    Timer #(10) TM(clk,iclk);

    //decimal counter
    ucounter #(9) uc0(iclk,btn[1],ss_ff,cout[0],dout0);
    ucounter #(9) uc1(iclk,btn[1],cout[0],cout[1],dout1);
    ucounter #(9) uc2(iclk,btn[1],cout[1],cout[2],dout2);
    ucounter #(9) uc3(iclk,btn[1],cout[2],cout[3],dout3);

    //Hex output
    HexSegDec hs0(dout0,whex0);
    HexSegDec hs1(dout1,whex1);
    HexSegDec hs2(dout2,whex2);
    HexSegDec hs3(dout3,whex3);
    assign hled0=whex0;
    assign hled1=whex1;
    assign hled2={1'b0,whex2[6:0]};
    assign hled3=whex3;

endmodule
```

リスト 18-2 uchatter.v

```verilog
module unchatter(din,clk,dout);
    input din;
    input clk;
    output dout;
    reg [15:0] cnt;
    reg dff;

    always @(posedge clk) begin
        cnt=cnt+1;
    end

    always @(posedge cnt[15]) begin
        dff=din;
    end

    assign dout=dff;
endmodule
```

リスト 18-3 Timer.v

```verilog
module Timer(clk,oclk);
    parameter scale=100;    //oclk=1kHz/scale
    input clk;
    output oclk;

    reg [15:0] cnt1;
    reg [11:0] cnt2;
    reg [3:0] dcnt;
    wire iclk1;    //1kHz clock
    wire iclk2;    //scaled clock
    reg rclk;
```

```verilog
    //1/50000 PreScaler
    assign iclk1=(cnt1==16'd49999) ? 1'b1 : 1'b0;
    always @(posedge clk) begin
       if(iclk1==1'b1)
          cnt1=0;
       else
          cnt1=cnt1+1;
    end

    //1/100 PreScaler
    assign iclk2=(cnt2==(scale-1)) ? 1'b1 : 1'b0;
    always @(posedge clk) begin
       if(iclk1==1'b1)begin
          if(iclk2==1'b1)
             cnt2=0;
          else
             cnt2=cnt2+1;
       end
    end

    //clock out FF
    always @(posedge clk)
       rclk=iclk2;
    assign oclk=rclk;

endmodule
```

リスト 18-4　ucounter.v

```verilog
module ucounter(clk,nclr,cin,cout,q);
    parameter maxcnt=15;    // default =HEX counter
    input clk;
    input nclr;
    input cin;
    output cout;
    output [3:0] q;
    reg [3:0] cnt;

    assign q=cnt;

    always@(posedge clk or negedge nclr) begin
        if(nclr==1'b0) begin
            cnt=4'h0;
        end
        else begin
            if(cin==1'b1) begin
                if(cnt==maxcnt)
                    cnt=4'h0;
                else
                    cnt=cnt+1;
            end
        end
    end

    assign cout=((cnt==maxcnt) && (cin==1'b1)) ? 1'b1 : 1'b0;
endmodule
```

リスト 18-5　HexSegDec.v

```verilog
module HexSegDec(dat,q);
   input [3:0] dat;
   output [7:0] q;
   //7segment decorder
   function [7:0] LedDec;
     input [3:0] num;
     begin
       case (num)
         4'h0:      LedDec = 8'b11000000;  // 0
         4'h1:      LedDec = 8'b11111001;  // 1
         4'h2:      LedDec = 8'b10100100;  // 2
         4'h3:      LedDec = 8'b10110000;  // 3
         4'h4:      LedDec = 8'b10011001;  // 4
         4'h5:      LedDec = 8'b10010010;  // 5
         4'h6:      LedDec = 8'b10000010;  // 6
         4'h7:      LedDec = 8'b11111000;  // 7
         4'h8:      LedDec = 8'b10000000;  // 8
         4'h9:      LedDec = 8'b10011000;  // 9
         4'ha:      LedDec = 8'b10001000;  // A
         4'hb:      LedDec = 8'b10000011;  // B
         4'hc:      LedDec = 8'b10100111;  // C
         4'hd:      LedDec = 8'b10100001;  // D
         4'he:      LedDec = 8'b10000110;  // E
         4'hf:      LedDec = 8'b10001110;  // F
         default:   LedDec = 8'b11111111;  // LED OFF
       endcase
     end
   endfunction

   assign q=LedDec(dat);
endmodule
```

第19章　キッチン・タイマ（KitchenTimer）

　ここでは，ストップウォッチによく似たサンプルとしてキッチン・タイマを作ってみましょう．

　キッチン・タイマは，台所で料理をする場合によく使われるタイマで，設定した時間が経過するとアラームが鳴るものです．麺を茹でるときや，ゆでたまごを作るときなどによく使われます．

　キッチン・タイマは，ストップウォッチと違い，減算のタイマです．設定した時間をデクリメントしていき，最後に 00:00 になったらアラームが鳴ります．DE0 にはアラームを鳴らすためのブザーがないため，代わりに 00:00 になったら LED をすべて点灯するようにします．

　ここで作成するキッチン・タイマの機能は次のようになります．

- SW0 でモード切り替えを行い，SW0=OFF のときはタイマ・モード，SW0=ON のときは設定モードとする
- タイマ・モードでは，BUTTON2 を押すとカウント・ダウンを始め，00:00 になると LED をすべて点灯する
- 設定モードでは，BUTTON2 が 10 分の位，BUTTON1 が 1 分の位，BUTTON0 が 10 秒の位の設定ボタンとなり，ボタンを押すごとに対応する位の数をデクリメントさせる

　図 19-1 は，キッチン・タイマのブロック図です．

　基本的なブロックはストップウォッチとほぼ同じですが，ボタンが三つになって，セレクタが追加されているところが大きな違いです．また，カウンタ ucounter.v は，デクリメントのカウンタに変更されています．

プログラムの説明

　それでは，キッチン・タイマのプログラム・ソースを見ていきましょう．ほとんどのブロックはストップウォッチと同じなので，変更のあるところだけを示します．

KitchenTimer.v

　KitchenTimer.v はトップ・モジュールです．ソースをリスト 19-1 に示します．

　ストップウォッチとピン・アサインは同じにしているので，第 17 章のピン・アサインを簡単に読み込むことができます．LED は，dout0〜dout3 がすべて 0 のとき，すなわち 00:00 のときにすべて点灯するようになっています．

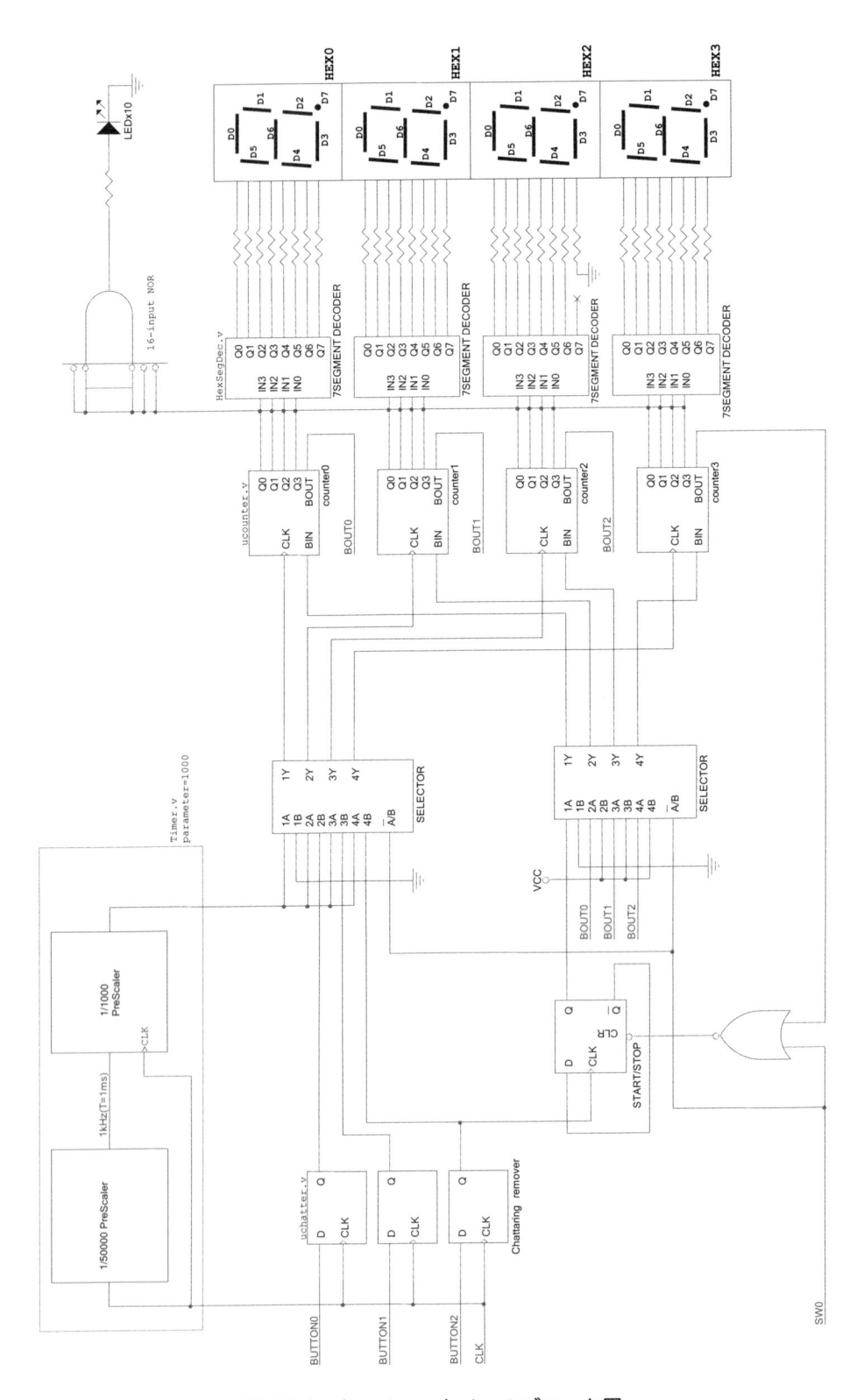

図 19-1 キッチン・タイマのブロック図

第 19 章 キッチン・タイマ（KitchenTimer）

カウンタ ucounter は，デクリメント・カウンタに変更され，キャリー・イン/アウトの代わりにボロー・イン（桁下がり入力）/ボロー・アウト（桁下がり出力）となっています．機能的にはキャリーの扱いと同じで，ボローが発生しているときだけカウンタがデクリメントされます．

また，ここでは 7 セグメント LED の表示は分と秒のため，counter1 と counter3 の最大値は 5 となります．従って，計測可能な最大値は 59:50 となります（1 秒の桁は，常にゼロスタートのため）．

最上位の桁のボローが発生すると，スタート/ストップのフリップフロップをリセットして，カウントを停止させますが，この部分には，若干トリッキーな回路を入れています．

第 18 章で説明したように，カウンタのある値を比較する回路は，カウンタの遷移状態では，カウンタのビットの遷移のばらつきにより，ひげが出てしまう場合があります．今回使用したカウンタのボロー・ビットは，内部では 0 との比較を行って，その結果をクロックと同期せずにそのまま出力しています．

この結果，このボロー信号にひげが出ると，タイマの動作の途中でカウントを停止してしまう可能性があります．かといって，そのまま D フリップフロップで同期をとると，1 クロック遅れてしまうため 00:00 で停止できなくなってしまいます．

そこで，このボロー信号は半クロック遅らせて D フリップフロップでラッチし，START/STOP のフリップフロップをリセットするようにしています．

半クロック遅らせることで，ボロー信号のひげをキャンセルでき，さらにカウンタが次の動作に入る前にカウンタをストップすることができます．

実際には，クロックのエッジを立ち上がりから立ち下がりに変更しているだけです．

ucounter.v

ucounter.v は，デクリメントの汎用カウンタです．ソースをリスト 19-2 に示します．

通常の汎用カウンタとほとんど同じですが，クロックが入るとデクリメントする点，0 になると，parameter で設定された最大値からデクリメントを再開する点，また，ボロー信号は，カウンタの値＝0 のときに出力される点などが異なります．

実行例を写真 19-1 に示します．

写真 19-1 キッチン・タイマ（KitchenTimer）の実行例

リスト 19-1　KitchenTimer.v

```verilog
module KitchenTimer(clk,btn,sw,led,hled0,hled1,hled2,hled3);
    input clk;
    input [2:0] btn;
    input [9:0] sw;
    output [9:0] led;
    output [7:0] hled0;
    output [7:0] hled1;
    output [7:0] hled2;
    output [7:0] hled3;
    //wire and register
    wire sreset;    //Start/Stop FF Reset#
    wire [2:0] ibtn;
    wire [3:0] bout;    //borrow out
    wire [3:0] bin;     //borrow in
    wire [3:0] iclk;
    reg ss_ff;     //Start/Stop Flip-Flop
    reg cntend;    //cnt=0
    wire sclk;     //1s clock
    //deccimal counter wire
    wire [3:0] dout0;
    wire [3:0] dout1;
    wire [3:0] dout2;
    wire [3:0] dout3;

    //Hex output wire
    wire [7:0] whex0;
    wire [7:0] whex1;
    wire [7:0] whex2;
    wire [7:0] whex3;

    assign led=({dout0,dout1,dout2,dout3}==16'h0000) ? 10'h3ff : 10'h0;

    //Button0-2 remove chattering
    unchatter unc0(btn[0],clk,ibtn[0]);
    unchatter unc1(btn[1],clk,ibtn[1]);
    unchatter unc2(btn[2],clk,ibtn[2]);

    always@(negedge sclk)
        cntend=bout[3];
```

```verilog
    //Start/Stop FF Reset signal
    assign sreset=sw[0] | cntend;
    //Start/Stop Flip Flop
    always@(posedge ibtn[2] or posedge sreset ) begin
       if(sreset==1'b1)
          ss_ff=0;
       else
          ss_ff=~ss_ff;
    end

    //1s Timer
    Timer #(1000) TM(clk,sclk);

    //Clock Selector
    assign iclk[0]=(sw[0]==1'b0) ? sclk : 1'b0;
    assign iclk[1]=(sw[0]==1'b0) ? sclk : ~ibtn[0];
    assign iclk[2]=(sw[0]==1'b0) ? sclk : ~ibtn[1];
    assign iclk[3]=(sw[0]==1'b0) ? sclk : ~ibtn[2];
    //borrow in selector
    assign bin[0]=(sw[0]==1'b0) ? ss_ff : 1'b0;
    assign bin[1]=(sw[0]==1'b0) ? bout[0] : 1'b1;
    assign bin[2]=(sw[0]==1'b0) ? bout[1] : 1'b1;
    assign bin[3]=(sw[0]==1'b0) ? bout[2] : 1'b1;

    //decimal counter(decrement type)
    ucounter #(9) uc0(iclk[0],sw[0],bin[0],bout[0],dout0);
    ucounter #(5) uc1(iclk[1],1'b0,bin[1],bout[1],dout1);
    ucounter #(9) uc2(iclk[2],1'b0,bin[2],bout[2],dout2);
    ucounter #(5) uc3(iclk[3],1'b0,bin[3],bout[3],dout3);

    //Hex output
    HexSegDec hs0(dout0,whex0);
    HexSegDec hs1(dout1,whex1);
    HexSegDec hs2(dout2,whex2);
    HexSegDec hs3(dout3,whex3);
    assign hled0=whex0;
    assign hled1=whex1;
    assign hled2={1'b0,whex2[6:0]};
    assign hled3=whex3;

endmodule
```

リスト 19-2　ucounter.v

```verilog
//universal counter module(decriment)
module ucounter(clk,reset,bin,bout,q);
    parameter maxcnt=15;    // default =HEX counter
    input clk;
    input reset;
    input bin;
    output bout;
    output [3:0] q;
    reg [3:0] cnt;

    assign q=cnt;

    always@(posedge clk or posedge reset) begin
        if(reset==1'b1) begin
            cnt=0;
        end
        else begin
            if(bin==1'b1) begin
                if(cnt==0)
                    cnt=maxcnt;
                else
                    cnt=cnt-1;
            end
        end
    end

    assign bout=((cnt==0) && (bin==1'b1)) ? 1'b1 : 1'b0;
endmodule
```

第20章　ディジタル時計（DigitalWatch）

　ここでは，ディジタル時計を作ってみましょう．ディジタル回路と言えばディジタル時計が思い浮かぶほど，ディジタル回路の応用例としてはポピュラなサンプルです．初期のディジタル回路は，カウンタやタイマのICを多数並べて作る，かなり大がかりな回路でしたが，今ではHDLを使って簡単に記述することができます．

　ディジタル時計は，ストップウォッチとよく似た回路で作成できますが，表示される桁が違う点と時間設定の機能が必要な点が異なります．

　ここで作成するディジタル時計は，次のような仕様とします．

- 7セグメントLEDに，24時間表示で"時：分"を表示する
- 秒の表示は，1の位をLED0～LED4，10の位をLED5～LED9で表す
- BUTTUN2とBUTTON1で時：分の変更を可能にする
- BUTTON0を押すと秒をリセットする

　秒の表示ですが，1の位は秒が1～5秒のときはLED0～LED4がそれぞれ点灯し，6～9秒のときはLED4～LED0の順に逆に戻るように点灯します．0秒の場合は点灯しません．10の位は，LED5～LED9を10の位の数だけ点灯させます．例えば，40秒台の場合は，LED5～LED8が点灯します．

　時間の設定は，BUTTON2とBUTTON1を押している間，それぞれ時間と分が0.1秒間隔でインクリメントするようにします．59までインクリメントしたら00に戻ります．また，BUTTON0を押すと秒をリセットします．

　ディジタル時計のブロック図は，**図20-1**のようになります．

　ディジタル時計では，Timerモジュールのスケールを100にして，0.1秒のクロックを発生させています．さらにこれを1/10に分周して，時計のクロックにしています．

　Timerモジュールの0.1秒のクロックは，時間と分の調整用に使用しています．BUTTON2やBUTTON1が押されると，カウンタのクロックを0.1秒に変更し，時間や分を0.1秒間隔でカウント・アップするようにしています．また，秒カウンタは，BUTTON0でリセット可能にしています．

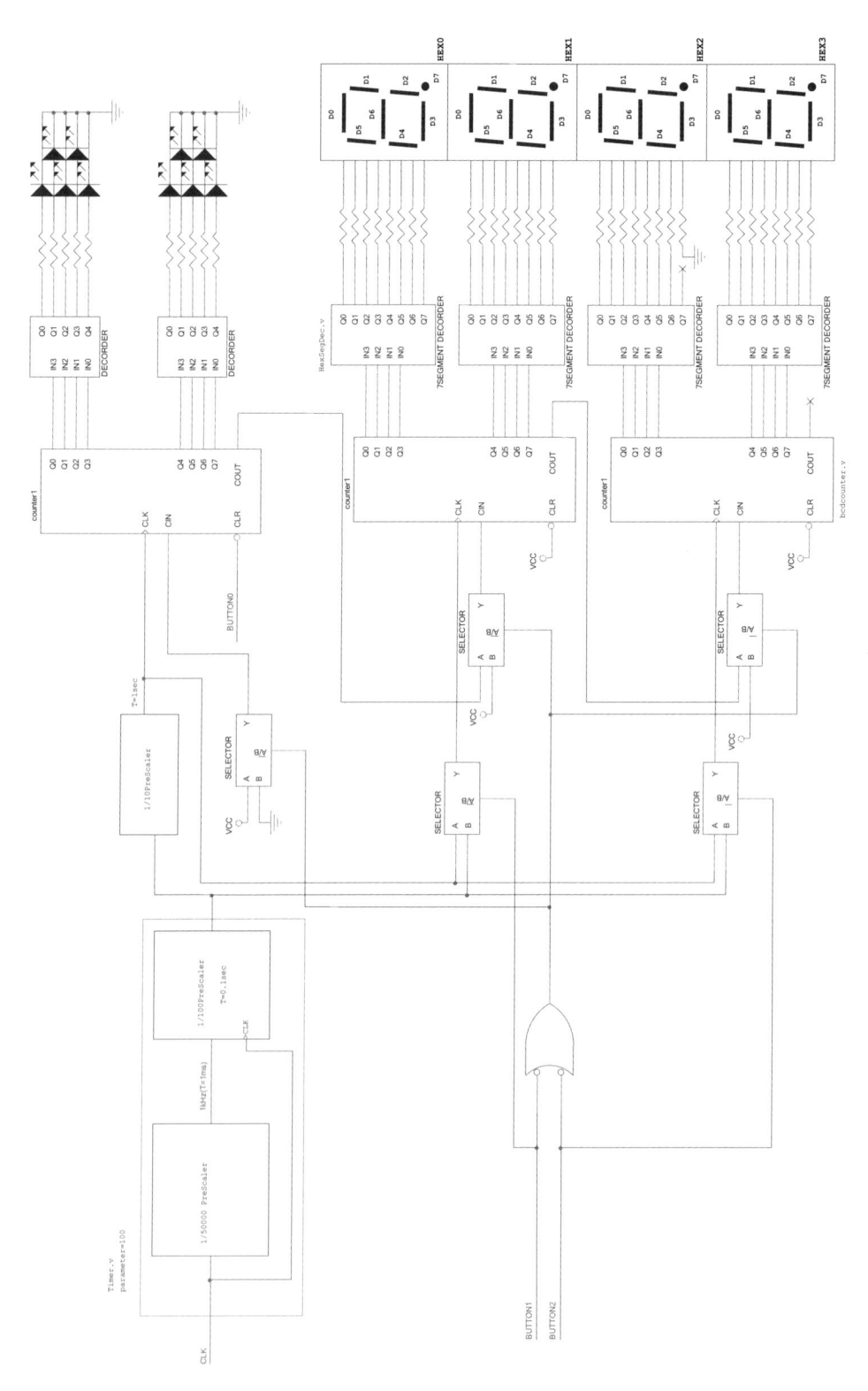

図 20-1 ディジタル時計のブロック図

第 20 章 ディジタル時計（DigitalWatch）

ディジタル時計では，今まで使用していた汎用カウンタは使用せず，8 ビットの BCD カウンタを新たに作成して使用しています．

秒や分は，今までの汎用カウンタでも問題ないのですが，時間に関しては 23 時が最大値となります．4 ビットのカウンタの場合，1 桁ずつ最大値を指定しているので，23 時という設定はできません．1 桁目の最大値を 3 にしてしまうと，19 時は表示できなくなるし，逆に 1 桁目の最大値を 9 にしてしまうと，29 時までカウントしてしまうことになってしまいます．

そこで，BCD 2 桁のカウンタを用意し，BCD 2 桁の最大値を設定できるようにしています．

プログラムの説明

BcdCounter.v

BcdCounter.v は，BCD 2 桁のカウンタです．ソースをリスト 20-1 に示します．

BCD カウンタでは，内部に 4 ビットのカウンタを二つ用意して，下位 4 ビットが 9 になると，上位 4 ビットに桁上げします．また，8 ビットの値が，parameter で設定した値になると，二つの 4 ビットカウンタは，0 にクリアされます．後の基本的な動きは汎用カウンタと同じです．

DigitalWatch.v

DigitalWatch.v は，ディジタル時計のトップ・モジュールです．リスト 20-2 は，DigitalWatch.v のソースです．

ディジタル時計では，タイマ・モジュールのほかに，1/10 の分周器を使用していますが，これは DigitalWatch.v の先頭で定義しています．タイマ・モジュールと 7 セグメント・デコーダは，キッチン・タイマと同じものを利用しています．

実行例を写真 20-1 に示します．

写真 20-1 ディジタル時計（DigitalWatch）の実行例

リスト 20-1　BcdCounter.v

```verilog
module BcdCounter(clk,nreset,cin,cout,data);
    parameter maxval='h99;    //最大値
    input clk,nreset,cin;
    output cout;
    output [7:0] data;
    reg [3:0] LCnt,HCnt;
    wire clr,cntup;

    assign data={HCnt,LCnt};
    assign cout=clr;
    assign clr=((data==maxval) && (cin==1'b1)) ? 1 : 0;
    assign cntup=(LCnt==4'h9) ? 1 : 0;
    //Low Counter
    always @(posedge clk or negedge nreset) begin
        if(nreset==1'b0) begin
            LCnt=0;
        end else begin
            if(cin==1'b1) begin
                if((clr==1'b1)||(LCnt==4'h9)) begin
                    LCnt=0;
                end else begin
                    LCnt=LCnt+1;
                end
            end
        end
    end

    //High Counter
    always @(posedge clk or negedge nreset) begin
        if(nreset==1'b0) begin
            HCnt=0;
        end else begin
            if(cin==1'b1) begin
                if(clr==1'b1) begin
                    HCnt=0;
```

```
                    end else begin
                        if(cntup)
                            HCnt=HCnt+1;
                    end
                end
            end
        end
endmodule
```

リスト 20-2 DigitalWatch.v

```
module clockdiv(iclk,oclk);
    input iclk;
    output oclk;
    reg oreg;
    reg [3:0] cnt;
    wire cntend;
    assign cntend=(cnt==4'h9) ? 1'b1 : 1'b0;
    always @(posedge iclk) begin
        if(cntend==1'b1)
            cnt=0;
        else
            cnt=cnt+1;
    end

    always @(posedge iclk)
        oreg=cntend;
    assign oclk=oreg;
endmodule

module DigitalWatch(clk,btn,sw,led,hled0,hled1,hled2,hled3);
    input clk;
    input [2:0] btn;
    input [9:0] sw;
    output [9:0] led;
```

```verilog
    output [7:0] hled0;
    output [7:0] hled1;
    output [7:0] hled2;
    output [7:0] hled3;
    // wire and register
    wire [2:0] cout;    //carry out
    wire [2:0] cin;     //carry in
    wire sclk,mclk,hclk;
    wire msclk;    //0.1s clock
    //decimal counter wire
    wire [7:0] dout0;
    wire [7:0] dout1;
    wire [7:0] dout2;
    //Hex output wire
    wire [7:0] whex0;
    wire [7:0] whex1;
    wire [7:0] whex2;
    wire [7:0] whex3;

    //clock inhibit
    wire clkinh;

    //1s Timer
    Timer #(100) TM(clk,msclk);
    clockdiv cdiv(msclk,sclk);

    assign clkinh=(~btn[2] | ~btn[1]);
    //Clock Selector
    assign mclk=(btn[1]==1'b1) ? sclk : msclk;
    assign hclk=(btn[2]==1'b1) ? sclk : msclk;

    //carry in
    assign cin[0]=(clkinh==1'b0) ? 1'b1 : 1'b0;      //設定中に秒を停止
    assign cin[1]=(btn[1]==1'b0) ? cout[0] : 1'b1;//分の設定中はそのままカウントアップ
    assign cin[2]=(btn[2]==1'b0) ? cout[1] : 1'b1;//時の設定中はそのままカウントアップ
```

```verilog
    //decimal counter
    //Sec
    BcdCounter #(8'h59) uc0(sclk,btn[0],cin[0],cout[0],dout0);
    //min
    BcdCounter #(8'h59) uc1(mclk,1'b1 ,cin[1],cout[1],dout1);
    //hour
    BcdCounter #(8'h23) uc2(hclk,1'b1 ,cin[2],cout[2],dout2);

    //Hex output
    HexSegDec hs0(dout1[3:0],whex0);
    HexSegDec hs1(dout1[7:4],whex1);
    HexSegDec hs2(dout2[3:0],whex2);
    HexSegDec hs3(dout2[7:4],whex3);
    assign hled0=whex0;
    assign hled1=whex1;
    assign hled2={1'b0,whex2[6:0]};
    assign hled3=whex3;

    //sec display
    assign led[0]=((dout0[3:0]==4'h1)||(dout0[3:0]==4'h9)) ? 1'b1 : 1'b0;
    assign led[1]=((dout0[3:0]==4'h2)||(dout0[3:0]==4'h8)) ? 1'b1 : 1'b0;
    assign led[2]=((dout0[3:0]==4'h3)||(dout0[3:0]==4'h7)) ? 1'b1 : 1'b0;
    assign led[3]=((dout0[3:0]==4'h4)||(dout0[3:0]==4'h6)) ? 1'b1 : 1'b0;
    assign led[4]=(dout0[3:0]==4'h5) ? 1'b1 : 1'b0;
    assign led[5]=(dout0[7:4]>=4'h1) ? 1'b1 : 1'b0;
    assign led[6]=(dout0[7:4]>=4'h2) ? 1'b1 : 1'b0;
    assign led[7]=(dout0[7:4]>=4'h3) ? 1'b1 : 1'b0;
    assign led[8]=(dout0[7:4]>=4'h4) ? 1'b1 : 1'b0;
    assign led[9]=(dout0[7:4]==4'h5) ? 1'b1 : 1'b0;
endmodule
```

第21章　ROM，RAMの実装

ROMを作る

　コンピュータのプログラムを格納するためにROM（Read Only Memory）が使用されます．ROMには，コンピュータの固定されたプログラム・コードが格納されていて，コンピュータは起動されたときにこのROMを読み出して最初に実行すべきことを行います．

　ROMの使い方は，このようなプログラムの格納用以外にも，LCDや7セグメントLEDなどに数字や文字を表示するための表示パターンを格納したり，初期化用のデータや機器ごとのシリアル番号の保存など，さまざまな使い方があります．

　Verilog HDLでは，FPGA内にROMを構成することができます．"ROMを作る"というと何やら難しく考えがちですが，ROMは与えられたアドレスに対して決められたデータを返すだけのデバイスです．ストップウォッチなどで使用した7セグメント・デコーダも小規模なROMと考えることができるので，case文を使って簡単に書くことができます．

　ここでは，ROMの記述方法のみを紹介するので，動作させるサンプルはありません．

　リスト21-1は，アドレス8ビット，データ8ビットの簡単なROMのソースです．

　7セグメント・デコーダの場合は，functionを使って実装していましたが，ここではalways文を使っています．今までの例では，always文はクロック・エッジの指定に使用していましたが，この例のように順序回路として使用することも可能です．この場合，always文のブロック内は，always文のカッコで指定した信号に変化があった場合に実行されます．この例の場合は，アドレスに変化があれば，出力データが変化するということになります．

　ROMのデータは，アドレス00hから順に，00h，11h，22h，・・・というデータになっており，アドレス0bh以降はすべてFFhとなっています．ROMデータの変更を行いたい場合は，このcase文の中を書き換えればよいことになります．Verilog HDLのソースはテキスト・ファイルなので，プログラマ用のエディタや表計算ソフトウェアを使えば，任意のデータをcase文の形式に簡単に変換できるので，それを貼り込めばROMの完成となります．

RAMを作る

　ROMを作ったので，今度はRAMを作ってみることにします．RAMは，Random Access Memoryの略だと言われていますが，日本語にすると「ランダムにアクセスできるメモリ」という意味になります．その意味では，ROMもランダムにアクセスできるので，RAMという呼び名は単なる語呂合わせのようにも思えます．

第21章 ROM, RAM の実装

リスト 21-1 ROM モジュール

```
module ROM(adr,data);
   input [7:0] adr;
   output [7:0] data;
   reg [7:0] data;
   always @(adr)  begin
      case (adr)
        8'h0:       data=8'h00;
        8'h1:       data=8'h11;
        8'h2:       data=8'h22;
        8'h3:       data=8'h33;
        8'h4:       data=8'h44;
        8'h5:       data=8'h55;
        8'h6:       data=8'h66;
        8'h7:       data=8'h77;
        8'h8:       data=8'h88;
        8'h9:       data=8'h99;
        8'ha:       data=8'haa;
        default:    data=8'hff;
      endcase
   end
endmodule
```

さて, Verilog HDL では, 1 ビットのレジスタを配列にすることで, バイト幅など, 任意のビット数のレジスタを作ることができました. これは, いわゆる 1 次元配列ですが, RAM の場合は 2 次元配列となります.

RAM を作るには, 例えば 8 ビット幅の RAM の場合は, 8 ビット幅のレジスタをさらに配列にすることで簡単に作ることができます. リスト 21-2 は, 8 ビット幅で, アドレス 8 ビットの RAM のモジュールのソースです.

このモジュールは, クロック同期となっており, we 信号(Write Enable 信号)が 1 のときのクロックの立ち上がりで wdata の信号をメモリの指定されたアドレスに書き込んでいます.

リスト 21-2　RAM モジュール

```
module RAM(adr,wdata,we,clk,rdata);
    input [7:0] adr;
    input [7:0] wdata;
    input we,clk;
    output [7:0] rdata;
    reg [7:0] mem[0:255];
    //Read Data
    assign rdata=mem[adr];
    //Write Data
    always @(posedge clk) begin
        if(we==1'b1)
            mem[adr]=wdata;
    end
endmodule
```

　同期用のクロックを使わず，非同期で we 信号の立ち上がりで書き込みを行いたい場合は，always 文を，

```
        always @(posedge we) begin
            mem[adr]=wdata;
        end
```

のようにすればよいでしょう．

　このモジュールは，読み出しも書き込みもアドレスを同じにしていますが，読み出し用と書き込み用にそれぞれ別にアドレス・ビットを用意すれば，デュアル・ポートの RAM にすることができます．デュアル・ポートの RAM は，FIFO（First-In First-Out）やディスプレイ・バッファなどによく利用されます．

　FIFO は，シリアル・ポートからの受信などによく利用されますが，FIFO は書き込みと読み出しが非同期に起こるので，データの書き込み中に別のアドレスからの読み出しができなければなりません．

　また，ディスプレイ・バッファは，画面表示中にデータを書き込む必要があるため，デュアル・ポートの RAM が利用されます．ディスプレイ・バッファの RAM がデュアル・ポートでない場合は，データの書き込み時に表示がちらついたりする問題が発生します．

第22章　PWM出力の実装（PWM）

PWM出力の用途

　PWM（Pulse Width Modulation）制御は，LEDのように，ONとOFFで制御するデバイスに対して疑似的に中間の明るさを出すような場合に使用します．また，DCモータの制御でモータの回転数を制御する場合にもよく利用されます．

　DCモータは，電圧を変えることで回転数を制御することができますが，可変電圧の駆動装置が必要になるため回路が複雑になります．PWM制御を行うと，電圧はそのままで，電源のON/OFFの制御のみで回転数を制御できるため，回路が簡略化できて便利です．

　また，LEDの場合は，電圧では明るさが制御できないため，明るさを調整したい場合はPWMで明るさを調整することになります．

　LEDはダイオードの一種です．ダイオードと同様に，LEDはある電圧以上でONとなり，それ以下ではOFFとなります．LEDの電圧を変えても，明るさはほとんど変わらず，電圧を上げすぎると，LEDは焼けてしまいます．

　そこで，LEDの明るさを制御する場合は，図 22-1のようにLEDを高速のパルスで点灯して，パルスの幅で明るさの制御を行います．

　このような制御を行った場合，LEDはパルスで点灯するため実際には高速で点滅していますが，この周期が短いと，目の残像のおかげで人間には連続で点灯しているように見えます．

　また，図のように，パルスの幅を変えていくと，パルスの幅が広いほど（LEDが点灯している時間が長いため）明るく点灯しているように見え，パルスの幅が狭いと（LEDが点灯している時間がほとんどないため）薄暗い点灯のように見えます．

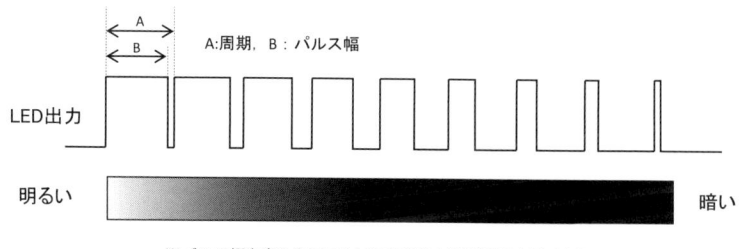

※パルス幅を変えることで，LEDの明るさを変えることができる

図 22-1　LEDの明るさの制御方法

プログラムの説明

では，PWMの実験をしてみましょう．DE0には，10個のLEDがあるため，LED0〜LED9の順に明るくなるように点灯してみます．

PWM.v

リスト22-1は，PWMの実験プログラム・ソースです．

LEDの制御は，この値がある値以下のときにONになるようします．このようにすると，カウンタの値が，0〜nまでの間，LEDがONとなり，n〜255までの間OFFとなります．

nの値を変えることで，LEDの明るさが変更できるので，LED1からLED8まではnの値を30ずつ増やしています．また，LED0は常時OFF，LED9は常時ONとしています．

このように，PWM制御は比較的簡単に制御が可能です．PWM制御は，LEDの明るさの制御だけではなく，直流モータの回転制御や，簡単なD-Aコンバータなど，さまざまな使い方ができます．

実行例を**写真22-1**に示します．

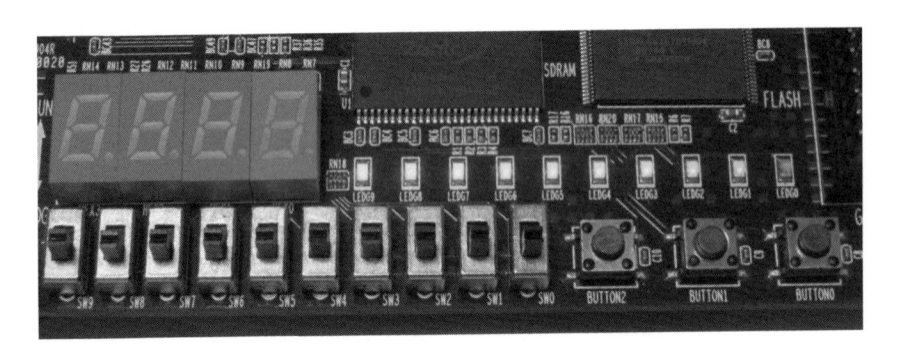

写真22-1 PWM出力の実装（PWM）の実行例

第22章 PWM出力の実装（PWM）

リスト 22-1　PWM.v

```verilog
module PWM(clk,btn,sw,led,hled0,hled1,hled2,hled3);
    input clk;
    input [2:0] btn;
    input [9:0] sw;
    output [9:0] led;
    output [7:0] hled0;
    output [7:0] hled1;
    output [7:0] hled2;
    output [7:0] hled3;
    reg [7:0] cnt;

    assign hled0=8'hff;
    assign hled1=8'hff;
    assign hled2=8'hff;
    assign hled3=8'hff;

    always @(posedge clk)
        cnt=cnt+1;
    assign led[0]=1'b0;
    assign led[1]=(cnt<8'd30) ? 1'b1 : 1'b0;
    assign led[2]=(cnt<8'd60) ? 1'b1 : 1'b0;
    assign led[3]=(cnt<8'd90) ? 1'b1 : 1'b0;
    assign led[4]=(cnt<8'd120) ? 1'b1 : 1'b0;
    assign led[5]=(cnt<8'd150) ? 1'b1 : 1'b0;
    assign led[6]=(cnt<8'd180) ? 1'b1 : 1'b0;
    assign led[7]=(cnt<8'd210) ? 1'b1 : 1'b0;
    assign led[8]=(cnt<8'd240) ? 1'b1 : 1'b0;
    assign led[9]=1'b1;

endmodule
```

第23章　BCD デコーダ（BcdTest）

バイナリ・データと BCD データの使い分け

　ディジタル回路で数値データを扱う場合，バイナリのデータで扱えると便利です．バイナリ・データであれば，加算や減算といった計算処理や大小比較など，簡単に行うことができます．

　しかしながら，バイナリ・データは，7 セグメント LED のように 10 進数を 1 桁ずつ表示する用途には不向きです．例えば，4 ビットのバイナリ・データは最大で 15 の 10 進数を表現できるので，10 進数では 2 桁の数字になります．バイナリ・データのビット 0～2 が 1 桁目，ビット 3 が 2 桁目なら分かりやすいのですが，残念ながらビット 0～2 だけでは 10 進数は 7 までしか表現できず，4 ビットのバイナリを 10 進数に変換するには 4 ビットすべてを調べて，10 進数に変換しなければなりません．

　そこでよく利用されるのが BCD（Binary Code Decimal）データです．BCD データでは，4 ビットで 10 進数 1 桁を表現できるので，バイナリ・データの Ah～Fh（10～15）の値は使用しません．このため，BCD データでは 4 ビットで表現できる数字の一部が無駄になりビット効率は悪いのですが，10 進数で表示を行う場合に非常に便利です．

　このようにバイナリ・データも BCD データも一長一短なので，数値計算はバイナリ・データで行い，表示は BCD データで行うという方法が効率が良さそうです．このような使い方をする場合は，バイナリ・データを BCD データに変換する BCD デコーダが必要になります．

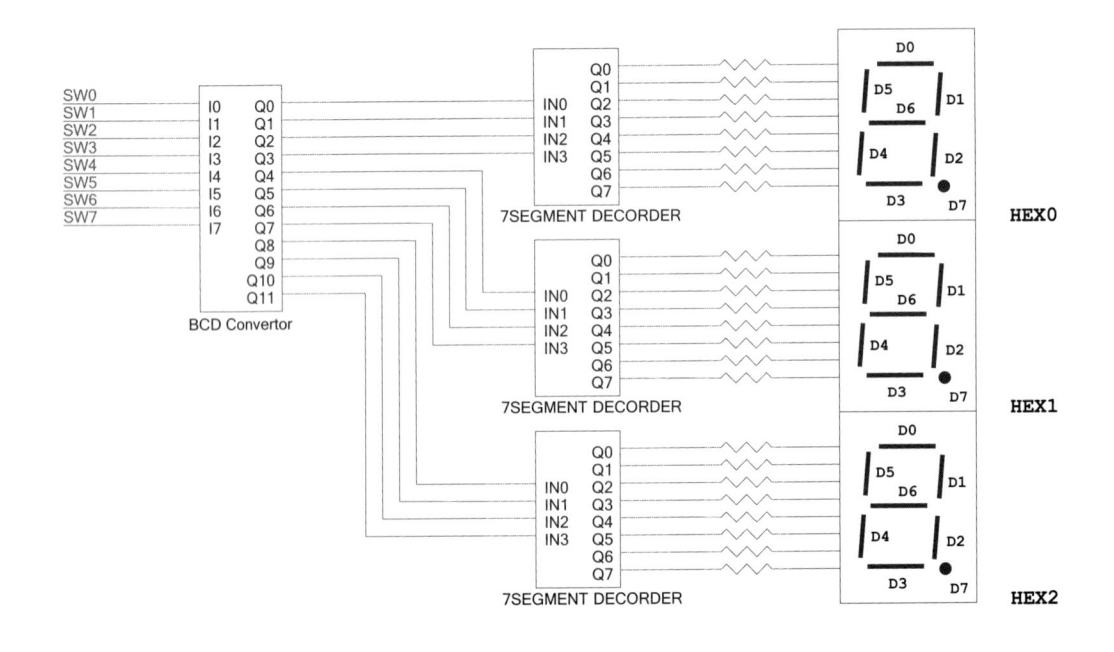

図 23-1　BCD デコーダのブロック図

第 23 章 BCD デコーダ (BcdTest)

ここでは，8 ビットのバイナリ・データを 3 桁の BCD コードに変換するプログラムを作ってみることにします．作成するモジュールのブロック図を図 23-1 に示します．

図のように，SW0～SW7 までを 8 ビットのバイナリ・データとして入力し，BCD に変換したものを 3 桁の 7 セグメント LED に表示します．

BCD 加算器と BCD 変換器

バイナリ・データを BCD に変換するには，BCD の加算器を用意する必要があります．

バイナリ・データの n 番目のビットの重みは 2^n になるので，変換するデータの各ビットの重みに対応した BCD コードを加算すれば，求める BCD データが得られます．

例えば，11011h というバイナリ・データがあったとすると，それぞれのビットの重みは MSB (Most Significant Bit, 最上位ビット) から順に，16, 8, 4, 2, 1 となります．従って，求める値は，16+8+2+1 で 27 となります．

BCD コードでは，10 進の 1 桁を 4 ビットに割り当てるので，これを BCD で加算するには 16H+08H+02H+01H という計算を行う必要があります．16 という数値の BCD データの値が 16H であることに注意してください．16 という数値は，バイナリ・データでは 10H ですが，この値は BCD データとしてみると 10 という数値になってしまいます．このため，16 という数値を BCD データで表すには，16 進で 16H としなければなりません．

この計算方法を使うと，任意のビット数のバイナリ・データを BCD に変換できますが，8 ビットの数値を BCD に変換するには，7 回の BCD 加算を行わなければなりません．

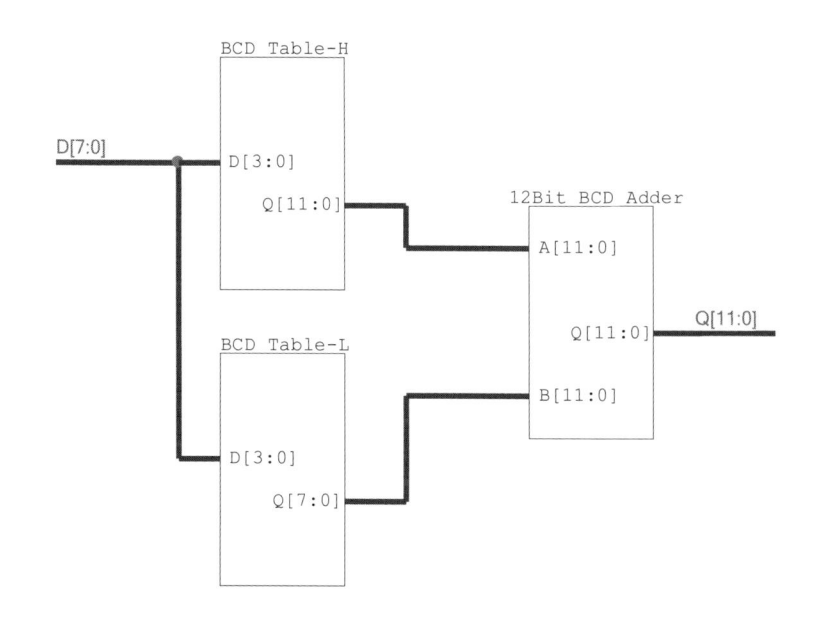

図 23-2 BCD 変換器のブロック図

そこで別の解決策として，ROMを使ってBCDデータのテーブルを用意する方法があります．この方法は，加算の計算は不要なので，高速に処理することが可能ですが，8ビットのバイナリ・データの変換には256個のテーブルが必要となります．

　どちらの方法も一長一短なので，ここでは間を取って，ROMのテーブルとBCD加算の両方を使って変換器を作ることにします．具体的な構成は，図 23-2 のブロック図を見てください．

　この変換器には，8ビット・データの上位4ビットと下位ビット用に，それぞれ専用のROMテーブルがあります．8ビットのバイナリ・データは，上位4ビットと下位4ビットに分けられ，それぞれのROMテーブルのアドレスとして入力されます．

　下位4ビットのテーブルは，00h，01h，…14h，15hというBCDの数値を出力します．また，上位4ビットのテーブルは，16h，32h，…224h，240hというBCDの数値を出力します．ABhというバイナリ・データは，A0hと0Bhに分けることができるので，上位と下位のテーブルの出力を加算すれば，求めるBCDコードが得られます．

　例えば，下位4ビットの値が0Fhの場合の出力は15hとなっています．バイナリ・データで0Fhは10進では15ですが，BCDコードでは15hとなるので，BCDテーブルでは15hとなることに注意してください．

　また，上位4ビットのデコードでは，入力が1の場合は10hのときのBCDコードとなるので16hを出力します．同様に，上位4ビットがFhの場合はF0hなので，240hを出力する必要があります．

　これで，上位4ビットと下位4ビットのそれぞれのBCDコードが得らるので，あとはこの二つの出力をBCD加算器で加算すればよいことになります．

　BCDの加算器は12ビットの加算が必要です．8ビット・データの最大値は255なので，BCDデータは12ビットとなるためです．

　BCDの加算では4ビットの値が10を超えたら桁上げが発生します．そこでBCD加算器では，いきなり12ビットの加算は行わず，図 23-3 のように，4ビットのBCD加算器を三つ並べて12ビットの加算器とします．

　4ビットのBCDの加算は，次のように計算することができます．

1）A + B < 10の場合

A + BをそのままQに出力する

2）A + B ≥ 10の場合

(A + B) − 10をQに出力し，桁上げフラグを1にする

　ただし4ビットのBCD加算器を複数並べて8ビット以上のBCD加算器を構成する場合は，桁上げも考慮する必要があります．そこで，キャリー（桁上げ）の入力をCとすると，次のような処理を行えばよいことになります．

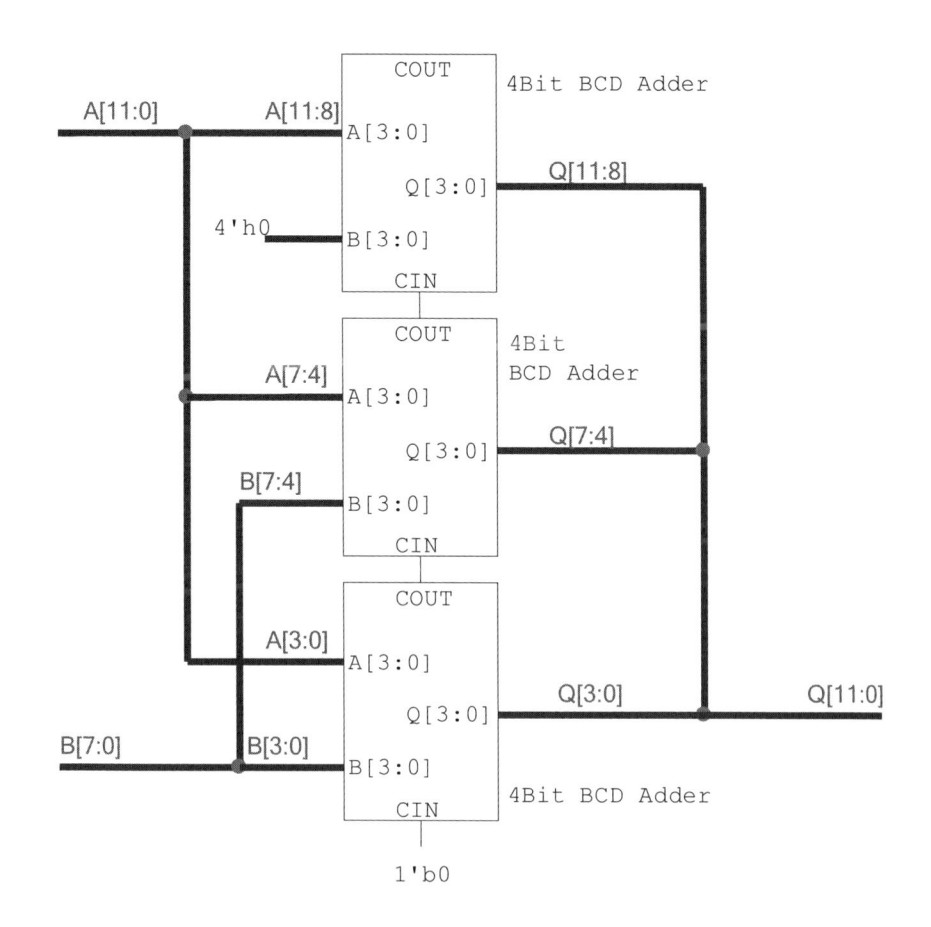

図 23-3 BCD 加算器

1) A + B + C < 10 の場合

A + B + C をそのまま Q に出力する

2) A + B + C ≧ 10 の場合

(A + B + C) − 10 を Q に出力し，桁上げフラグを 1 にする

これで図 23-3 のように，12 ビットの BCD 加算を行うことができます．

プログラムの説明

BcdTest.v

BcdTest.v は，BCD デコータのテスト・プログラムです．ソースをリスト 23-1 に示します．

このプログラムでは，単純に SW0～SW7 を BCD コンバータに入力し，BCD 変換データを 7 セグメント LED に表示しています．

DataConv.v

DataConv.vはBCD変換モジュールです．ソースをリスト23-2に示します．

最初のBcdAddモジュールは，4ビットのBCD加算器で，cinとcoutがそれぞれキャリーのインとアウトです．datAとdatB，およびcinを加算した結果が10以上の場合は，coutを1にして，加算結果から10を引いたものを出力しています．

BcdConvモジュールが，BCD変換器の本体となります．内部では，上位4ビットのBCDテーブルHBcdTblと下位4ビットのBCD変換テーブルのLBcdTblのファンクションがあります．

入力された8ビットのデータは，上位4ビットと下位4ビットがそれぞれの変換テーブルで変換され，12ビットのBCD加算器に入力されます．12ビットのBCD加算器は，4ビットのBcdAddを三つ並べて12ビットのBCD加算器としています．

プログラムをコンパイルしてダウンロードすると，スイッチで入力した8ビット・データが10進数に変換されて表示されることが確認できます．

リスト 23-1　BcdTest.v

```
module BcdTest(clk,btn,sw,led,hled0,hled1,hled2,hled3,ncs,sck,sdi,sdo);
    input clk;
    input [2:0] btn;
    input [9:0] sw;
    output [9:0] led;
    output [7:0] hled0;
    output [7:0] hled1;
    output [7:0] hled2;
    output [7:0] hled3;
    output ncs,sck,sdi;
    input sdo;
    wire [11:0] wbcd;
    assign led=sw;

    BcdConv dc(sw[7:0],wbcd);

    HexSegDec hs0(wbcd[3:0],hled0);
    HexSegDec hs1(wbcd[7:4],hled1);
    HexSegDec hs2(wbcd[11:8],hled2);
    assign hled3=8'hff;
endmodule
```

リスト 23-2　DataConv.v

```
module BcdAdd(datA,datB,cin,cout,dout);
        input [3:0] datA;
        input [3:0] datB;
        input cin;
        output cout;
        output [3:0] dout;
        wire [4:0] adat;
        wire cry;

        assign adat=datA+datB+cin;
        assign cry=(adat>=5'd10) ? 1'b1 : 1'b0;
        assign dout=(cry==1'b1) ? (adat-5'd10) : adat[3:0];
        assign cout=cry;
endmodule

module BcdConv(data,q);
        input [7:0] data;
        output [11:0] q;
        wire c1,c2,co;
        wire [11:0] whbcd;
        wire [7:0] wlbcd;
    function [11:0] HBcdTbl;
      input [3:0] num;
      begin
        case (num)
          4'h0:     HBcdTbl = 12'h00;
          4'h1:     HBcdTbl = 12'h16;
          4'h2:     HBcdTbl = 12'h32;
          4'h3:     HBcdTbl = 12'h48;
          4'h4:     HBcdTbl = 12'h64;
          4'h5:     HBcdTbl = 12'h80;
          4'h6:     HBcdTbl = 12'h96;
          4'h7:     HBcdTbl = 12'h112;
          4'h8:     HBcdTbl = 12'h128;
          4'h9:     HBcdTbl = 12'h144;
          4'ha:     HBcdTbl = 12'h160;
          4'hb:     HBcdTbl = 12'h176;
```

```verilog
            4'hc:       HBcdTbl = 12'h192;
            4'hd:       HBcdTbl = 12'h208;
            4'he:       HBcdTbl = 12'h224;
            4'hf:       HBcdTbl = 12'h240;
        endcase
      end
  endfunction
  function [7:0] LBcdTbl;
    input [3:0] num;
    begin
        case (num)
            4'h0:       LBcdTbl = 8'h00;
            4'h1:       LBcdTbl = 8'h01;
            4'h2:       LBcdTbl = 8'h02;
            4'h3:       LBcdTbl = 8'h03;
            4'h4:       LBcdTbl = 8'h04;
            4'h5:       LBcdTbl = 8'h05;
            4'h6:       LBcdTbl = 8'h06;
            4'h7:       LBcdTbl = 8'h07;
            4'h8:       LBcdTbl = 8'h08;
            4'h9:       LBcdTbl = 8'h09;
            4'ha:       LBcdTbl = 8'h10;
            4'hb:       LBcdTbl = 8'h11;
            4'hc:       LBcdTbl = 8'h12;
            4'hd:       LBcdTbl = 8'h13;
            4'he:       LBcdTbl = 8'h14;
            4'hf:       LBcdTbl = 8'h15;
        endcase
      end
  endfunction

  assign whbcd=HBcdTbl(data[7:4]);
  assign wlbcd=LBcdTbl(data[3:0]);

      BcdAdd ad0(wlbcd[3:0],whbcd[3:0],1'b0,c1,q[3:0]);
      BcdAdd ad1(wlbcd[7:4],whbcd[7:4], c1 ,c2,q[7:4]);
      BcdAdd ad2( 4'h0    ,whbcd[11:8],c2 ,co,q[11:8]);
endmodule
```

第24章　LEDマトリクス文字表示（LedDisplay）

LEDマトリクスとは

店舗の電光掲示板などで，図 24-1 のような LED マトリクスの看板をよく見かけます．これは，LED をマトリクス状に配置し文字を表示しています．

LED マトリクスは，図でも分かるように，非常に多くの LED が必要となりますが，LED を縦の 1 列分のみ用意し，LED を高速に移動させながらその列の表示を行っても，目の残像により文字を読み取ることができます（図 24-2）．

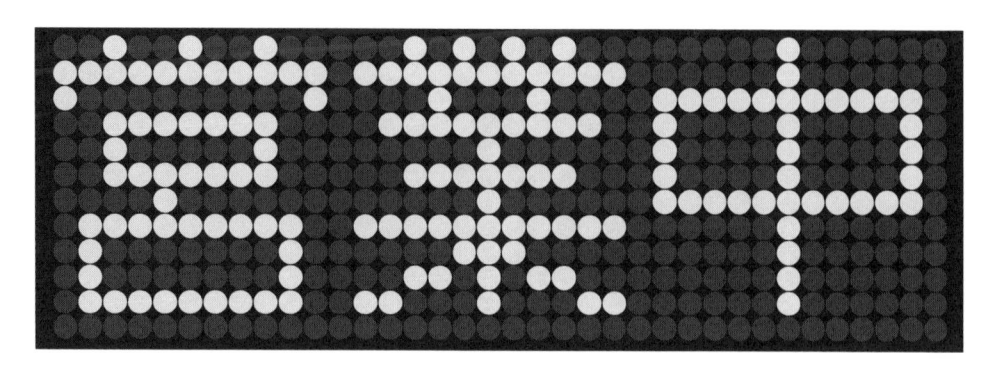

図 24-1　LEDマトリクスの看板

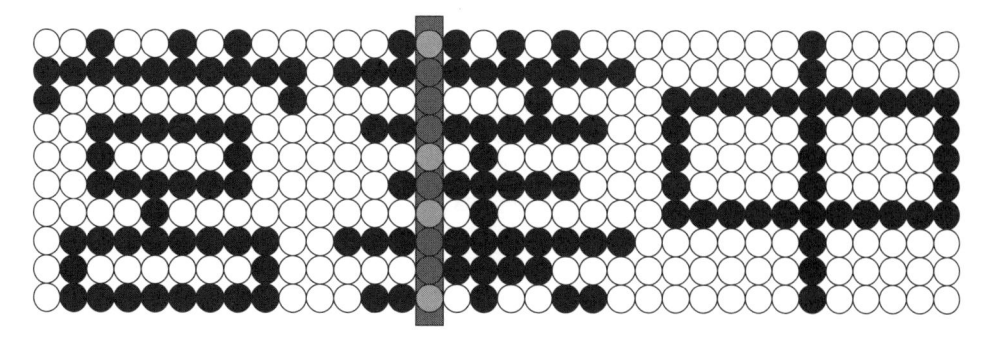

図 24-2　LEDマトリクスを1列のLEDで実現する

この方法を使うと，LED の使用数を格段に減らすことができます．最近は，この原理を利用したグッズが販売されているようです．DE0 には 10 個の LED があるので，これを利用して LED 表示器を作って見ましょう．

LED マトリクス表示器のブロック図は，図 24-3 のようになります．

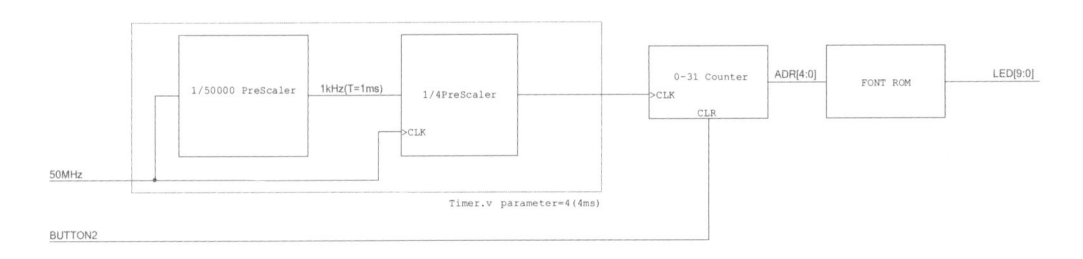

図 24-3　LEDマトリクス表示器のブロック図

　LED表示器では，まずTimer.vモジュールを使って，周期が4msのクロックを作っています．この4msという値は，LEDの点灯間隔になるので必要に応じて調整します．この4ms周期のクロックは，5ビットのカウンタのクロックになり，このカウンタで，次のフォントROMのアドレスを指定しています．カウンタはBUTTON2をリセットの代わりに使用し，ボタンが押されるまでカウンタはリセット状態になっています．

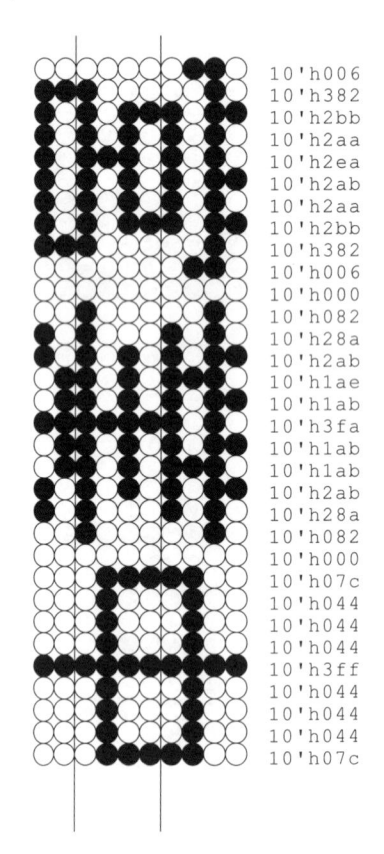

```
10'h006
10'h382
10'h2bb
10'h2aa
10'h2ea
10'h2ab
10'h2aa
10'h2bb
10'h382
10'h006
10'h000
10'h082
10'h28a
10'h2ab
10'h1ae
10'h1ab
10'h3fa
10'h1ab
10'h1ab
10'h2ab
10'h28a
10'h082
10'h000
10'h07c
10'h044
10'h044
10'h044
10'h3ff
10'h044
10'h044
10'h044
10'h07c
```

図 24-4　フォントROMのデータ

　フォントROMは，10ビット×32のROMで，表示する文字のデータを格納しています．今回は，"営業中"という文字を10ビット×32で，**図 24-4**のように格納しています．

　図 24-4の左がMSBで，右がLSBになります．各行の右側に，16進表記の値を表示しています．

プログラムの説明

LedDisplay.v

LedDisplay.v が作成したソースです（リスト 24-1）.

FontRom モジュールは，"営業中"という文字のフォント・データです．このデータを変更すれば，任意の文字や画像を表示することができます．

トップ・モジュールでは，FontRom と Timer モジュールを使って，文字表示回路を実現しています．アドレス・カウンタは別モジュールにせず，トップ・モジュール内で生成しています．

LED はリセット状態（すなわち BUTTON2 が押されていない状態）では，すべて OFF になるようにしています．

リスト 24-1 LedDisplay.v

```
module FontRom(radr,dat);
    input [4:0] radr;
    output [9:0] dat;
    function [9:0] FontDec;
        input [4:0] dadr;
        begin
            case(dadr)
            5'd00:  FontDec=10'h006;
            5'd01:  FontDec=10'h382;
            5'd02:  FontDec=10'h2bb;
            5'd03:  FontDec=10'h2aa;
            5'd04:  FontDec=10'h2ea;
            5'd05:  FontDec=10'h2ab;
            5'd06:  FontDec=10'h2aa;
            5'd07:  FontDec=10'h2bb;
            5'd08:  FontDec=10'h382;
            5'd09:  FontDec=10'h006;
            5'd10:  FontDec=10'h000;
            5'd11:  FontDec=10'h082;
            5'd12:  FontDec=10'h28a;
            5'd13:  FontDec=10'h2ab;
            5'd14:  FontDec=10'h1ae;
```

```verilog
            5'd15:  FontDec=10'h1ab;
            5'd16:  FontDec=10'h3fa;
            5'd17:  FontDec=10'h1ab;
            5'd18:  FontDec=10'h1ab;
            5'd19:  FontDec=10'h2ab;
            5'd20:  FontDec=10'h28a;
            5'd21:  FontDec=10'h082;
            5'd22:  FontDec=10'h000;
            5'd23:  FontDec=10'h07c;
            5'd24:  FontDec=10'h044;
            5'd25:  FontDec=10'h044;
            5'd26:  FontDec=10'h044;
            5'd27:  FontDec=10'h3ff;
            5'd28:  FontDec=10'h044;
            5'd29:  FontDec=10'h044;
            5'd30:  FontDec=10'h044;
            5'd31:  FontDec=10'h07c;
            endcase
        end
    endfunction
    assign dat=FontDec(radr);
endmodule

module LedDisplay(clk,btn,sw,led,hled0,hled1,hled2,hled3);
    input clk;
    input [2:0] btn;
    input [9:0] sw;
    output [9:0] led;
    output [7:0] hled0;
    output [7:0] hled1;
    output [7:0] hled2;
    output [7:0] hled3;
    wire reset,msclk;
    wire [9:0] fdat;
    reg [4:0] areg;

    assign hled0=8'hff;
```

```
    assign hled1=8'hff;
    assign hled2=8'hff;
    assign hled3=8'hff;

    assign reset=btn[2];
    //10ms Timer
    Timer #(4) tm(clk,msclk);
    //adr reg
    always @(posedge msclk or posedge reset) begin
        if(reset==1'b1) begin
            areg=5'h00;
        end
        else begin
            areg=areg+1;
        end
    end

    //FontDec data
    FontRom fr(areg,fdat);
    assign led=(reset==1'b1) ? 10'h00 : fdat;
endmodule
```

動作確認

プログラムをコンパイルしてダウンロードしたら，早速動作させてみましょう．

この LED 表示器の操作方法には，若干コツがいります．

プログラムをダウンロードしたら，まず，部屋を暗くします．次に DE0 基板を電源スイッチが下側になるように持って，図 24-5 のように DE0 基板を左から右に移動させながら BUTTON2 を押します．BUTTON2 を押してから移動させてしまうと，文字が途中から表示されてしまうので注意してください．

文字がつぶれてしまうようなら，Timer の間隔を少し長くしてみてください．表示間隔と DE0 の移動速度，およびボタンを押すタイミングが合えば，うまく文字が読み取れると思います．

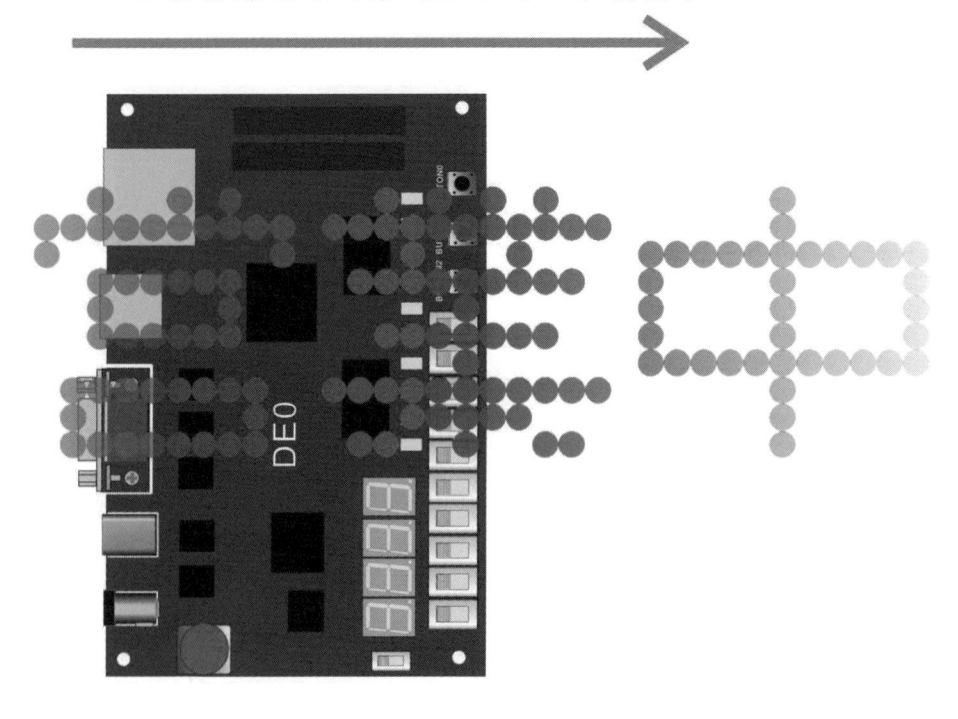

図 24-5　DE0 ボードを左から右に移動させてプログラムを動作確認

第25章　RS-232-C の送信（SerialTx）

DE0 の RS-232-C インターフェース

　DE0 には RS-232-C 用のピンが出ており，オンボードでドライバ IC を内蔵しているので，コネクタを接続するだけで RS-232-C の通信を行うことができます．図 25-1 は，DE0 の RS-232-C 端子の結線図です．

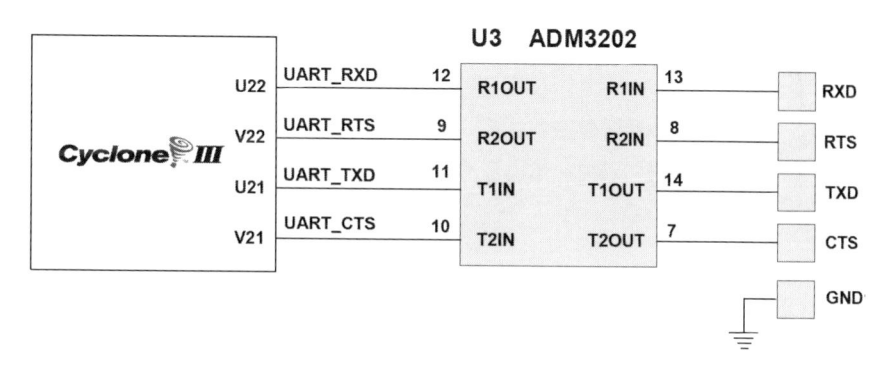

図 25-1　DE0 の RS-232-C 端子の結線図

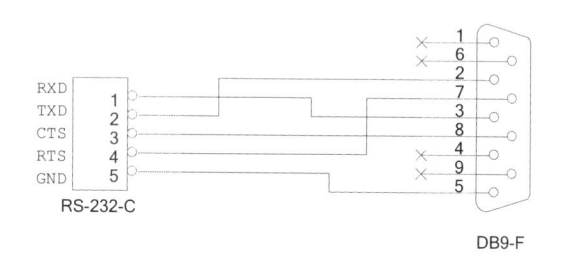

信号名	DB9ピン番号
RxD	3
TxD	2
CTS	8
RTS	7
GND	5

図 25-2　RS-232-C コネクタの結線図

　RS-232-C のコネクタは，D サブ 9 ピンのメス・ピン・タイプ（DB9）のコネクタを使用した場合，図 25-2 のような配線を行います．この配線は，PC とストレート・ケーブルで接続する場合の配線です．クロス・ケーブルで接続する場合は，2 と 3，8 と 7 がそれぞれ入れ替わります．

RS-232-C のフォーマット

RS-232-C では，図 25-3 のようなフォーマットで通信を行います．

図 25-3 は，FPGA のピンから見たときの信号の波形です．RS-232-C の信号はケーブル上では反転され，信号レベルも変わりますが，これはドライバ IC の仕事なので FPGA 側では上記の信号として考えればよいことになります．

RS-232-C では，通信速度を bps（bits per second）で表します．bps はその名の通り，1 秒当りのビット数なので，例えば 9600bps の通信速度であれば，1 秒間に 9600 ビットの割合の送信間隔でデータを転送します．従って，9600bps の通信では，1 ビットの幅は，1/9600=104μs ということになります．

RS-232-C のような非同期の通信の場合，データの始まりを知ることは重要です．データは連続して送られるとは限らず，突然送られてくる場合もありますし，何バイトも続けて送られてくる場合もあります．

RS-232-C の信号は，通常は 1 のレベルになっていますが，送信データの最初のビットが 1 だと開始ビットの判別ができません．そこで，RS-232-C では，データの先頭にスタート・ビットと呼ばれるビットを付加する決まりになっています．スタート・ビットは必ず 0 なので，受信側はスタート・ビットを見て，データの開始を知ることができます．

RS-232-C では，スタート・ビットに続けて 8 ビットのデータを LSB（Least Significant Bit, 最下位ビット）から順に送信します．データの終わりにはストップ・ビットを付加します．ストップ・ビットは必ず 1 なので，データが続けて送られても次のスタート・ビットを判別することができます．

図 25-3 は，8 ビット/パリティなし/ストップ・ビット＝1 というフォーマットの場合の図ですが，データが 7 ビットの場合やデータに続けてパリティ・ビットを付加する場合もあります．また，ストップ・ビットは 1 ビット，1.5 ビット，2 ビットという値を使うことができますが，基本的な考え方は同じです．

RS-232-C 通信は，上記のようなフォーマットの信号を送ればよいので，ビット・レートに合わせたクロックを用意すれば簡単に作ることができます．

図 25-4 は，今回作成する RS-232-C 送信モジュールのタイム・チャートです．

```
          1/bps
          ←→
TxD ‾‾‾\_START_/‾D0‾\_D1_/‾D2‾\_D3_/‾D4‾\_D5_/‾D6‾\_D7_/‾STOP‾
```

図 25-3　RS-232-C の通信フォーマット

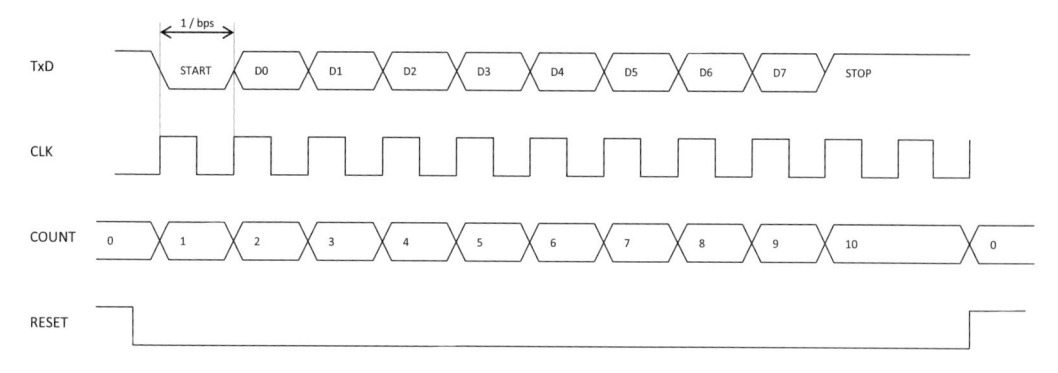

図 25-4　RS-232-C 送信モジュールのタイム・チャート

　このモジュールでは，リセットが解除されると 1 バイトのデータを送信して終了します．モジュール内部には 11 進のカウンタがあり，リセットが解除されるとカウントを開始，カウントが 10 になるとカウントを停止します．

　このモジュールは，カウントが 1 のときはスタート・ビット，2～9 ではデータの LSB～MSB，カウントが 10 のときはストップ・ビットを TxD から出力します．従って，クロックの周波数と同じビット・レートで，RS-232-C のデータを送信することができます．

ブロック図

　図 25-5 は，RS-232-C 通信の送信モジュールのブロック図です．Buadrate Generator では，SW8 と SW9 の組み合わせにより，4800～38400bps のボー・レート・クロックを出力します．このクロックは，SerialOut モジュールのシフト・クロックに送られます．

　SerialOut モジュールは，SW0～SW7 で与えられた 8 ビット・データを SOUT 端子から RS-232-C のデータとして出力します．また，SerialOut モジュールには RESET 端子があり，この端子の信号が 1 の間はリセット状態でデータは出力しません．

　RESET 信号は，uchatter.v のモジュールでチャタリングを除去した BUTTON2 の信号がそのまま RESET 信号として用いられます．

　BUTTON2 は，ボタンが押されていない間は 1 でボタンを押すと 0 になるので，ボタンを押すごとに SW0～SW7 のデータがシリアル・ポートから出力されることになります．

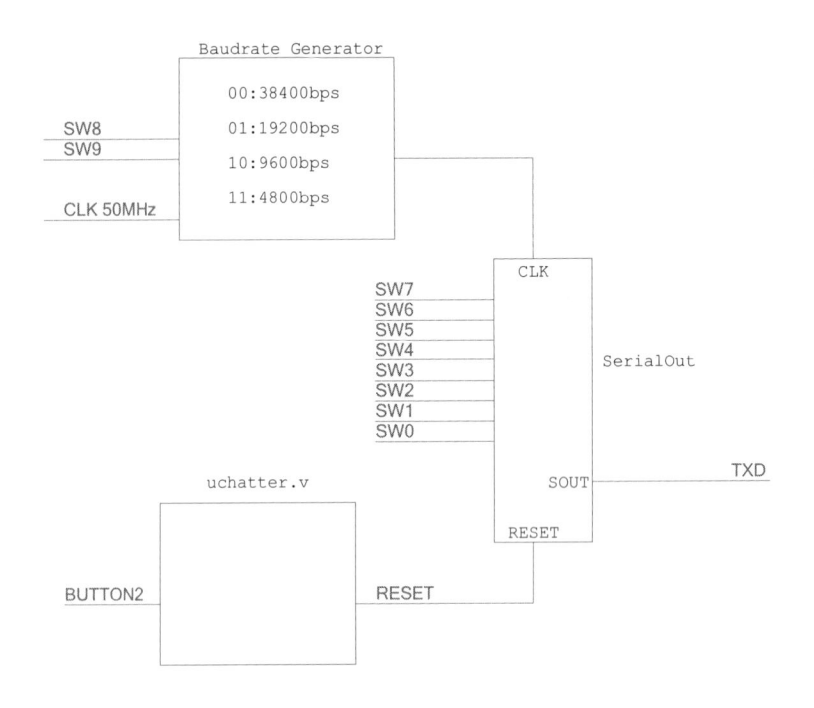

```
              Baudrate Generator
              00:38400bps
    SW8       01:19200bps
    SW9
              10:9600bps
   CLK 50MHz  11:4800bps
                                        CLK
                             SW7
                             SW6
                             SW5
                             SW4        SerialOut
                             SW3
                             SW2
                             SW1
                             SW0
                                        SOUT        TXD
            uchatter.v
                                        RESET
   BUTTON2              RESET
```

図 25-5 RS-232-C 送信モジュールのブロック図

プログラムの説明

SerialTx.v

SerialTx.v は，シリアル送信プログラムです（リスト **25-1**）．

BaudrateGen は，ボー・レート・ジェネレータです．SW8 と SW9 の組み合わせにより，4800〜38400bps のクロックを出力します．ボー・レート・ジェネレータは，実際にはベース・クロックとして 38400bps のクロックを作っています．その後，カウンタで，1/2, 1/4, /1/8 のクロックを作り，SW8 と SW9 の組み合わせからどのクロックを使用するかを選択しています．

SerialOut モジュールは，RS-232-C の送信モジュールです．リセットが解除されると内部のカウンタがカウント・アップし，カウンタの値により，スタート・ビット，LSB，・・・，MSB，ストップ・ビットを出力しています．

ビットの選択は，BitSel という関数で行っていますが，スタート・ビットとデータのビット以外の場合はすべて 1 になるようにしています．これは，シリアル通信の無信号状態が 1 の状態になっている必要があるためです．

SerialTx がトップ・モジュールとなります．ここでは，上記のモジュールを結合し，シリアル通信を行っているほか，SW0〜SW7 の値を，HEX0 と HEX1 に表示し，ボー・レートの設定を HEX2

第 25 章 RS-232-C の送信（SerialTx）

と HEX3 に表示しています．ボー・レートの表示は，2 桁しかないため，上位 2 桁を表示しています．
例えば，38400bps なら "38" という表示で，19200bps なら "19" という表示になります．

リスト 25-1 SerialTx.v

```verilog
module BaudrateGen(clk,mode,sioclk);
    input clk;      //50MHz
    input [1:0] mode;  //0:38400,1:19200,2:9600,3:4800
    output sioclk;

    reg [11:0] cnt;
    reg bclk;
    reg [2:0] div;

    //Base Clock
    always @(posedge clk) begin
        if(cnt==12'd1301)
            cnt=0;
        else
            cnt=cnt+1;
    end
    always @(posedge clk) begin
        if(cnt==12'h000)
            bclk=1'b1;
        else
            bclk=1'b0;
    end

    //Divder
    always @(posedge bclk) begin
        div=div+1;
    end

    assign sioclk=(mode==2'h0) ? bclk :
        (mode==2'h1) ? div[0] :
        (mode==2'h2) ? div[1] :    div[2];
endmodule
```

```verilog
module SerialOut(clk,reset,dat,sout);
    input clk;      //ボー・レートに合わせたクロック
    input reset;
    input [7:0] dat;    //データ
    output sout;        //シリアル・アウト

    reg [3:0] cnt;

    function BitSel;
    input [7:0] dat;
    input [3:0] i;
    begin
        case (i)
            1: BitSel=0;
            2: BitSel=dat[0];
            3: BitSel=dat[1];
            4: BitSel=dat[2];
            5: BitSel=dat[3];
            6: BitSel=dat[4];
            7: BitSel=dat[5];
            8: BitSel=dat[6];
            9: BitSel=dat[7];
            default: BitSel=1;
        endcase
    end endfunction

    always @(posedge clk or posedge reset) begin
        if(reset) begin
            cnt=0;
        end else begin
            if(cnt!=10)
                cnt=cnt+1;
        end
    end
```

```
    assign sout=BitSel(dat,cnt);

endmodule

module SerialTx(clk,btn,sw,led,hled0,hled1,hled2,hled3,Txd,Rxd);
    input clk;
    input [2:0] btn;
    input [9:0] sw;
    output [9:0] led;
    output [7:0] hled0;
    output [7:0] hled1;
    output [7:0] hled2;
    output [7:0] hled3;
    output Txd;
    input  Rxd;
    wire [7:0] bdat;
    wire reset,sclk;

    unchatter uc(btn[2],clk,reset);
    BaudrateGen bg(clk,sw[9:8],sclk);
    SerialOut so(sclk,reset,sw[7:0],Txd);

    //for Baudrate Disp
    assign bdat=(sw[9:8]==2'd0) ? 8'h38 :
        (sw[9:8]==2'd1) ? 8'h19 :
        (sw[9:8]==2'd2) ? 8'h96 : 8'h48;

    assign led=10'h0;
    HexSegDec(sw[3:0],hled0);
    HexSegDec(sw[7:4],hled1);
    HexSegDec(bdat[3:0],hled2);
    HexSegDec(bdat[7:4],hled3);
endmodule
```

動作確認

動作確認の前に，RS-232-Cコネクタが正しく結線されていることを確認して，DE0に取り付けたRS-232-CコネクタとPCのシリアル・ポートを接続します．

接続には，Dサブ9ピンのストレート・ケーブルで行います．PCでは，ターミナル・ソフトウェアを起動し，テストするビット・レートに設定しておきます．

DE0にプログラムをダウンロードして，ビット・レートをPCのターミナル・ソフトウェアに合わせたら，SW0〜SW7を61hに設定してみてください．ターミナル・ソフトウェアをオープン状態にして，BUTTON2を1回押すと，"a"という文字が表示されます．61hは"a"のASCIIコードなので，正しく送信されていることが分かります．

HEX表示のできるターミナルの場合は，SW0〜SW7の値を適当に変えて，データ通信が正しいかどうかを確認してください．また，HEX表示がない場合は，送信データを61h，62h，63h，・・・と増やしていくと，"a"，"b"，"c"，・・・という文字が順次表示されていくことで通信を確認することができます．

実行例を**写真 25-1**と**図 25-6**に示します．

写真 25-1　RS-232-Cの送信（SerialTx）の実行例

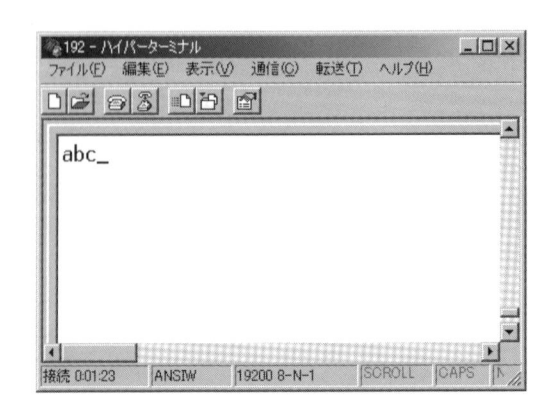

図 25-6　RS-232-Cの送信（SerialTx）の実行例（PC側）

第26章　RS-232-C の受信（serialRx）

　第 25 章ではシリアル・データの送信を解説しました．本章では，シリアル・データの受信を行ってみることにしましょう．

　RS-232-C は非同期のシリアル通信のため，送信側と受信側では別々のクロックで動作しています．正常に通信を行うためには，送信側と受信側が同じ周波数のクロック（すなわち同じビット・レート）で動作している必要があります．

受信用クロック

　シリアル・データの受信の基本的な考え方は，TxD の信号の状態を監視し，スタート・ビットを見つけたところからデータをサンプリングして，シフトレジスタに格納していけばデータの受信を行うことができます．ただし，サンプリングのクロックが送信側のビット・レートと同じにすると，図 26-1 のような問題が発生することがあります．

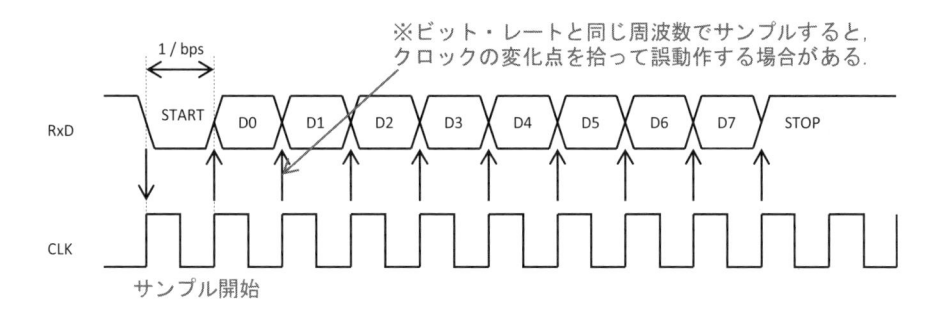

図 26-1　同じビット・レートで受信した場合の問題点

　図 26-1 の RxD は受信側の信号で，CLK が受信側のサンプリング・クロックです．送信側と受信側は同じクロック周波数ですが，RxD の信号は送信側が出してきているもの，CLK は受信側が作っているものなので，RxD と CLK は同期がとれていません．このため，CLK の立ち上がりがたまたま RxD の変化点にぶつかった場合が図 26-1 となります．

　図 26-1 のように，CLK の立ち上がりでスタート・ビット START を認識しサンプリングを開始すると，データのサンプリング位置がデータの変化点になってしまい，データを誤認識する可能性があります．図 26-1 で直感的にも分かるように，理想的にはデータの変化点と変化点のちょうど中間あたりでサンプルする方が望ましいのは言うまでもないでしょう．

　そこで，今回は，ビット・レートの 2 倍の周波数を使って，図 26-2 のようなタイミングでデータのサンプリングを行うことにします．

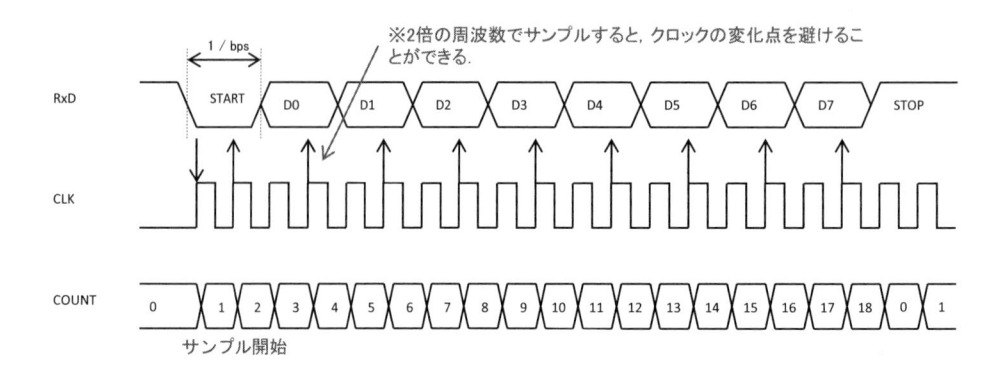

図 26-2　2倍の周波数でサンプリングする場合のタイム・チャート

図 26-2 では，同じビット・レートでサンプルしてエラーが出る場合と同じように，データの変化点でサンプルを開始した場合を示しています．

RxD を監視して START=0 を見つけると，データのサンプルを開始します．受信モジュールには内部に 19 進のカウンタがあり，サンプルを開始すると，カウンタをクロックが入るごとにインクリメントします．

データのサンプルはカウンタの値が奇数の場合のみ行います．クロックの周波数はデータのビット・レートの 2 倍なので，カウンタの値は 1 ビットのデータの受信中の前半が偶数，後半が奇数となります．このため，カウンタが奇数の場合のみデータをサンプルすることで，データの変化点のほぼ中間でデータをサンプルすることができます．

サンプル開始の位置がデータの変化点からずれると，その分だけデータのサンプル位置が中心からずれます．このずれを少なくするにはサンプリング周波数をより高くしていけば，最大のずれの幅を小さくすることができます．

ブロック図

図 26-3 はシリアル受信のブロック図です．このブロック図はシリアル送信の場合とよく似ていますが，ボー・レート・ジェネレータが指定されたビット・レートの 2 倍の周波数を出力するようになっている点が異なります．

また，SerialOut モジュールの代わりに SerialIn モジュールがあり，受信データをパラレルに変換して，7 セグメント LED に表示するようになっています．

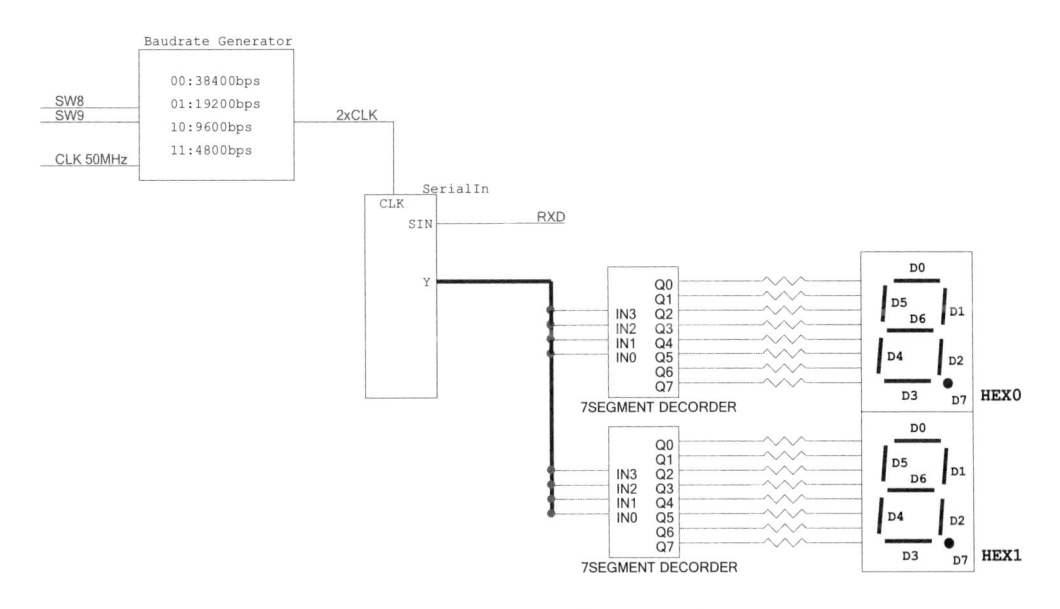

図 26-3　RS-232-C 受信モジュールのブロック図

プログラムの説明

SerialRx.v

SerialTx.v は，シリアル受信プログラムです（**リスト 26-1**）．

このソース・プログラムは，シリアル送信とほぼ同じ構成となっています．

まず，ボー・レート・ジェネレータですが，シリアル送信で作ったものを周波数が2倍になるように，ベース・クロックのカウンタの値を変更しています．これで，38400bps のクロックが2倍となります．他のビット・レートは，このクロックを分周して使用しているため，同じように2倍のクロックとなります．

シリアル受信モジュールでは，SerialOut モジュールの代わりに SerialIn モジュールがあります．これが RS-232-C の受信モジュールです．このモジュールには内部に 19 進のカウンタと 8 ビットのシフトレジスタを持っています．

RxD のシリアル入力信号を監視して，スタート・ビットを見つけるとカウントを開始し，カウントが奇数の場合のみレジスタをシフトしてデータを入力していきます．カウンタは 19 になるとそれ以上進まなくなるのでシフトしすぎてデータを失うことはありません．

トップ・モジュールでは，ボー・レート・ジェネレータとシリアル入力モジュールを結合してシリアル受信を行っています．受信されたデータは，常時 7 セグメント LED の HEX0 と HEX1 に 16 進で表示されます．また，7 セグメント LED の上位 2 桁には，シリアル送信と同様に設定されたビット・レートが表示されています．

リスト 26-1　SerialRx.v

```verilog
module BaudrateGen(clk,mode,sioclk);
    input clk;     //50MHz
    input [1:0] mode; //0:38400,1:19200,2:9600,3:4800
    output sioclk;

    reg [11:0] cnt;
    reg bclk;
    reg [2:0] div;

    //Base Clock
    always @(posedge clk) begin
        if(cnt==12'd650)
            cnt=0;
        else
            cnt=cnt+1;
    end
    always @(posedge clk) begin
        if(cnt==12'h000)
            bclk=1'b1;
        else
            bclk=1'b0;
    end

    //Divder
    always @(posedge bclk) begin
        div=div+1;
    end

    assign sioclk=(mode==2'h0) ? bclk :
        (mode==2'h1) ? div[0] :
        (mode==2'h2) ? div[1] :    div[2];
endmodule

module SerialIn(clk,sin,dat);
    input clk;     //ボー・レート x2
```

```verilog
    input sin;
    output [7:0] dat;

    reg [4:0] cnt;    //cnt0-18
    reg [7:0] sreg;
    always @(posedge clk) begin
       if(cnt==5'h0) begin
          if(sin==1'b0)
             cnt=5'h1;
       end
       else begin
          if(cnt==5'd18)
             cnt=5'd0;
          else
             cnt=cnt+1;
       end
    end
    always @(posedge clk) begin
       if(cnt[0]==1'b1)
          sreg={sin,sreg[7:1]};
    end
    assign dat=sreg;
endmodule

module SerialRx(clk,btn,sw,led,hled0,hled1,hled2,hled3,Txd,Rxd);
    input clk;
    input [2:0] btn;
    input [9:0] sw;
    output [9:0] led;
    output [7:0] hled0;
    output [7:0] hled1;
    output [7:0] hled2;
    output [7:0] hled3;
    output Txd;
    input  Rxd;
    wire [7:0] bdat;
    wire [7:0] rdat;
```

```
    wire sclk;

    BaudrateGen bg(clk,sw[9:8],sclk);
    SerialIn si(sclk,Rxd,rdat);

    //for Baudrate Disp
    assign bdat=(sw[9:8]==2'd0) ? 8'h38 :
        (sw[9:8]==2'd1) ? 8'h19 :
        (sw[9:8]==2'd2) ? 8'h96 : 8'h48;

    assign led=10'h0;
    assign Txd=Rxd;
    HexSegDec(rdat[3:0],hled0);
    HexSegDec(rdat[7:4],hled1);
    HexSegDec(bdat[3:0],hled2);
    HexSegDec(bdat[7:4],hled3);
endmodule
```

動作確認

　プログラムをダウンロードしたら，シリアル送信の場合と同様にPCとDE0を接続して，PCのターミナル・ソフトウェアとDE0のビット・レートを同じにします．

　今度は，PCのターミナル・ソフトウェアから，"a"という文字を送ると7セグメントLEDの下位2桁に61hが表示されます．同様にして，"a，b，c，d，・・・"と，文字を送っていくと61h，62h，63h，・・・と，送信した文字のASCIIコードが表示されます．実行例を**写真 26-1**に示します．

写真 26-1　RS-232-Cの受信（serialRx）の実行例

第27章　VGA カラー・バー表示（ColorBar）

　DE0 には VGA コネクタが付属しており，PC 用の VGA ディスプレイを接続すれば，FPGA で VGA の信号を作って表示を行うことができます．そこで，VGA ディスプレイにカラー・バーを表示してみましょう．

　カラー・バーは，**写真 27-1** のように色のついた帯を表示するもので，カラー・テレビの色の調整によく利用されていました．

写真 27-1　カラー・バーの表示

　昔は TV 放送が終了した深夜の時間帯に，カラー・バーなどのテスト・パターンを表示することが多かったのですが，最近では深夜まで番組の放送があるためか，あるいは需要が減ってきたためか，あまり見かけなくなりました．

　今回制作するカラー・バーは，RBG 3 原色を組み合わせてできる 7 色＋黒色の 8 色の帯を表示してみることにします．

VGA の信号線とタイミング

　VGA の信号線には，水平同期信号（HS），垂直同期信号（VS），それに Red, Green, Blue の 3 色それぞれのアナログ・ビデオ信号があります．DE0 の VGA インターフェース回路は，**図 27-1** のようになっており，RGB 各色は，4 ビットの D-A コンバータに接続されています．このため，RGB 各 16 階調の表示が可能です．

VGAの表示は，1枚の画像データを，図 27-2 のように 480 ラインに分解し，1行ずつ順に表示していきます．信号は連続して送られてくるので開始行を示す信号が必要になりますが，これが垂直同期信号となります．垂直同期信号が Low から High に変わり，バック・ポーチと呼ばれるブランク期間を経過した後に送られる信号が1行目の信号となります．

また，VGA のそれぞれの行は，左のドットから右のドットへ向かって順に送信されます．ここの横方向の信号も垂直同期と同様に，水平同期信号を使って最初のドット位置が分かるようになっています．水平同期信号の場合も High に立ち上がってから，バック・ポーチ期間の経過後の最初のビデオ信号が左端のドットになります．

VGA の水平解像度は 640 ドットで，ドット・クロックは 25MHz となります．従って，25MHz のクロックに合わせて1ドットずつ順に画像データを送ることになります．

図 27-3 は，VGA の同期信号のタイミングです．VGA の表示回路を作成する場合は，図 27-3 のように，水平同期，垂直同期の信号を作成し，それぞれの表示期間内に適切な RGB の信号を出力します．

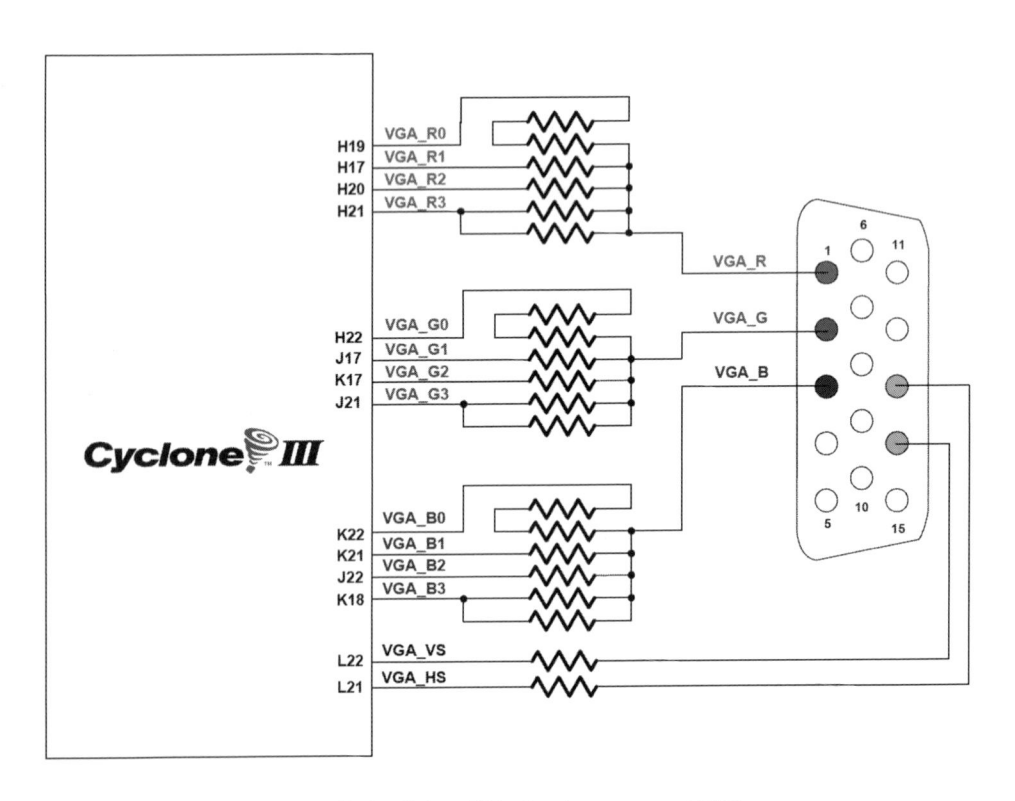

図 27-1 DE0 の VGA インターフェース回路

第 27 章　VGA カラー・バー表示（ColorBar）

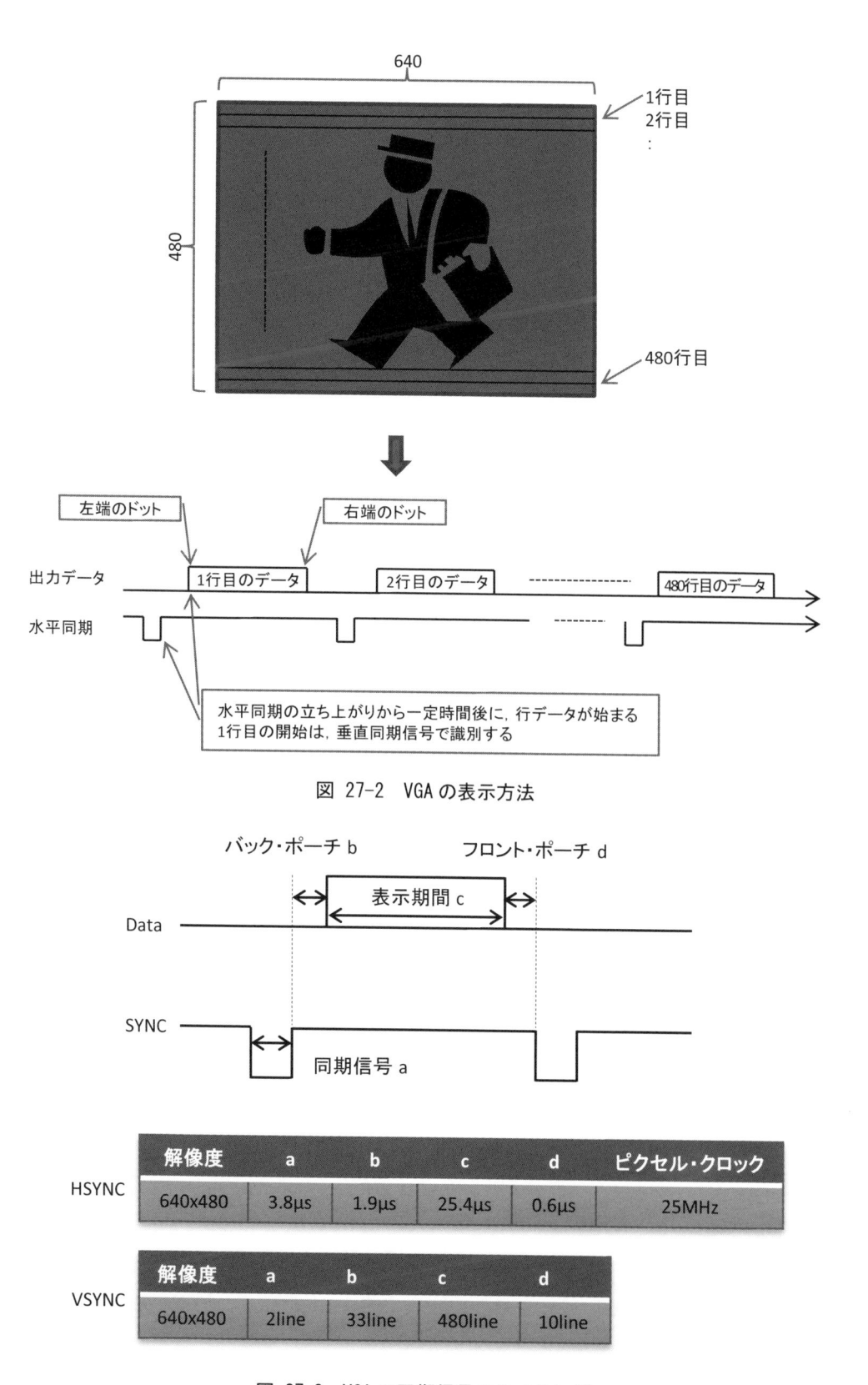

図 27-2　VGA の表示方法

図 27-3　VGA の同期信号のタイミング

解像度	a	b	c	d	ピクセル・クロック
HSYNC					
640x480	3.8μs	1.9μs	25.4μs	0.6μs	25MHz

解像度	a	b	c	d
VSYNC				
640x480	2line	33line	480line	10line

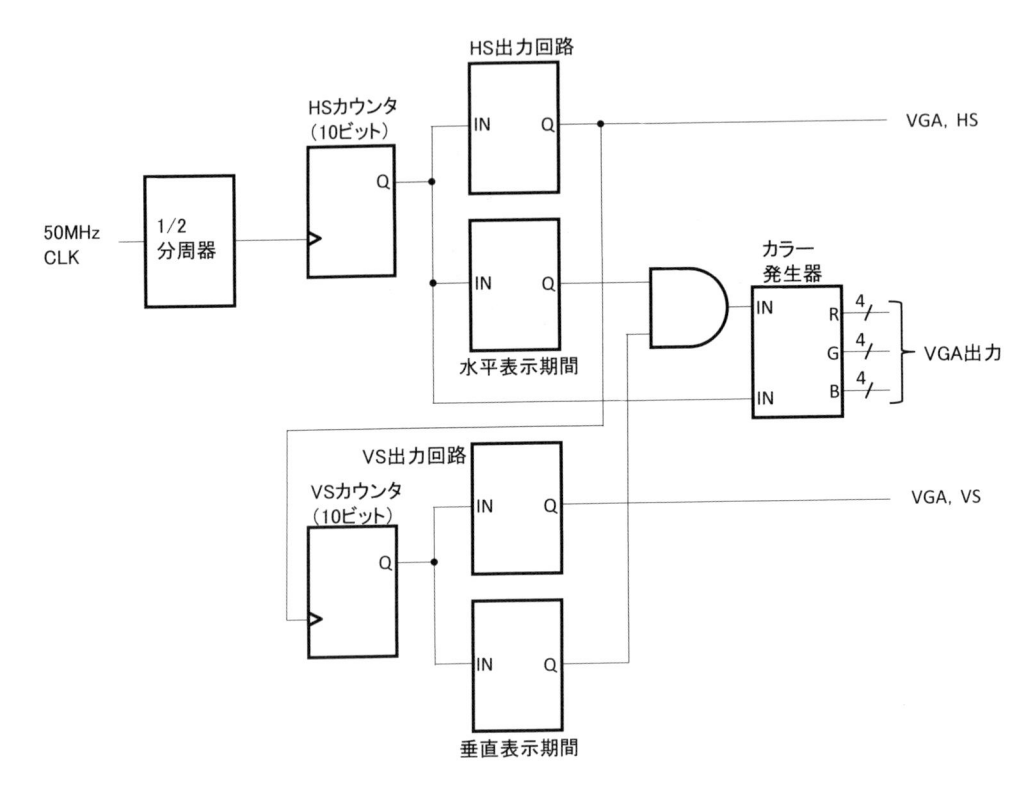

図 27-4　カラー・バー表示回路のブロック図

ブロック図

　作成するカラー・バー表示回路のブロック図を**図 27-4**に示します．

　カラー・バーのブロックには，ビデオ・クロックの生成回路と同期信号発生回路，および VGA 出力回路があります．

　VGA のビデオ・クロックは 25MHz なので，DE0 の 50MHz のクロックを 2 分周するだけで生成できます．

　同期信号発生回路では，水平同期と垂直同期，ビデオ信号の出力タイミングを発生させています．ビデオ信号の出力タイミングは，水平方向と垂直方法それぞれ個別に用意しています．また，VGA 出力回路では，水平タイミングを見て，カラー・バーの出力を行っています．

　カラー・バーの色の切り替えは，水平同期を作成するために使用しているカウンタの値を見て切り替えています．

プログラムの説明

ColorBar.v

ColorBar.v が，ソース・プログラムです（リスト 27-1）．

このプログラムでは，水平同期用と垂直同期用に，それぞれ 10 ビットのカウンタを使用して，表示タイミングを作成しています．水平同期用のカウンタは，ビデオ・クロック用に作成した vga_clk 信号に同期してカウントを行います．vga_clk は，DE0 の 50MHz クロックを 2 分周して，25MHz のクロックにしています．

水平同期のカウンタは 799 カウントで 0 に戻りますが，これは，水平同期信号の同期パルス幅やバック・ポーチ，表示期間，フロント・ポーチを合わせた周期の値になります．水平同期信号は，このカウンタの値を見ながらカウンタが 0 のときに Low となり，同期パルス幅に相当する 96 カウントのときに High としています．また，同様にして，ビデオ出力タイミングもこのカウンタの値を元に生成しています．

水平方向のビデオ出力タイミングは i_hdisp という信号になります．この信号が 1 の期間が，水平方向の表示期間となります．

垂直方向の信号も水平同期信号と同じ方法で作成しますが，クロックに水平同期信号を使っている点が異なります．垂直同期はライン数をカウントする必要があるため，このようになっています．また，垂直方向のビデオ出力タイミングは，i_vdisp という信号名となっています．

リスト 27-1　ColorBar.v

```verilog
module ColorBar(clk,vga_r,vga_g,vga_b,vga_hs,vga_vs);
    input clk;
    output [3:0] vga_r;
    output [3:0] vga_g;
    output [3:0] vga_b;
    output vga_hs;
    output vga_vs;

    reg [9:0] hs_cnt;
    reg [9:0] vs_cnt;
    reg vga_clk,i_vs,i_hs,i_hdisp,i_vdisp;
    wire [2:0] RGB;

    //vga clock
```

```verilog
always @(posedge clk) begin
    vga_clk=~vga_clk;
end


//hs_counter
always @(posedge vga_clk) begin
    if(hs_cnt==10'd799)
        hs_cnt=10'd0;
    else
        hs_cnt=hs_cnt+1;
end
//h-sync
always @(posedge vga_clk) begin
    if(hs_cnt==10'd0)
        i_hs=1'b0;
    else if(hs_cnt==10'd96)
        i_hs=1'b1;
    else
        i_hs=i_hs;
end
//h-disp
always @(posedge vga_clk) begin
    if(hs_cnt==10'd144)
        i_hdisp=1'b1;
    else if(hs_cnt==10'd784)
        i_hdisp=1'b0;
    else
        i_hdisp=i_hdisp;
end

//vs_counter
always @(posedge i_hs) begin
    if(vs_cnt==10'd520)
        vs_cnt=10'd0;
    else
        vs_cnt=vs_cnt+1;
end
```

```verilog
    //v-sync
    always @(posedge i_hs) begin
        if(vs_cnt==10'd0)
            i_vs=1'b0;
        else if(vs_cnt==10'd2)
            i_vs=1'b1;
        else
            i_vs=i_vs;
    end
    //v-disp
    always @(posedge i_hs) begin
        if(vs_cnt==10'd31)
            i_vdisp=1'b1;
        else if(vs_cnt==10'd511)
            i_vdisp=1'b0;
        else
            i_vdisp=i_vdisp;
    end

    //RGB
    assign RGB=(hs_cnt<10'd224) ? 3'd0 :
            (hs_cnt<10'd304) ? 3'd1 :
            (hs_cnt<10'd384) ? 3'd2 :
            (hs_cnt<10'd464) ? 3'd3 :
            (hs_cnt<10'd544) ? 3'd4 :
            (hs_cnt<10'd624) ? 3'd5 :
            (hs_cnt<10'd704) ? 3'd6 : 3'd7;
    //output signal
    assign vga_hs=i_hs;
    assign vga_vs=i_vs;
    assign vga_r=(i_hdisp && i_vdisp && RGB[0]) ? 4'hf : 4'd0;
    assign vga_g=(i_hdisp && i_vdisp && RGB[1]) ? 4'hf : 4'd0;
    assign vga_b=(i_hdisp && i_vdisp && RGB[2]) ? 4'hf : 4'd0;

endmodule
```

カラー・バーの生成

　カラー・バーは，水平同期生成用のカウンタの値を見て作成しています．ビデオに表示する色信号として，内部でRGBという3ビットの色データを作成しています．

　RGBは，下位ビットから，赤，緑，青の色を表しています．これで，7色＋黒色の表示が可能になっています．RGB信号は，水平方向のビデオ出力期間の640ドットを8分割して色を順に割り当てています．

　最後に，RGB信号をVGAコネクタに出力する信号に変換しています．DE0のVGA出力は，各色4ビットのD-Aコンバータに接続されています．

　赤色を表示するときは，赤色の4ビットに4'hfを出力し，表示しない場合は，4'h0を出力します．また色の出力は，i_hdispとi_vdispがともに1の期間のみ行っています．緑色，青色も同様の処理となっています．

動作確認と応用

　DE0のVGAコネクタにディスプレイを接続してプログラムを書き込むと，ディスプレイにカラー・バーが表示されます．今回のプログラムでは，水平方向を8分割してカラー・バーを出しましたが，垂直同期のカウンタを使えば，縦方向に分割してカラー・バーを出すことができます．また，これらを組み合わせて，格子状に表示を行うことも可能です．

　DE0では，1色につき16階調の色を出すことができます．画面を格子状に分割して，さまざまな色を表示してみるのも，面白いかもしれません．

　このサンプルでは，水平同期のカウンタを元に色を表示ましたが，水平同期と垂直同期のカウンタの値をRAMのアドレスとして，そのアドレスのRAMの内容をVGA出力にすれば，グラフィック・ディスプレイが作成できます．今回の回路は，このRAMの部分を非常にシンプルなROMに置き換えて，カラー・バーの表示をしていると考えることもできます．

第28章　VGA キャラクタ表示（VGA_disp）

　第 27 章のカラー・バーのサンプルは，グラフィック・ディスプレイの非常に簡略化したサンプルとなっています．本章では，簡単なキャラクタ・ディスプレイを作ってみることにします．

　Windows のような OS では，文字をグラフィック画面に表示しています．Windows が動作する PC は非常に高速で，このような方法でも文字が瞬時にグラフィック画面に書き込まれ，問題なく使用することができますが，PC の処理速度が遅い場合は，文字フォントをグラフィック画面に展開するのに時間がかかり，実用的な速度での表示ができません．このような場合は，キャラクタ・ディスプレイが使用されます．Windows の PC でも，起動時の POST や BIOS の設定画面では，キャラクタ・ディスプレイが利用されています．

　キャラクタ・ディスプレイでは，グラフィック・ディスプレイと同様に，水平方向のタイミングと垂直方向のタイミングに合わせて RAM の読み出しを行いますが，このアドレスは表示する文字の大きさの単位になっています．例えば，文字の横幅が 8 ドットであれば，8 ドット・クロックごとに RAM のアドレスがインクリメントされます．また，垂直方向も同様に，文字の高さごとにアドレスが変化します．

　キャラクタ・ディスプレイでは，このアドレスに基づき表示用の RAM を読み出しますが，読み出された RAM のデータはキャラクタ ROM のアドレスとなります．キャラクタ ROM には文字フォントが格納されていて，指定されたアドレスに相当する文字のデータを出力します．キャラクタ ROM は，通常 8 ビットや 16 ビットのように数ビットをまとめて出力するので，シフトレジスタを使ってドット・クロックに合わせて 1 ドットずつ出力します．

ブロック図

　ここでは，簡単なサンプルとして，LedDisplay で使用した"営業中"というフォントを画面に表示してみることにします．このサンプルでは，画面左上に縦書きで"営業中"という文字を表示します．

　図 28-1 は，サンプル VGA_disp.v のブロック図です．

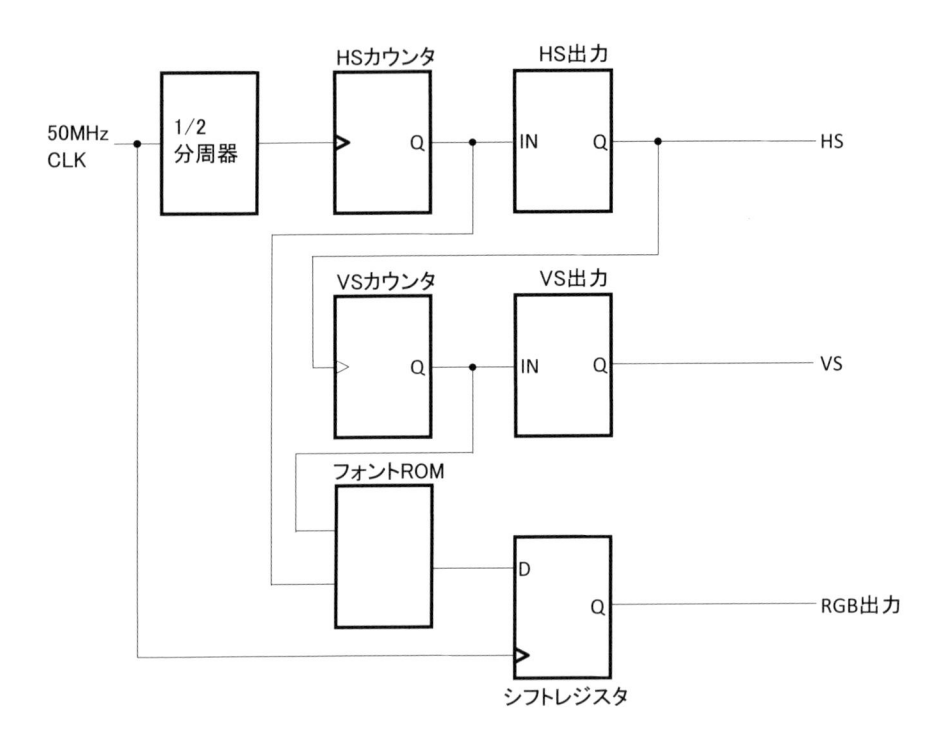

図 28-1　VGA_disp のブロック図

プログラムの説明

VGA_disp.v

VGA_disp.v がプログラム・リストです（リスト 28-1）．

このサンプルではフォントは固定になっていて，表示バッファの RAM も搭載していませんが，フォント ROM を読み出してそのデータを画面に表示する操作を確認することができます．

フォント ROM は LedDisplay で使用したものをそのまま使用しています．VGA の垂直同期のカウンタに合わせて，フォント ROM の行を読み出しています．また，読み出されたフォント ROM のデータは水平同期のカウンタに合わせて 1 ドットずつ表示しています．

このプログラムは，カラー・バーのサンプルをベースにしていますが，文字表示のため，色は白色と黒色の 2 色のみです．出力データを反転させれば，白地に黒で文字表示を行うことができます．

文字の表示位置は，vga_x と vga_y で設定できるようになっています．これらの値は，カウンタの値から特定の値を引いています．文字を表示したい位置のカウンタの値を引くことで，vga_x と vga_y は，その位置が原点 (0) となり，vga_x と vga_y がそれぞれシフトレジスタのシフト位置と，フォント ROM のアドレスとなっています．

第28章 VGA キャラクタ表示（VGA_disp）

リスト 28-1　VGA_disp.v

```verilog
module FontRom(radr,dat);
    input [9:0] radr;
    output [9:0] dat;

    function [9:0] FontDec;
        input [9:0] dadr;
        begin
            case(dadr)
                10'd00:  FontDec=10'h006;
                10'd01:  FontDec=10'h382;
                10'd02:  FontDec=10'h2bb;
                10'd03:  FontDec=10'h2aa;
                10'd04:  FontDec=10'h2ea;
                10'd05:  FontDec=10'h2ab;
                10'd06:  FontDec=10'h2aa;
                10'd07:  FontDec=10'h2bb;
                10'd08:  FontDec=10'h382;
                10'd09:  FontDec=10'h006;
                10'd10:  FontDec=10'h000;
                10'd11:  FontDec=10'h082;
                10'd12:  FontDec=10'h28a;
                10'd13:  FontDec=10'h2ab;
                10'd14:  FontDec=10'h1ae;
                10'd15:  FontDec=10'h1ab;
                10'd16:  FontDec=10'h3fa;
                10'd17:  FontDec=10'h1ab;
                10'd18:  FontDec=10'h1ab;
                10'd19:  FontDec=10'h2ab;
                10'd20:  FontDec=10'h28a;
                10'd21:  FontDec=10'h082;
                10'd22:  FontDec=10'h000;
                10'd23:  FontDec=10'h07c;
                10'd24:  FontDec=10'h044;
                10'd25:  FontDec=10'h044;
                10'd26:  FontDec=10'h044;
```

```verilog
                    10'd27:  FontDec=10'h3ff;
                    10'd28:  FontDec=10'h044;
                    10'd29:  FontDec=10'h044;
                    10'd30:  FontDec=10'h044;
                    10'd31:  FontDec=10'h07c;
                    default: FontDec=10'h000;
            endcase
        end
    endfunction
    assign dat=FontDec(radr);
endmodule

module VGA_Disp(clk,vga_r,vga_g,vga_b,vga_hs,vga_vs);
    input clk;
    output [3:0] vga_r;
    output [3:0] vga_g;
    output [3:0] vga_b;
    output vga_hs;
    output vga_vs;

    reg [9:0] hs_cnt;
    reg [9:0] vs_cnt;
    reg vga_clk,i_vs,i_hs,i_hdisp,i_vdisp;
    wire pixdat;
    wire [9:0] vga_x;
    wire [9:0] vga_y;
    wire [0:9] fontdat;

    //vga clock
    always @(posedge clk) begin
        vga_clk=~vga_clk;
    end

    //hs_counter
    always @(posedge vga_clk) begin
        if(hs_cnt==10'd799)
            hs_cnt=10'd0;
```

```verilog
        else
            hs_cnt=hs_cnt+1;
end
//h-sync
always @(posedge vga_clk) begin
    if(hs_cnt==10'd0)
        i_hs=1'b0;
    else if(hs_cnt==10'd96)
        i_hs=1'b1;
    else
        i_hs=i_hs;
end
//h-disp
always @(posedge vga_clk) begin
    if(hs_cnt==10'd144)
        i_hdisp=1'b1;
    else if(hs_cnt==10'd784)
        i_hdisp=1'b0;
    else
        i_hdisp=i_hdisp;
end


//vs_counter
always @(posedge i_hs) begin
    if(vs_cnt==10'd520)
        vs_cnt=10'd0;
    else
        vs_cnt=vs_cnt+1;
end
//v-sync
always @(posedge i_hs) begin
    if(vs_cnt==10'd0)
        i_vs=1'b0;
    else if(vs_cnt==10'd2)
        i_vs=1'b1;
    else
        i_vs=i_vs;
```

```verilog
        end
        //h-disp
        always @(posedge i_hs) begin
            if(vs_cnt==10'd31)
                i_vdisp=1'b1;
            else if(hs_cnt==10'd511)
                i_vdisp=1'b0;
            else
                i_vdisp=i_vdisp;
        end

        //VGA X,Y
        assign vga_x=hs_cnt-10'd145;
        assign vga_y=vs_cnt-10'd32;
        //Font Data
        FontRom fr(vga_y,fontdat);
        //Pixel Data
        assign pixdat=((vga_x>=0)&&(vga_x<10)) ? fontdat[vga_x] : 1'b0;

        //output signal
        assign vga_hs=i_hs;
        assign vga_vs=i_vs;
        assign vga_r=(i_hdisp && i_vdisp && pixdat) ? 4'hf : 4'd0;
        assign vga_g=(i_hdisp && i_vdisp && pixdat) ? 4'hf : 4'd0;
        assign vga_b=(i_hdisp && i_vdisp && pixdat) ? 4'hf : 4'd0;

endmodule
```

動作確認

　DE0のVGAコネクタにディスプレイを接続して，プログラムを書き込むと，ディスプレイの左上に，縦書きで"営業中"の文字が表示されます．vga_xとvga_yを変更すると文字の表示位置を変えることができます．

　このサンプルでは，文字色は白色にしていますが，RGBの値を変えることで，任意の色にすることができます．また，表示用のRAMを用意して文字フォントを用意すれば，本格的なキャラクタ・ディスプレイを作ることもできるので，余力がある方は試してみてください．

NIOS II 編

　ここでは，さらに高度な使い方の例として，エンベデッド・プロセッサ NIOS II を使ったサンプルを紹介します．

　NIOS II はアルテラの FPGA で使用できるエンベデッド・プロセッサです．エンベデッド・プロセッサは，FPGA 内部に構成するマイコンです．FGPA 内部にマイコンを構成することで，複雑な操作を C 言語などのプログラムにより容易に行うことができるようになります．また，プログラムの更新も FPGA の書き換えよりも容易にできるというメリットがあります．

　ここでは，2 桁の 7 セグメント LED と 8 ビットの LED を使った簡単なサンプルを使って，NIOS II の使い方を見てみることにします．

第29章　NIOS IIによる開発の概要

　NIOS IIはエンベデッド・プロセッサです．これは，簡単に言うと"FPGAで作るマイコン"ということになります．

　マイコンを作るわけですから，これを動かすにはソフトウェアが必要になります．従って，NIOS IIを使った開発には，ハードウェアの開発とソフトウェアの開発の両方が必要になります．図 29-1 は，NIOS II を使った開発を簡単に図示したものです．

　NIOS IIのハードウェアの開発は，今までやってきたように，Quartus II を使って開発を行うことができます．NIOS II は，Quartus II による開発環境から，SOPC ビルダというツールで構成することができます．SOPC は，system-on-a-programmable-chip の頭文字を並べたもので，"プログラム可能なチップに構成するシステム"というような意味になるでしょうか．

　SOPC ビルダで構成する NIOS II のシステムは，単なるマイコンのコアではなく，周辺デバイスを含んだかなり本格的なものになります．SOPC ビルダで NIOS II のコアに必要な周辺デバイスを追加するだけで，ハードウェアの構成はほとんどできてしまいます．

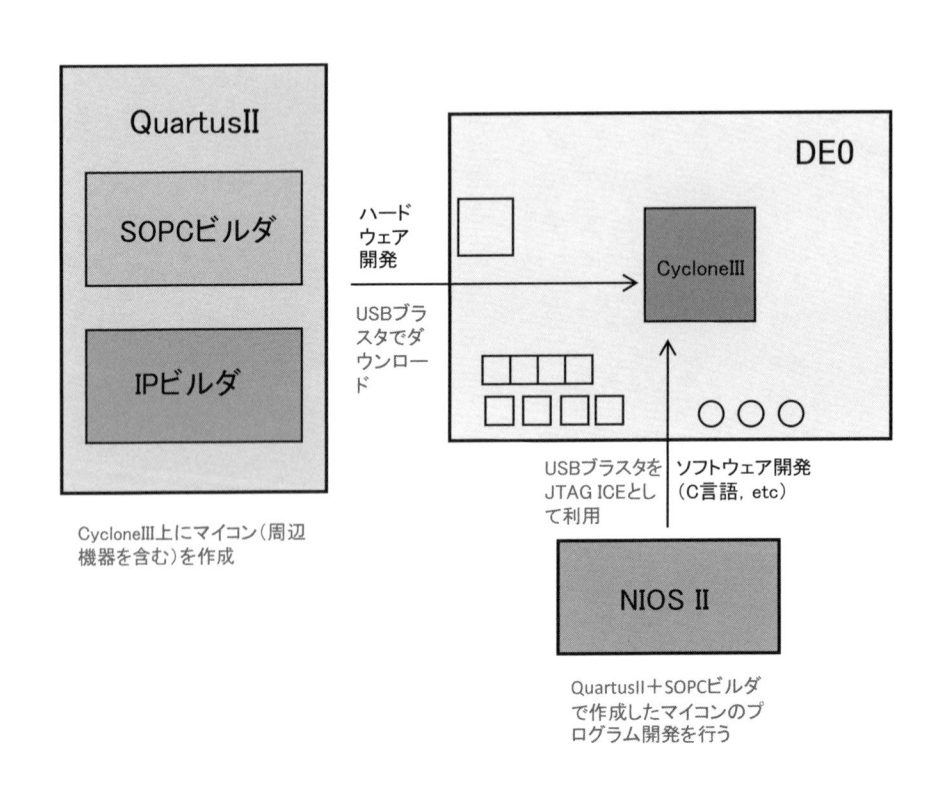

図 29-1　NIOS II を使ったシステムの開発

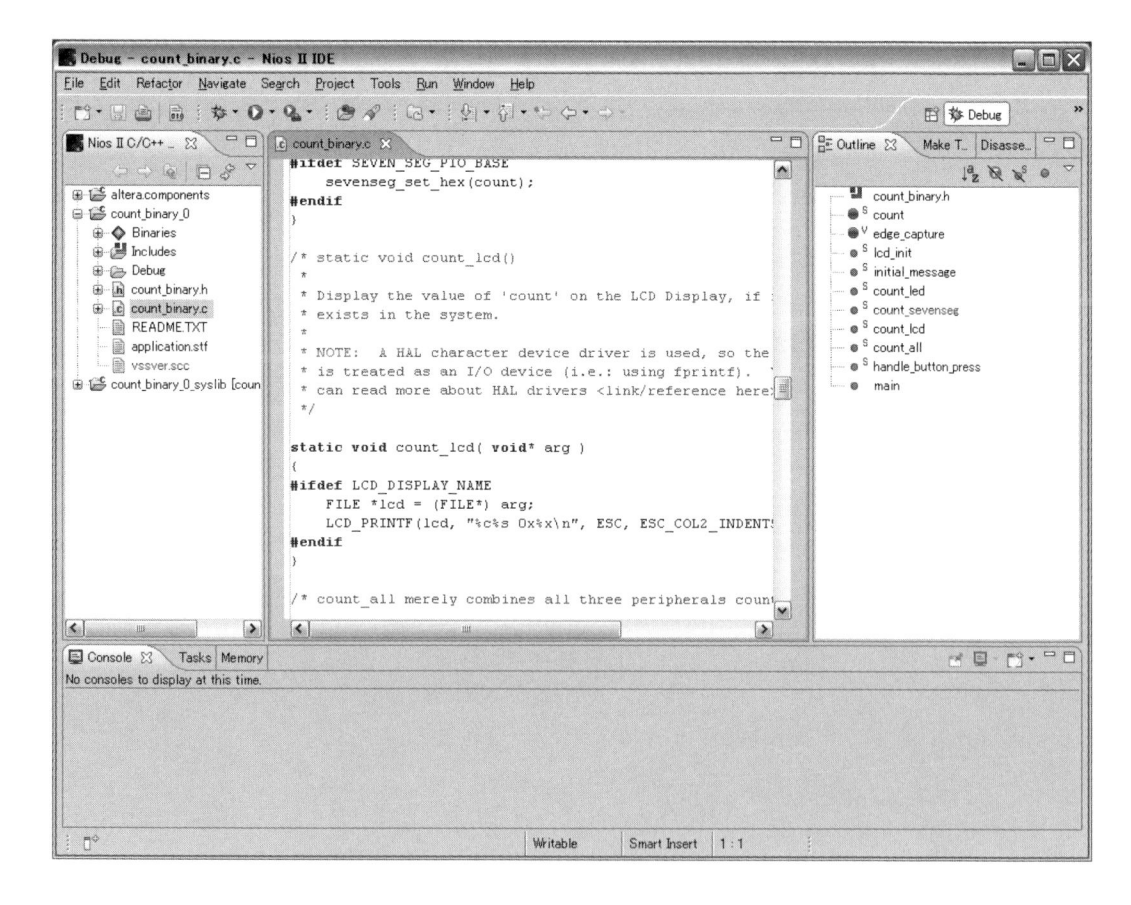

図 29-2 NIOS II EDS の画面

　もちろん，SOPC ビルダに含まれていない周辺デバイスを Verilog HDL を使って作成することも容易にできます．例えば，7 セグメント LED をダイナミック点灯させるための回路を外部回路で作ってプログラムの負担を軽くするような細工も，FPGA なら簡単にできるわけです．

　Quartus II を使った開発はハードウェアの構成までで，C 言語などの開発言語を使った開発はNIOS II EDS (Embedded Design Suite) を使って開発することになります．NIOS II EDS は図 29-2のような Eclipse ベースの開発環境で，最新の統合開発環境となっています．

　NIOS II EDS は，Eclipse の採用により，プログラム・コードの作成からデバッグまですべて Eclipse上で行うことができます．特に NIOS II の場合は，FPGA の書き込みを行う USB ブラスタ（DE0の場合は，基板上に搭載されている）を JTAG (Joint Test Action Group) ICE (In-Circuit Emulator)として使うことができるので，プログラムのダウンロードや実行だけではなく，デバッグ・モードで実行してブレークポイントの設定や変数の値の参照，変更，ステップ実行どを行うことができます．

　また，NIOS II EDS には，いくつかのサンプル・コードが付属しています．ここでは，この中から，count binary というサンプルを元に，NIOS II の使い方を学習することにします．

第30章　NIOS II ハードウェアの作成

図 30-1 は，NIOS II EDS に付属しているサンプル・コード count binary のハードウェアのブロック図です．

図 30-1 のように，このサンプルでは，2 桁の 7 セグメント LED と 8 個の LED を使用します．NIOS II コアのモジュールは SOPC ビルダで作成し，その他の部分は Quartus II で作成します．

図 30-2 は，今回作成する NIOS II のコアのブロック図です．

NIOS II のハードウェアの作成は，次の手順で行います．

1. プロジェクト・ウィザードを使って，プロジェクトを作成する
2. SOPC ビルダを起動して，NIOS II コアと周辺デバイスを構成する
3. SOPC ビルダで周辺デバイスのアドレスや IRQ を設定する
4. SOPC ビルダでコンパイルを行い，NIOS II のモジュールを作成する
5. プロジェクトのトップ・モジュールに，作成した NIOS II モジュールを接続する
6. Quartus II でビルドを行い，FPGA にダウンロードする

以下に，この手順を詳しく説明します．

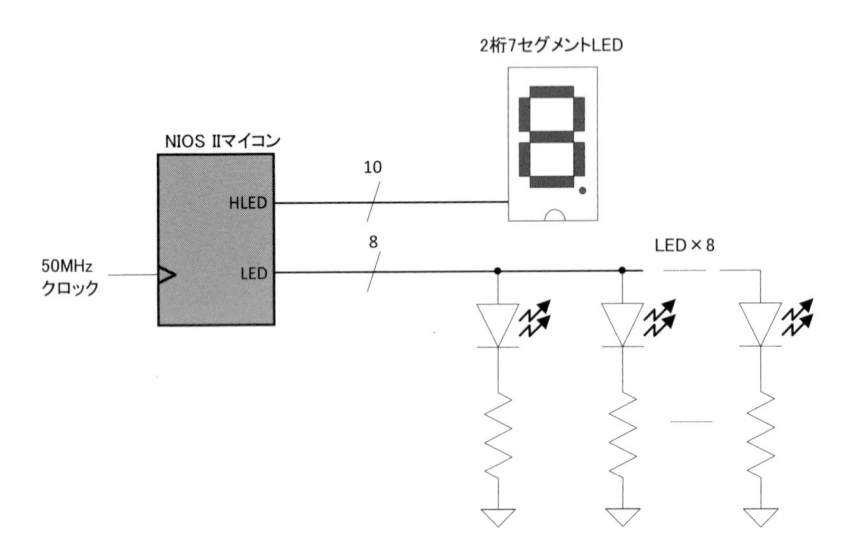

図 30-1　NIOS II サンプルのブロック図

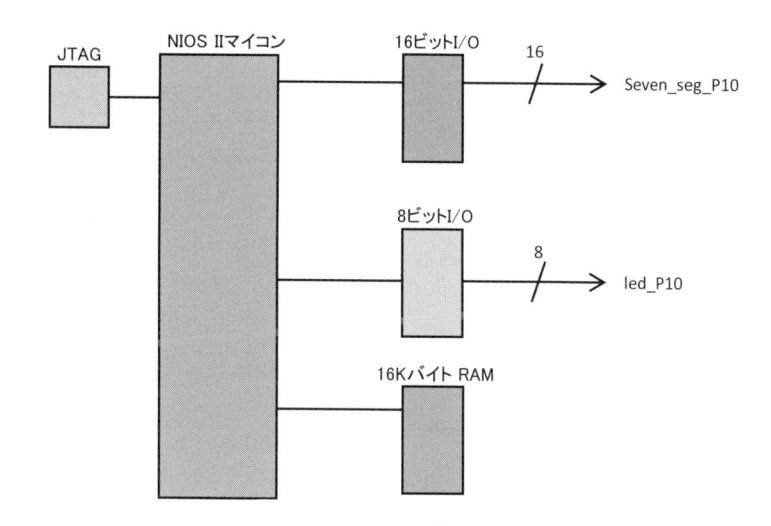

図 30-2　NIOS II コアのブロック図

プロジェクトの作成

　Quartus II のプロジェクト・ウィザードを使って，新しいプロジェクト"count_binary"を作成します．作成手順は通常の Verilog HDL のプログラムと同じです．

　トップ・モジュールとして count_binary.v を作成します．このトップ・モジュールはリスト 30-1 のように PinAssign のプロジェクトと同じにして，PinAssign のピンの配置情報がそのまま使えるようにしておきます．

　トップ・モジュールができたら，念のためファイルを保存しておきます．

SOPC ビルダの起動

　次に，SOPC ビルダを起動します．

　SOPC ビルダは，Quartus II の「Tools」メニューの「SOPC Builder」を選択して起動します．SOPC ビルダを起動すると，最初に図 30-3 のようにシステム名とターゲットの HDL を設定するダイアログが表示されます．

　最初のシステム名には，"count_binary_core"と入力し，「Target HDL」は「Verilog」を選択します．このシステム名は，SOPC ビルダで作成するモジュールの名前になります．システム名と HDL を選択し［OK］ボタンを押すと図 30-4 のような SOPC ビルダが起動します．

　SOPC ビルダでのコアの作成は，画面左側の「Component library」のツリーから，コアに組み込む周辺デバイスなどのモジュールを追加していきます．今回追加するモジュールは，次のものになります．

- RAM
- NIOS II Processor
- JTAGインターフェース
- GPIO（LED用）
- GPIO（7セグメントLED用）

これらのデバイスの作成手順は，次のようになります．

リスト30-1 count_binaryのトップ・モジュール

```verilog
module count_binary(clk,btn,sw,led,hled0,hled1,hled2,hled3);
    input clk;
    input [2:0] btn;
    input [9:0] sw;
    output [9:0] led;
    output [7:0] hled0;
    output [7:0] hled1;
    output [7:0] hled2;
    output [7:0] hled3;

    assign led=10'h0;
    assign hled0=8'hff;
    assign hled1=8'hff;
    assign hled2=8'hff;
    assign hled3=8'hff;
endmodule
```

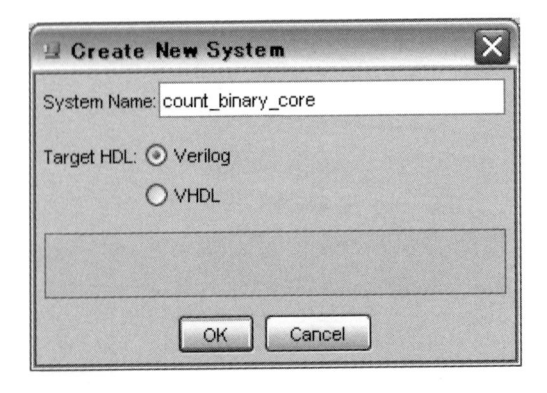

図30-3 Create New Systemダイアログ

第30章 NIOS II ハードウェアの作成

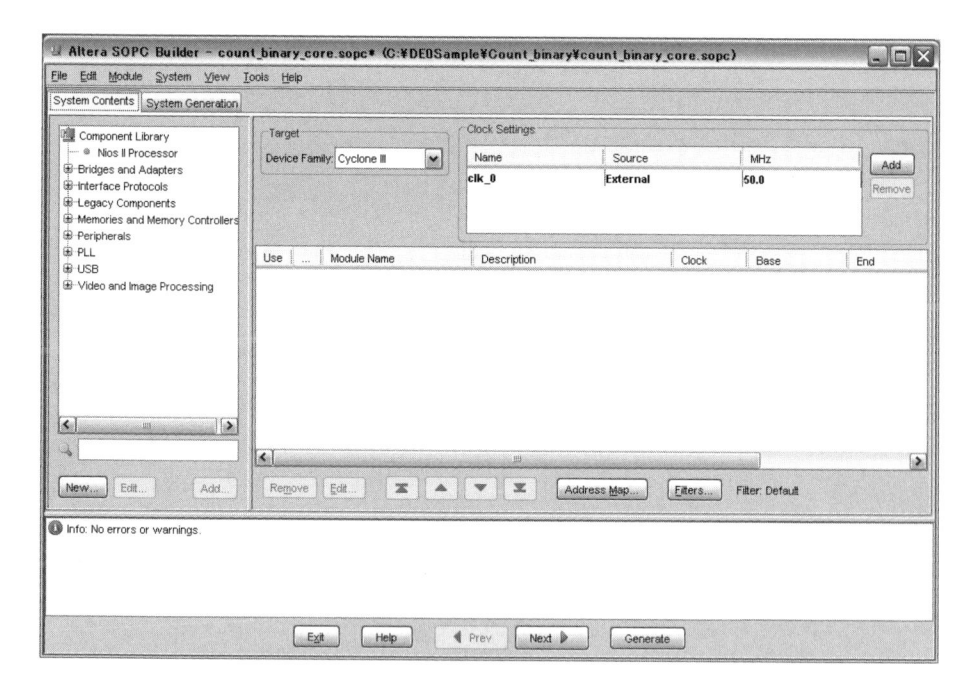

図 30-4 SOPC ビルダ起動画面

RAM モジュールの追加

「Component Library」ペインのツリーから「Memories and Memory Controllers」のツリーを開き，さらに「On-Chip」－「On-Chip Memory(RAM or ROM)」を選択して，［Add…］ボタンを押すと図 30-5 のようなダイアログが表示されます．

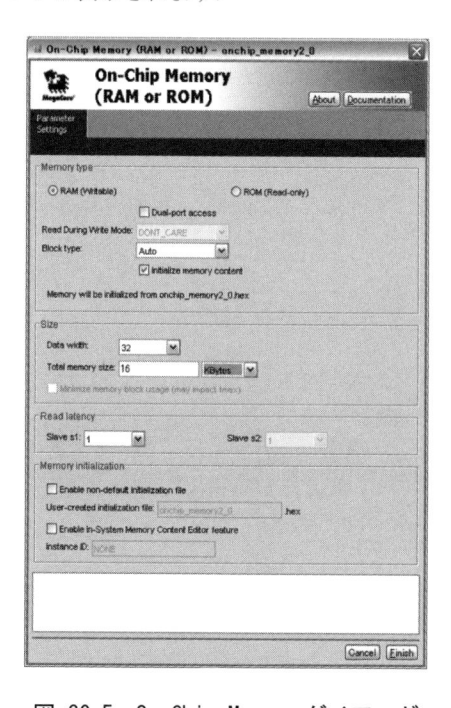

図 30-5 On-Chip Memory ダイアログ

「Total Memory size」を「16KBytes」に設定して［Finish］ボタンを押します．

デフォルトでは，サイズは「Bytes」になっているので，このドロップダウン・リストをクリックして，「KByts」にすることを忘れないようにしてください．その他のパラメータの変更はありませんが，うっかり変更してしまった場合は，図 30-5 を参考にパラメータを設定してください．

［Finish］ボタンを押すと，図 30-6 のように画面中央のリストに「On-Chip_memory2_0」という項目が追加されます．

このとき，画面下側にエラーが表示されますが，これはまだ RAM の接続先を登録していないために出ているだけで，次の NIOS II プロセッサを登録するとこの表示は消えます．

NIOS II Processor

次に NIOS II プロセッサの追加を行います．

「Component Library」ペインのツリーから「Processors」－「NIOS II Processor」を選択し，［Add…］ボタンを押すと，図 30-7 のような画面が表示されます．

ここでは，まずプロセッサ・タイプの選択を行います．NIOS II には，図 30-7 のようにキャッシュの有無などの違いにより，3 種類のコアを選択することができます．高機能なコアを選択すると，当然，より多くのロジック・エレメントを消費することになります．ここでは最もシンプルな，NIOS II/e を選択します．

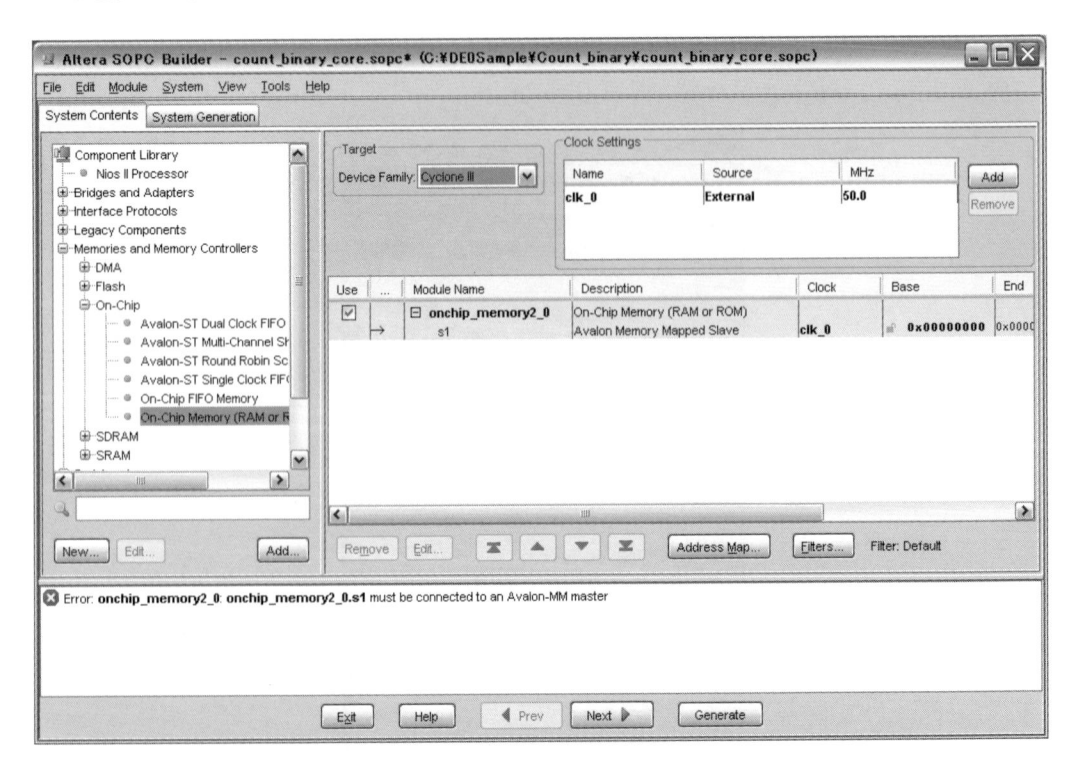

図 30-6　RAM モジュール追加後の画面

第30章 NIOS II ハードウェアの作成

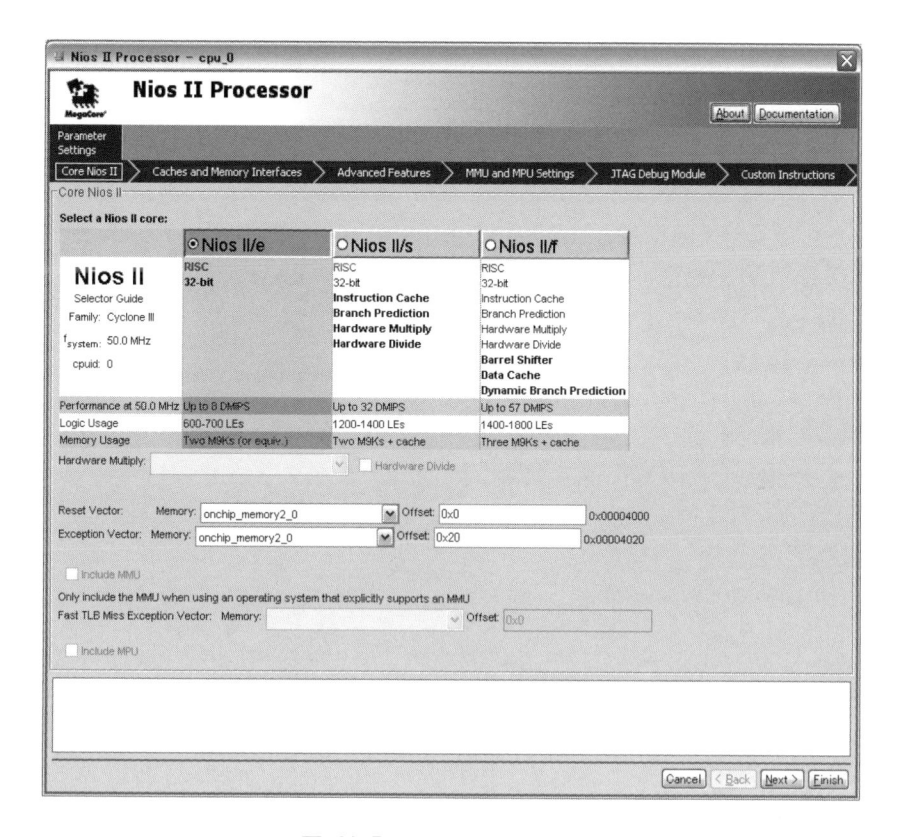

図 30-7 NIOS II Processor

　また，リセット・ベクタ（Reset Vector）と割り込みベクタ（Exception Vecotr）は，メモリとオフセットを設定する必要があります．ここでは，図 30-7 のように，メモリに先ほど設定した「onchip_memory2_0」を選択します．オフセット・アドレスは，デフォルトのままにしておきます．これで，リセットと割り込みのベクタに，先ほど作成したメモリが使用されるようになります．

　設定を行ったら，[Finish]ボタンを押すと，図 30-8 のようにメモリ作成時に表示されていたエラーが解消されます．

JTAG インターフェースの追加

　次に，JTAG インターフェースを追加します．JTAG インターフェースは，NIOS II ハードウェアにプログラムをダウンロードしたり，デバックしたりする場合に使用します．JTAG インターフェース・モジュールを追加することで，USB ブラスタ回路を JTAG インターフェースとして使用できるようになります．

　JTAG インターフェースの追加は，「Component Library」ペインの「Interface Protocols」－「Serial」－「JTAG UART」を選択して，[Add…]ボタンを押します．図 30-9 は，JTAG UART のダイアログです．JTAG UART の設定は，デフォルトのままでよいので，そのまま[Finish]ボタンを押してください．

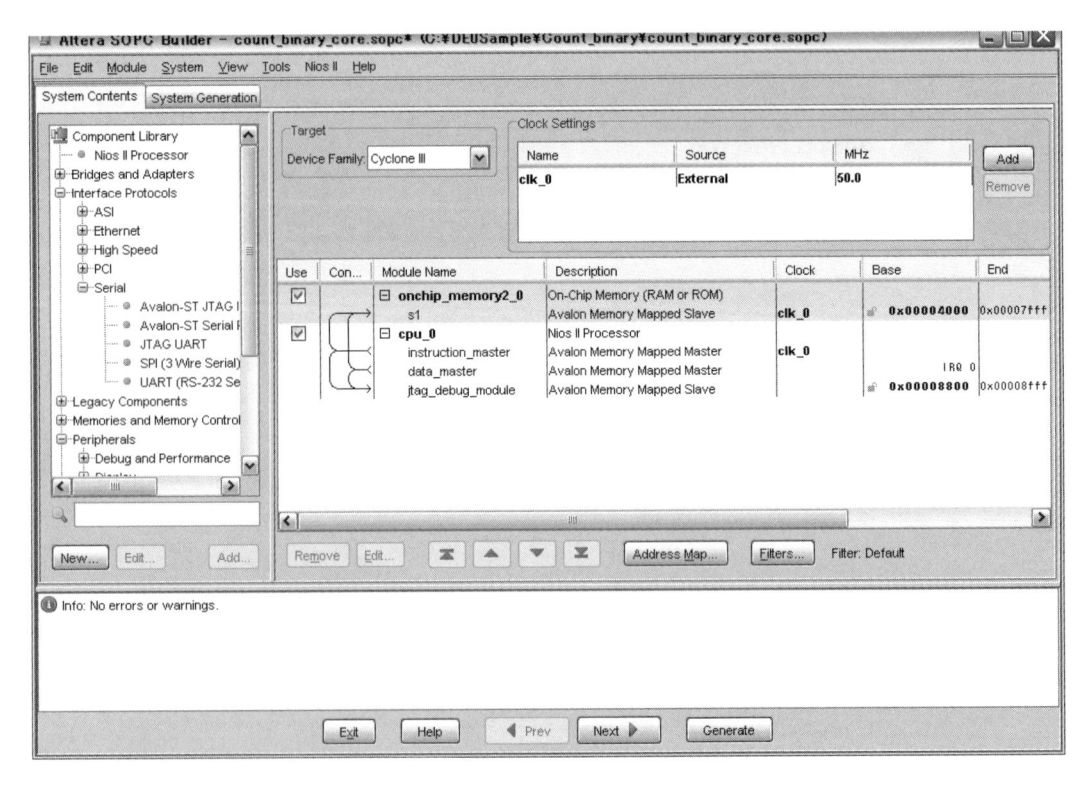

図 30-8　NIOS II プロセッサ追加後の画面

図 30-9　JTAG UART のダイアログ

LED用ポートの追加

次に8ビットのLEDと2桁の7セグメントLEDポートの追加を行います.

LEDと7セグメントLEDは，どちらもGPIOの出力ポートを使用します．LEDは8ビット，7セグメントLEDは16ビットの出力ポートになります．

「Component Library」ペインの「Peripherals」-「Microcontroller Peripherals」-「PIO(Parallel I/O)」を選択して［Add…］ボタンを押すと，図 30-10 のようなダイアログが表示されます．

最初にLEDポートを追加します．PIOダイアログでは，PIOのビット幅や入出力方向などを選択できますが，LEDポートは8ビットの出力ポートなので，デフォルトのまま［Finish］ボタンを押してください．

すると，SOPC ビルダのリスト画面に"pio_o"が追加されます．この"pio_0"をクリックして選択状態にし，「Module」メニューから「Rename」を選択する（もしくは，"pio_0"を右クリックして「Rename」を選択する）と"pio_0"の文字が編集可能になるので，この文字を"led_pio"に変更します．

この変更は,後で使用するC言語のサンプル・ソースから参照するために必要なので,必ず"led_pio"に変更してください．ほかの文字列に変更すると，C言語から参照できずに正しく動作しなくなるので注意してください．

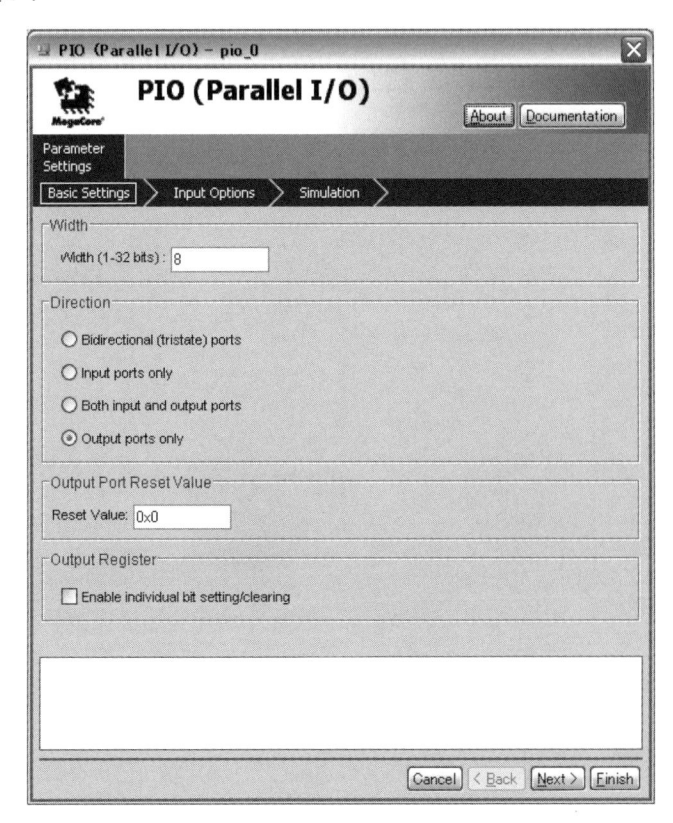

図 30-10 PIO (Parallel I/O) ダイアログ

LED のポートを追加したら，次に 7 セグメント LED のポートを追加します．追加方法は，LED のポートとまったく同じですが，Width の項目を，8 ビットから 16 ビットに変更しておく必要があります．Width を 16 に変更したら［Finsh］ボタンを押します．最後に，LED のときと同様に，"pio_0" の文字を "seven_seg_pio" に変更します．

ベース・アドレスの変更と NIOS II の生成

モジュールをすべて追加したら，最後にベース・アドレスの設定を行います．ベース・アドレスは，手動で設定することもできますが，ここでは自動設定を行います．

SOPC ビルダの「System」メニューから「Auto-Assign Base Address」を実行すると，図 30-11 のようにベース・アドレスが自動で設定されます．

以上で，NIOS II コアの生成の準備はすべて整いましたので，最後に SOPC ビルダの画面下中央にある［Generate］ボタンを押して，NIOS II コアを生成します．

［Genarate］ボタンを押すと，"count_binary_core.sopc" を保存するかどうかの確認画面が出るので，［Save］ボタンを押して保存を行います．その後，画面が図 30-12 のようなコンパイル状況の表示画面に変わります．

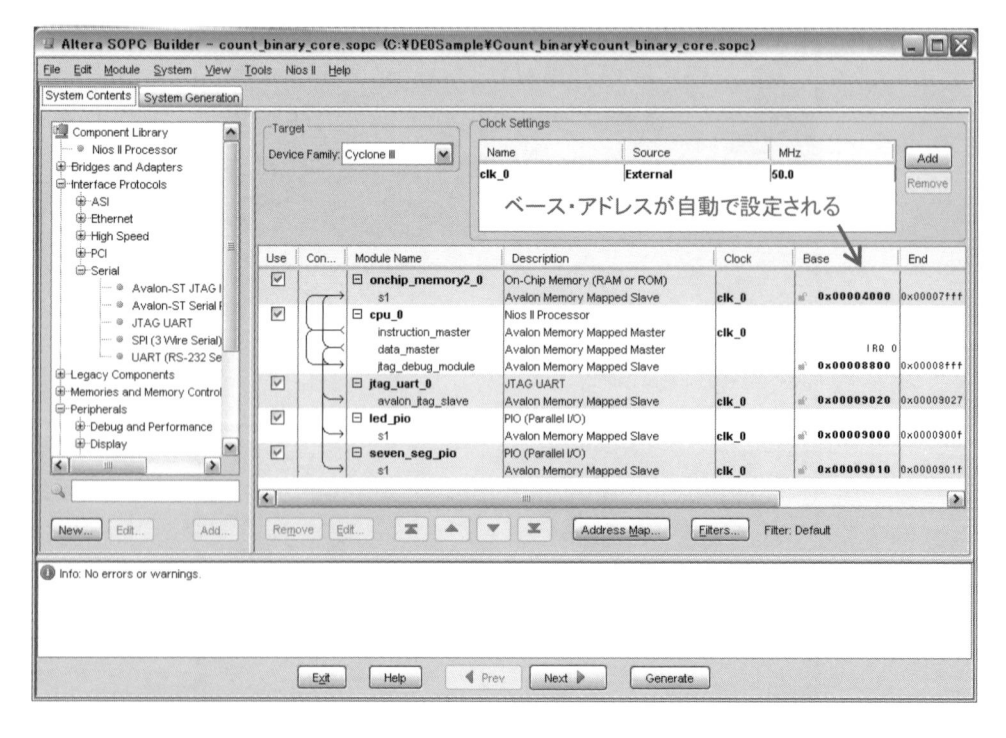

図 30-11　ベース・アドレスの自動設定後の SOPC ビルダ画面

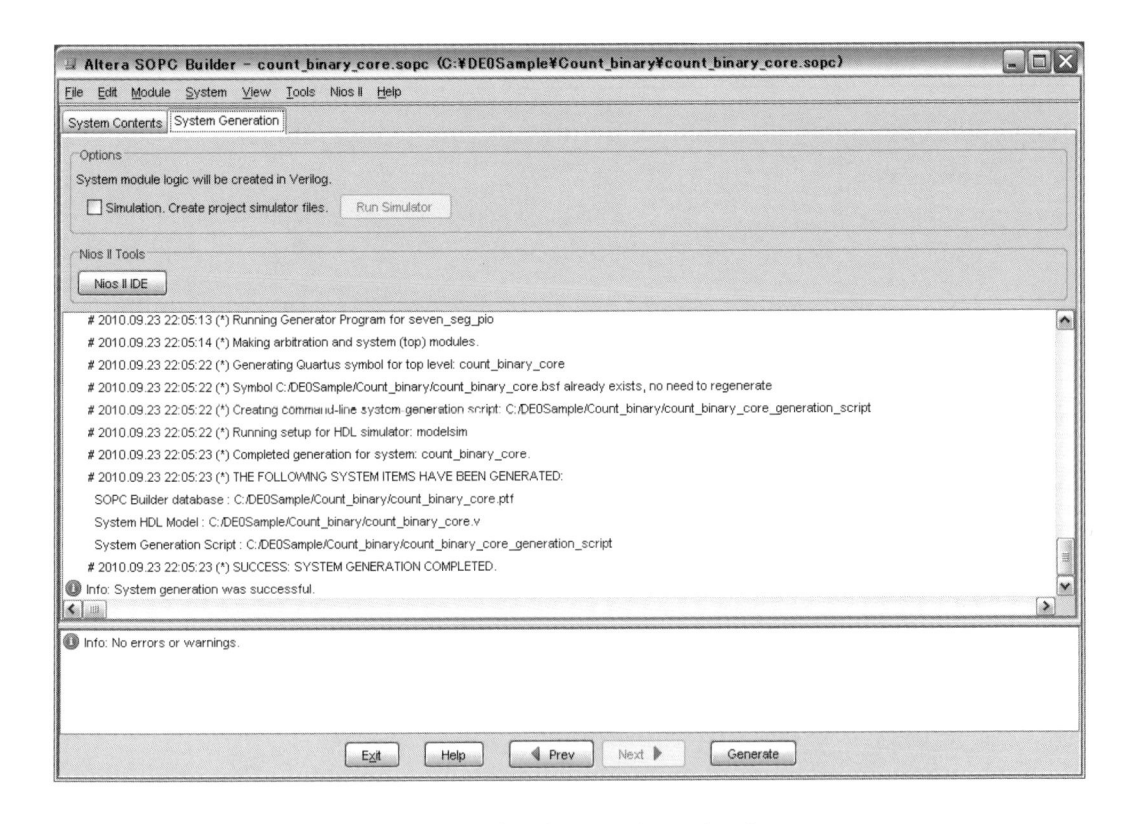

図 30-12 SOPC ビルダのコンパイル状況表示画面

モジュールのコンパイルには数分程度時間がかかります．コンパイルが終わると，最後に"System generation was successful"というメッセージが表示されるので，［Exit］ボタンを押して，SOPC ビルダを終了します．

count_binary_core モジュールの追加

ここまでの作業で NIOS II コアの作成は終了です．しかし，この状態は NIOS II コアができているだけの状態でトップ・モジュールには何も接続されていません．

そこで，Quartus II で count_binary.v を開き，リスト 30-2 のようにトップ・モジュールで count_binary_core モジュールを接続します．

今回作成した NIOS II のコアでは，LED が 8 ビット，7 セグメント LED が 16 ビットです．DE0 には LED が 10 ビット，7 セグメント LED は 4 桁で 32 ビットあるので，リスト 30-2 のように，未使用のビットは点灯しないようにしておきます．

また，NIOS II コアのビット並びは DE0 で今まで使用していたピン・アサインのビット並びと異なるので，このビット並びの入れ替えもここで行っています．

リスト 30-2　count_binary.v

```verilog
module count_binary(clk,btn,sw,led,hled0,hled1,hled2,hled3);
    input clk;
    input [2:0] btn;
    input [9:0] sw;
    output [9:0] led;
    output [7:0] hled0;
    output [7:0] hled1;
    output [7:0] hled2;
    output [7:0] hled3;
    wire [3:0] btn_pio;
    wire [7:0] led_pio;
    wire [15:0] seven_seg;

    assign btn_pio={1'b1,btn};
    count_binary_core cbc(clk,btn[0],led_pio,seven_seg);
    assign led={2'b0,led_pio[0],led_pio[1],led_pio[2],
      led_pio[3],led_pio[4],led_pio[5],led_pio[6],led_pio[7]};
    assign hled0={seven_seg[7],seven_seg[0],seven_seg[1],
      seven_seg[2],seven_seg[3],seven_seg[4],seven_seg[5],
      seven_seg[6]};
    assign hled1={seven_seg[15],seven_seg[8],seven_seg[9],
      seven_seg[10],seven_seg[11],seven_seg[12],seven_seg[13],
      seven_seg[14]};
    assign hled2=8'hff;
    assign hled3=8'hff;
endmodule
```

ピン・アサインの設定とダウンロード

最後にピン・アサインを設定し，コンパイルを行って，FPGAにダウンロードします．

まず，「Processing」メニューから［Start］－［Start Analysis & Elaboration］を実行します．次に，「Assignment」メニューから「Import Assignments…」を実行して，PinAssignプロジェクトのPinAssign.psfファイルをインポートします．

第30章 NIOS II ハードウェアの作成

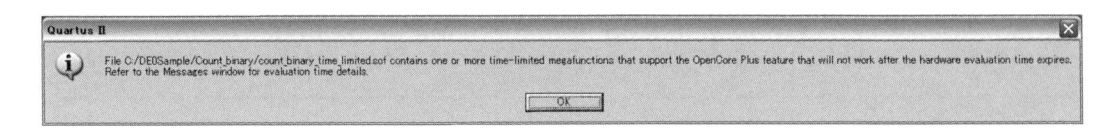

図 30-13 OpenCore Plus の警告画面

　これで，ピンのアサインは終了です．「Processing」メニューの「Start Compilation」を実行してすべてのコンパイルを実行します．

　コンパイルが完了したら，プログラマを使用してダウンロードを行います．

　SOPC ビルダを使用して NIOS II モジュールを使ったプログラムを書き込む際，プログラマの起動時に図 30-13 のようなメッセージが表示される場合があります．

　これは，NIOS II コアで使用した，OpenCore Plus のライセンスに関する単なる警告なので，そのまま［OK］ボタンを押してプログラマを起動します．

　次に，プログラマの［Start］ボタンを押して書き込みを行いますが，この場合も図 30-14 のようなダイアログが表示される場合があります．

　これは，OpenCore Plus のステータスのダイアログで，これが出ている場合はこのダイアログを閉じるとコアが使えなくなるので，書き込みが完了してもプログラムの実行をしている間はこのダイアログを閉じないようにしておく必要があります．このダイアログを閉じてしまうと，NIOS II EDS が使用できなくなるので注意してください．

　以上で，NIOS II のハードウェアの作成は完了です．LED や7セグメント LED の表示は，NIOS II EDS を使って C 言語で記述することになります．

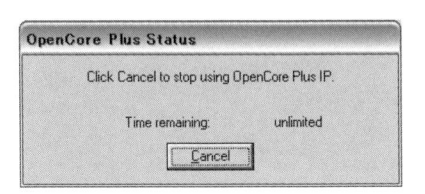

図 30-14 OpenCore Plus Status のダイアログ

第31章　NIOS II ソフトウェアの作成

　ハードウェアの作成が終わりましたので，続いてソフトウェアの作成に移ります．

　ソフトウェアの作成は，先に説明した通り，NIOS II EDS を使って開発を行います．NIOS II EDS の使い方はバージョンによって異なります．ここでは，DE0 付属のバージョン 9.0 を元に使い方を説明します．

　まず，Windows のスタート・メニューから，「Altera」メニューを開き，［NIOS II EDS 9.0］－［NIOS II 9.0 IDE］を実行します．

　NIOS II EDS が起動したら，「File」メニューから［New］－［NIOS II C/C++ Application］を実行します．

　図 31-1 のようなダイアログが表示されるので，左下の「Select Project Template」から，「Count Binary」を選択します．

　Name 欄にはプロジェクト名を入れますが，「Count Binary」を選択すると自動で「count_binary_0」という名前が入るのでそのままにしておきます．

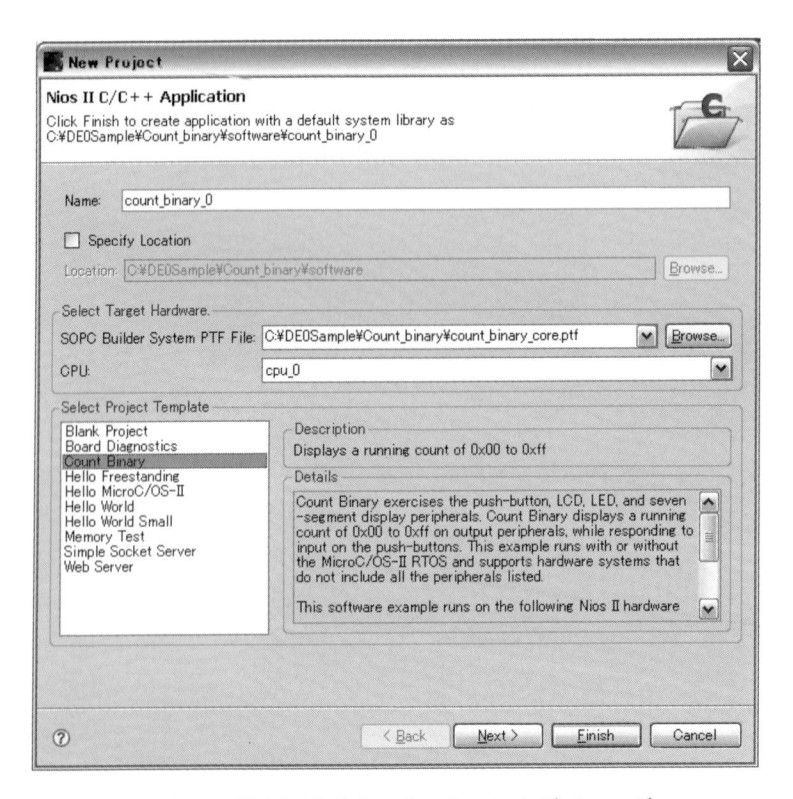

図 31-1　NIOS II EDS の New Project ダイアログ

第 31 章 NIOS II ソフトウェアの作成

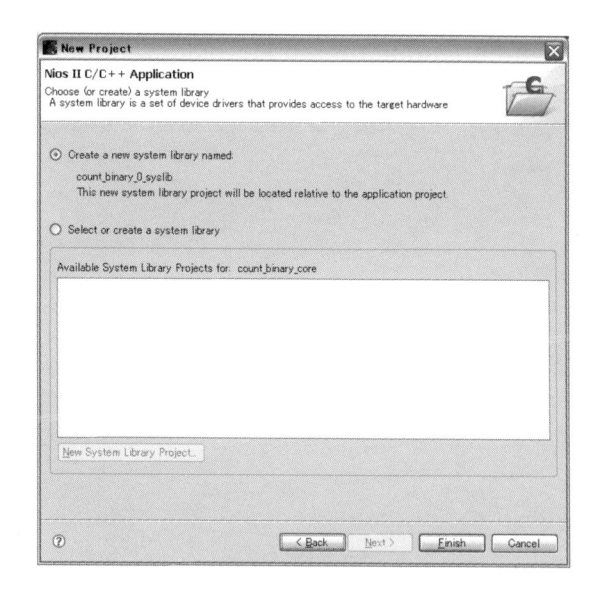

図 31-2 ライブラリの選択ダイアログ

「Select Target Hardware」では，Quartus II で作成したハードウェアの定義ファイルを指定します．SOPC ビルダで NIOS II のコアを作成すると，プロジェクトのフォルダ内に自動で PTF ファイルが作成されているので，［Browse］ボタンを押してハードウェアを作成したフォルダの"count_binary_core.ptf"ファイルを開きます．

CPU の項目は，自動で「cpu_0」が選択されますが，これは「count_binary_core」で作成した CPU の名前になっています．

［Next］ボタンを押すと，図 31-2 のようなライブラリの選択画面が表示されます．

ライブラリはまだ作成していないため，ここでは「Create a new system library named:」を選択して「count_binary_0_sys.lib」のプロジェクトも同時に作成するようにします．

最後に［Finish］ボタンを押すと，プロジェクトが作成されます．

ライブラリ・オプションの変更

プロジェクトを作成すると，図 31-3 のように NIOS II IDE のプロジェクト・ペインには，"count_binary_0" と "count_binary_0_sys.lib" という二つのプロジェクトが表示されます．"count_binary_0" がサンプルのプロジェクトで，"count_binary_0_sys.lib" が，これで使用する共通ライブラリとなります．共通ライブラリは，同じハードウェアで別のプロジェクトを作るときに共通で使用することができます．

今回作成したハードウェアでは，メモリとして SRAM を FPGA 内に 16K バイト作成していますが，ここで作成されたライブラリはデフォルトのままだとこのメモリに収まりません．そこで，ライブラリのオプションを変更してライブラリ・サイズを縮小する必要があります．

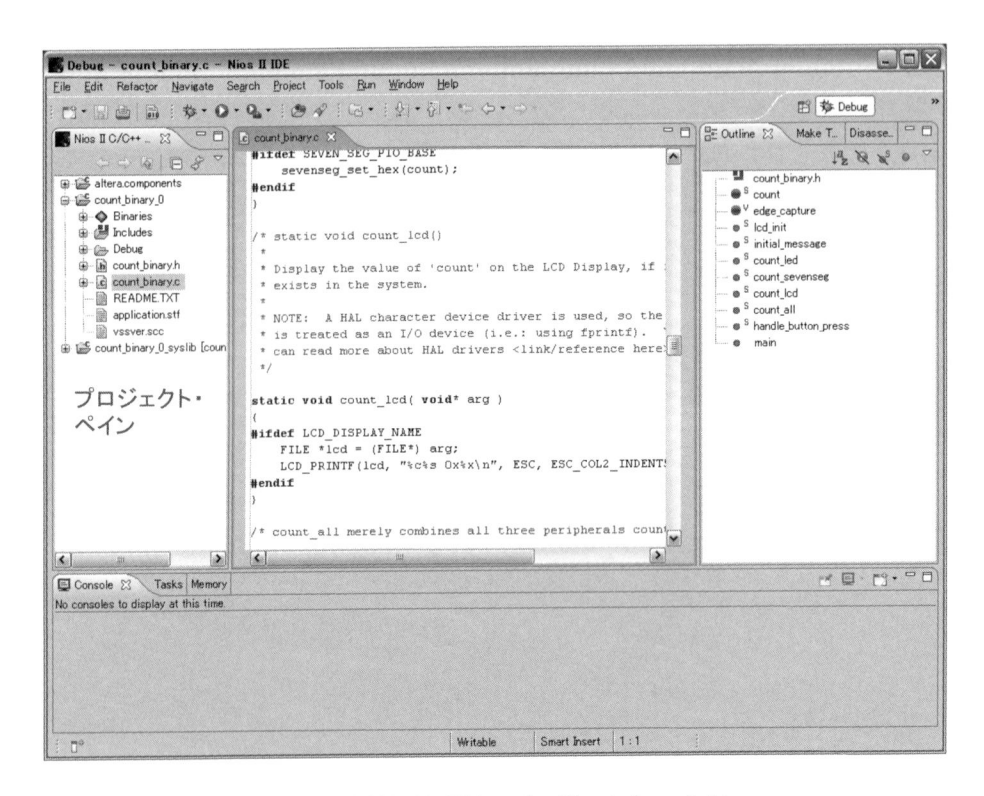

図 31-3　NIOS II IDE のプロジェクト・ペイン

　プロジェクトのペインで，"count_binary_0_sys.lib" を選択して，マウスで右クリックするとポップアップ・メニューが表示されるので最下段の「Property」を選択します．

　「Property」を選択すると，ライブラリのプロパティ・ダイアログが表示されるので，左の項目ツリーから最下段の「System Library」を選択すると**図 31-4** のような画面が表示されます．

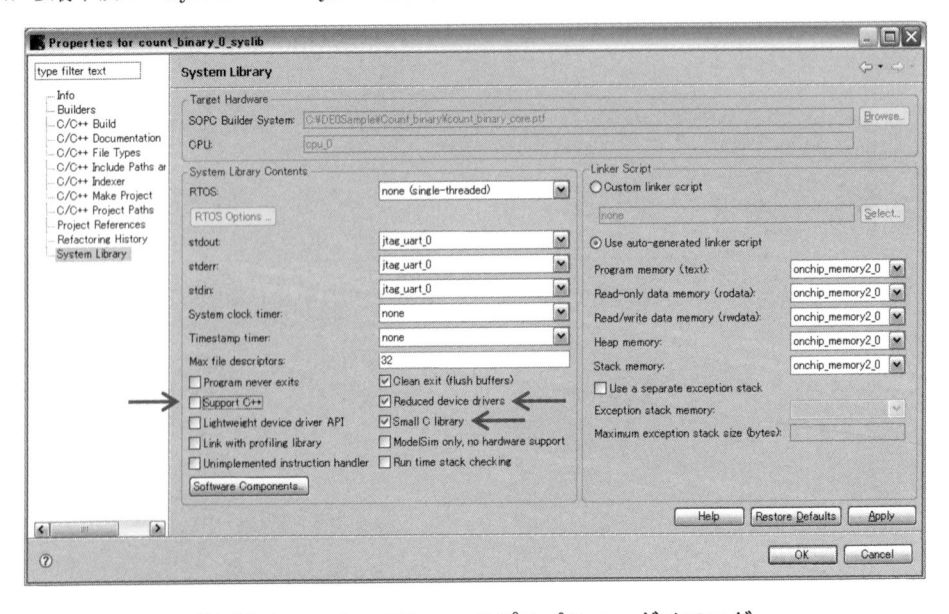

図 31-4　system Library のプロパティ・ダイアログ

「System Library Contents」の下側のチェック項目で「Support C++」のチェックを外し，「Reduced device drivers」と「Small C library」のチェックを入れて［OK］ボタンを押します．

プログラムのコンパイルと実行

今回使用したテンプレートの"Count Binary"は，LED のデバイスとして"led_pio"を使用し，7セグメント LED のデバイスとして"seven_seg_pio"を使用しています．ハードウェアの作成時に，LED と 7 セグメント LED の名前にこの名称を使用したため，このプロジェクトはこのままコンパイルして実行することができます．

プログラムのコンパイルは，プロジェクト・ペインの"count_binary_0"を右クリックして，ポップアップ・メニューから「Build Project」を実行します．この時点では，まだライブラリのコンパイルは行っていませんが，自動でライブラリもコンパイルされます．

正常にコンパイルされると，画面下のコンソール・ウィンドウに"Build completed in x.xxx seconds"という表示が出ます．

最後にこのプログラムを実行してみましょう．プログラムの実行は，プロジェクト・ペインの「count_binary_0」を右クリックして，ポップアップ・メニューから，［Run As…］−［NIOS II Hardware］を実行します．

プログラムを実行する際，ハードウェアの作成で説明したように，ハードウェアのプログラムで表示される「OpenCore Plus Status」のダイアログを閉じてしまうとプログラムの実行ができないので注意してください．

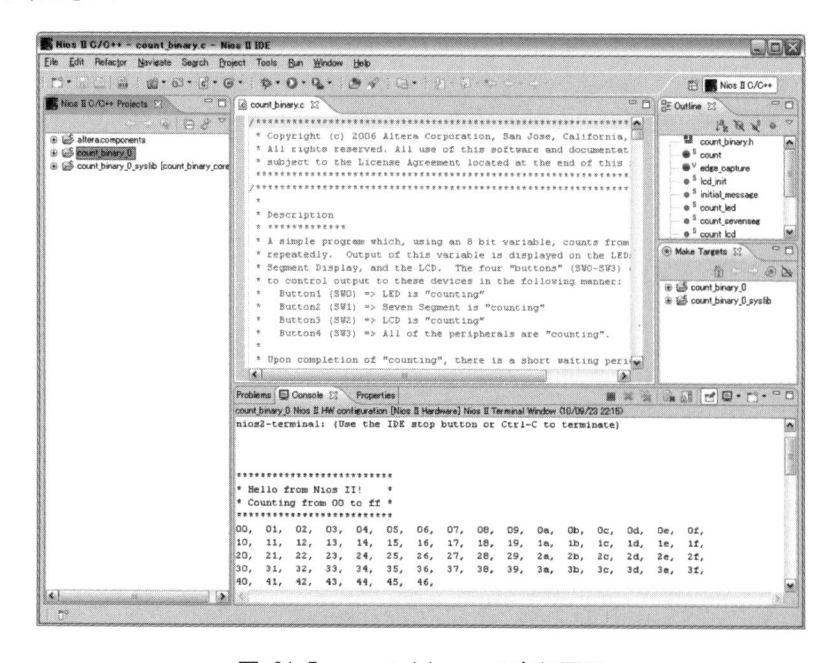

図 31-5　count_binary の実行画面

正常に実行されると，コンパイルしたプログラムをダウンロードして実行が行われ，図 31-5 のように Console ウィンドウに 00,01,02・・・ff までの数字が繰り返し表示され，DE0 の LED と 7 セグメント LED が，これに合わせてインクリメントされていくようすを見ることができます．

プログラムを停止する場合は［Terminater］ボタン■を選択します．また，「Run As…」の代わりに「Debug As…」を実行するとデバッグを行うことができます．デバッグでは，一般の JTAG ICE を使ったデバッグと同様に，ブレークポイントを設けたりステップ実行や変数の参照/変更を行うことができます．デバッガの詳しい使い方は，NIOS II のマニュアルやヘルプを参照してください．

NIOS II EDS を使用する場合の補足事項

NIOS II EDS は，バージョンにより使用方法が若干異なります．基本的な使い方は同じですが，表示画面の違いなどにより戸惑う場合があると思われるので，ここで注意点をまとめておきます．

ワークスペースについて

NIOS II のバージョンによっては，起動時にワークスペースのフォルダを聞いてくる場合があります．この場合，ワークスペースのフォルダは，NIOS II のコアのフォルダ（count_binary フォルダ）を指定してください．また，起動時にワークスペースのフォルダを聞いてこない場合も，「File」メニューの「Switch Workspace…」を選択して，ワークスペースを変更しておいてください．

Perspective の選択

NIOS II の「Window」メニューに，「Open Perspective」があります．［Open Perspective］−［Other］を選択し，表示されたダイアログから「NIOS II」あるいは，「NIOS II C/C++」（NIOS II のバージョンにより，表記が異なる）を選択してください．通常，デフォルトで NIOS II の設定になっていますが，操作ミスなどによりこれが変更されてしまうと，正しく動作しなくなります．

プロジェクトの作成

NIOS II EDS 9.0 では，プロジェクトの作成は，「File」メニューの［New］−［Nios II /C++ Application］で作成しますが，バージョンによっては表記が異なる場合があります．

この場合は，［New］−［Nios II Application and BSP from Template］を選択してください．

ライブラリのプロジェクト

上記「プロジェクトの作成」と同様に，バージョンによっては自動生成されるライブラリ名が "count_binary_0_syslib" ではなく "count_binary_0_bsp" になります．この場合，_bsp が末尾に付くものがライブラリになります．

プロパティの変更は右クリックで「Property」を選択し，さらに表示されたダイアログから，「Nios II BSP Properties」を選択して，プロパティの変更を行ってください．

シミュレーション編

　ここでは，遅延に対する考え方や確認方法，テスト・ベンチを使ったシミュレーションの方法について簡単に解説します．

　これまでの章では，混乱を避けるために，遅延やシミュレーションについてはあまり触れませんでした．遅延の考慮は非常に重要ですが，これまでの章で示したサンプルでは遅延が問題になるような回路はないので，Verilog HDL の記述方法の習得に重点を置き，遅延についてはあまり触れていません．また，シミュレーションについても同様の理由で，これまでの章では扱っていませんでした．

　そこでここでは，Verilog HDL 入門の最終段階として，遅延の検証方法とシミュレーションについて説明します．

第32章　信号遅延の問題とは？

遅延が生じる理由

　第6章で若干説明しましたが，ディジタル回路では，回路を通過するごとに信号に遅延が発生します．信号の遅延は，例えば次のように発生します．

　図32-1は，簡単なNOT回路の等価回路です．NOT回路は，簡略化すると，図32-1のようにトランジスタと抵抗で構成されているとみなすことができます．トランジスタのベース－エミッタ間には，構造上，寄生容量があり，この等価回路のようにコンデンサが接続されているのと同じになります．

　トランジスタは入力電圧があるしきい値を超えるとONするので，これにより出力はHighからLowに変わりますが，仮に入力電圧が瞬間的に0Vから5Vに変化したとしても，図32-2のようにベースの電位はベースに接続されているコンデンサによりすぐには上昇しません．

　このため，NOT回路では入力がHighになっても出力がLowになるには，若干の遅れ（コンデンサの充電によりベース電位がしきい値まで上がるまでの時間）が生じることになります．この遅れの時間は，入力抵抗の大きさや寄生容量によって変わるので，デバイスによって遅れの大きいものや小さいものがあります．

　ここではNOT回路を使って説明しましたが，AND回路やOR回路でもまったく同様です．

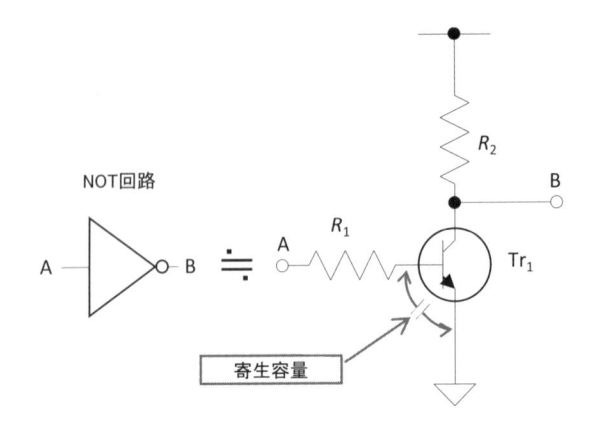

図32-1　NOT回路の等価回路

第32章 信号遅延の問題とは？

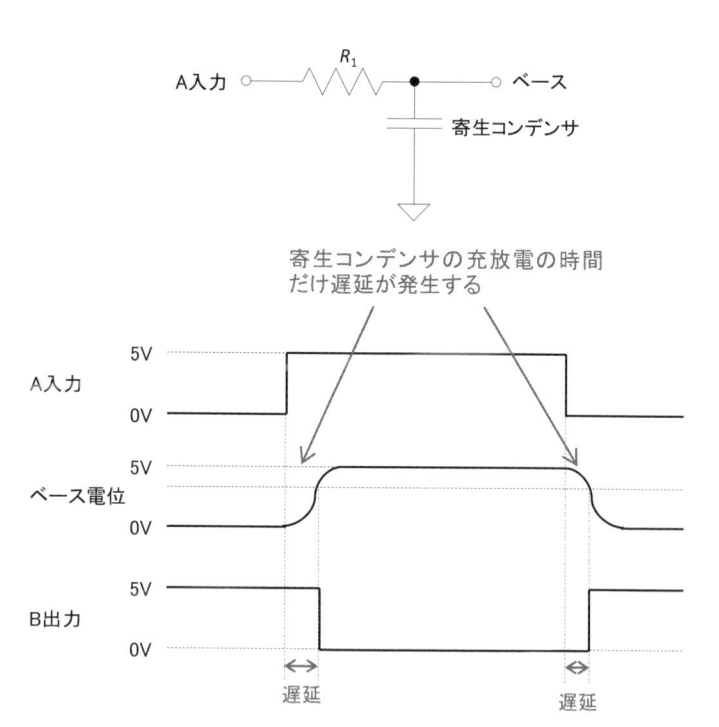

図 32-2　トランジスタのベース電位の変化

　信号線の遅れの時間は，デバイスによって異なりますが，だいたい数 ns〜数十 ns 程度です．数十 ns というと，非常に短い時間のように思えますが，DE0 では 50MHz のクロックで動作しているので，1クロックの周期はわずか 20ns しかありません．

　データの遅延が 10ns のゲートを2段使うとデータは 20ns 遅れるわけですから，1クロックずれてしまうことになります．

信号遅延が問題になるディジタル回路の例

　図 32-3 は，8ビットのバイナリ同期カウンタを使った 100 進のカウンタのブロック図です．

　この回路では，同期クリア付きのバイナリ・カウンタを使用し，カウンタの値が 99 になったらカウンタをクリアするようにしています．

　カウンタの値の比較には比較回路を使用しています．比較回路の遅延が 20ns 以上あったとすると，この回路を 50MHz で動作させるとカウンタが 99 になってもクリアされず，次の 100 になってからクリアされることになります．このため，カウンタは，0,1,2,…99,100 までのカウントを繰り返し，101 進のカウンタになってしまいます．

　これ以外にも，あるクロックで特定のデータをラッチするような回路では，クロックやデータの遅延があると誤動作が起こる可能性があります．

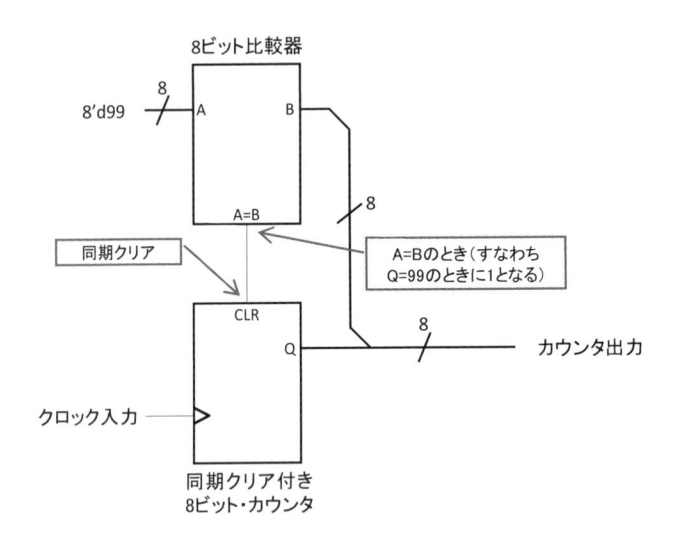

図 32-3 同期カウンタを使った100進のカウンタのブロック図

FPGA における信号遅延の問題

　CPLD の場合は，マクロセルによる AND-OR 回路で論理を構成するため，一つのマクロセルに収まる限りは信号の遅延はマクロセル1段分の遅延となります．

　FPGA の場合は，ロジック・セルを組み合わせてロジック回路を構成しています．ロジック・セルの入力はマクロセルと比較して非常に小さいため，非常にシンプルな回路以外では複数のロジック・セルを使用することになり，

　　　　　　信号の遅延＝ロジック・セルの遅延×使用するロジック・セルの段数

という形で，回路が複雑になるほど遅延が大きな問題となります．

　幸い，最近の FPGA は非常に高速でコンパイラも優秀になっているため，遅延が問題になるケースは少なくなってきています．

　ただし，データの遅延による誤動作は，論理式のコーディング・ミスなどによる誤動作と違い，原因を見つけづらい不具合です．データの遅延時間は温度などによっても変化するので，長時間動作させて部品が温まってくると誤動作が起こるような場合は，原因を見つけるのに非常に苦労することになりそうです．このようなトラブルを事前に防ぐためには，開発段階でデータの遅延についてもよく検証しておく必要があります．

第33章　Quartus IIによる遅延の検証

　Quartus IIには，タイミング検証用のツールがあるので，信号の遅延による誤動作が起こるかどうかを，コンパイル時に検証することができます．

　Quartus II のタイミング検証用のツールには，Classic Timing Analyzer と Time Qest timing Analyzer の二つのツールがあります．ここでは，Classic Timing Analyzer を使ってタイミング検証を行う方法を説明します．

Classic Timing Analyzer によるタイミング検証

　まず，Quartus IIでタイミング検証を行うプロジェクトを開きます．ここでは，ディジタル時計のサンプルを使ってタイミング検証を行います．

　Quartus II でディジタル時計のサンプルを開いたら「Assignments」メニューから「Timing Analysis Settings」を開くと，図 33-1 のようなダイアログが開きます．ダイアログで「Use Classic Timing Analyzer during compilation」を選択して，［OK］ボタンを押します．

　次に，最大クロックの設定を行います．最大クロックの設定は「Assignments」メニューから「Classic Timing Analyzer Wizard」を開きます．

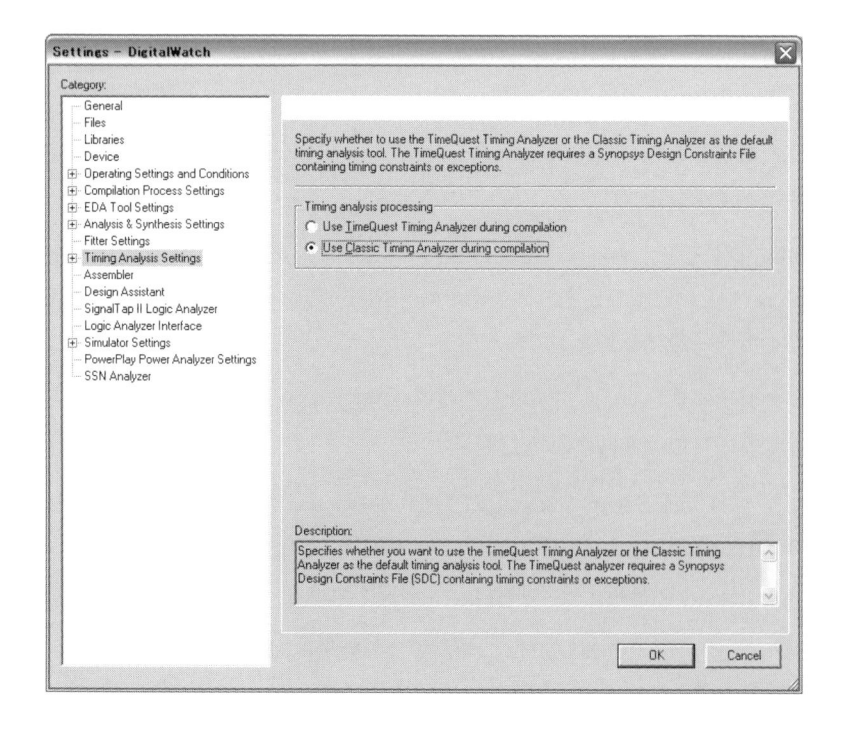

図 33-1　Timing Analysis Settingsダイアログ

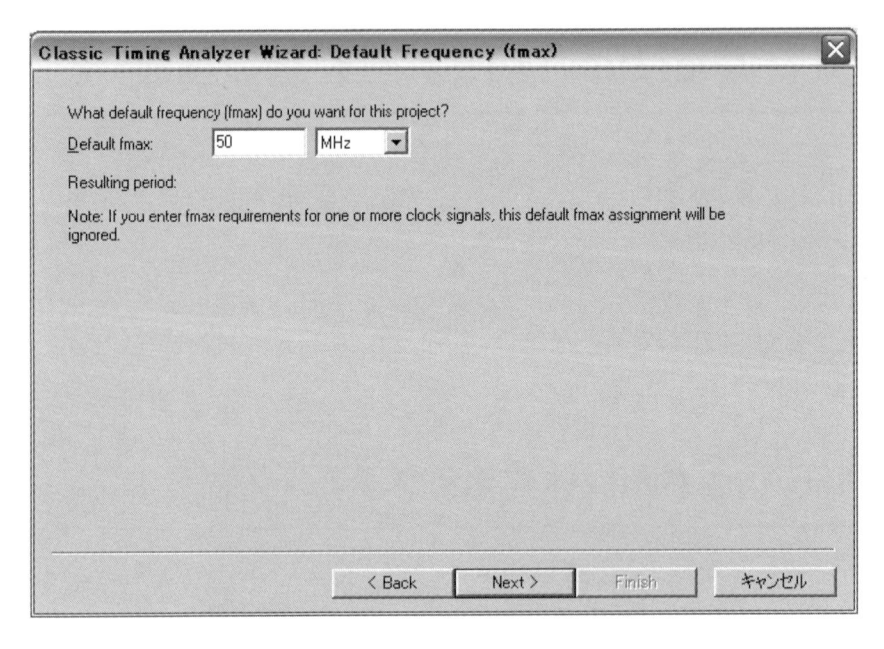

図33-2 Classic Timing Analyzer Wizardの最大クロック設定

「Classic Timing Analyzer Wizard」ではいくつかの設定項目がありますが，図33-2の画面が出るまではデフォルトのままにして［Next］ボタンを押していきます．

図33-2のように，「Default fmax」の項目にDE0のクロックである50MHzを設定して［Next］ボタンを押します．

残りの設定もデフォルトのままにして［Next］ボタンを押していき，最後に［Finish］ボタンを押して設定を終了します．

最大クロックを設定したら，「Processing」メニューの「Start Compilation」を実行して，プロジェクトを再コンパイルします．

コンパイルが完了すると，画面に「Compilation Report」が表示されます．このツリーの中で「Timing Analyzer」という項目があり，その中の「Summary」を開くと図33-3のようにタイミング・アナライザのサマリを見ることができます．

タイミング・アナライザでエラーがあるとその項目が赤字になるので，問題点をすぐに見つけことができます．サマリの見方は非常に簡単です．

例えば，サマリの「Clock Setup: 'clk'」という項目がありますが，この内容を見ると，「Required Time」が50.00MHzで，「Actual Time」が174.28MHzとなっています．これは，要求周波数が50MHzに対して，実際の回路は174.28MHzまで動作するという結果を表示しています．

試しに，最大クロックの設定を300MHzにした場合の結果は，図33-4のようになります．図33-4のように，要求仕様を満たさない項目が赤字で表示され，タイミングが設計値を満足していないことがすぐに分かるようになっています．

第 33 章 Quartus II による遅延の検証

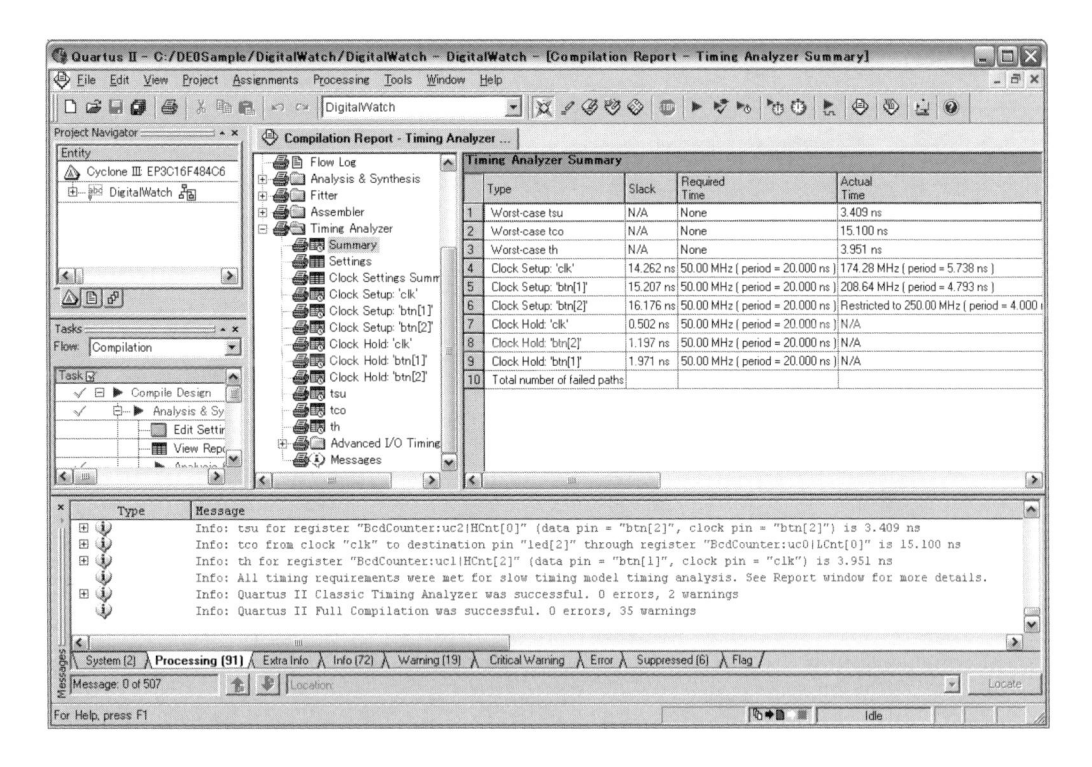

図 33-3 タイミング・アナライザのサマリ

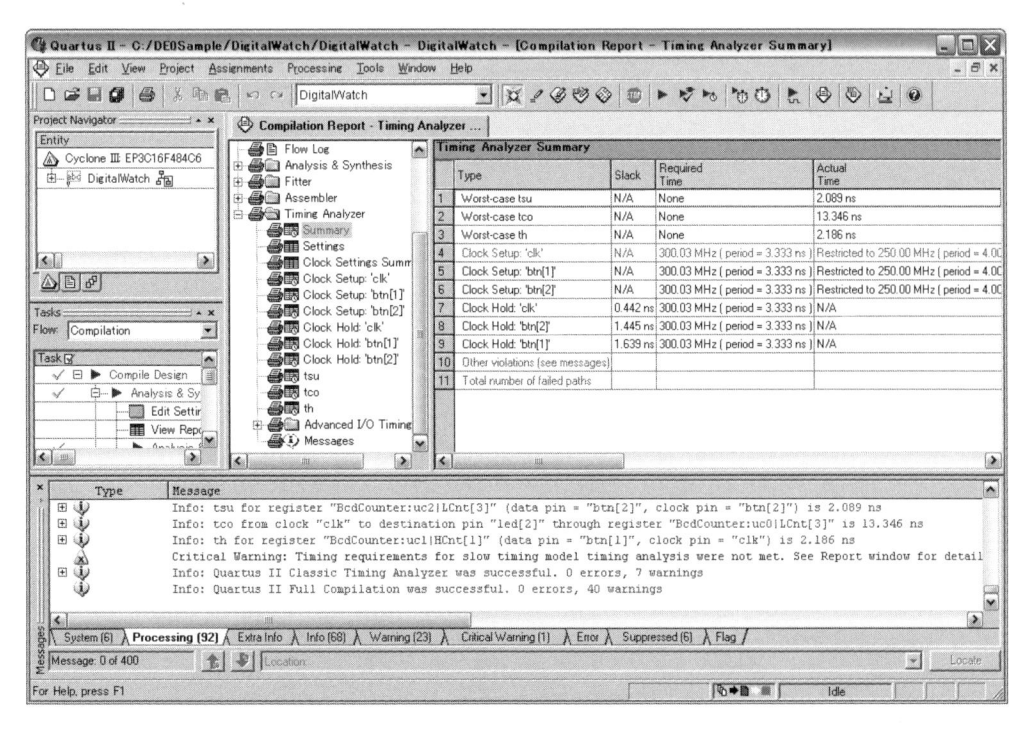

図 33-4 300MHz に設定した場合のタイミング・アナライザのサマリ

信号遅延の解消方法

不幸にも，タイミング・アナライザでエラーが出てしまった場合は，何とかしてエラーを解消しなければなりません．遅延の解消方法はケース・バイ・ケースのため，エラーの内容を確認しながら修正と検証を繰り返すことになります．

ここでは，信号遅延の解消方法のポイントをいくつか紹介します．

エラー内容の吟味

最初にサマリをよく見て，エラー内容を吟味してみましょう．サマリはワーストケースなので，場合によっては無視してよいエラーの場合があります．

また，そうでない場合も，要求レベルと実際のタイミングの差が少ない場合は，簡単な修正で直せることもあります．サマリには関連する信号名が表示されているので，これを手がかりに回路を修正していきましょう．

回路規模の縮小

FPGAに組み込む回路規模が大きくなると，ロジック・セルの使用効率が悪くなり，遅延性能が悪化します．また，HDLのコンパイラが最適化を行う場合，速度を優先したりロジック・セルの利用効率を優先したりすることができますが，ロジック・セルの余りが少なくなると回路をすべて構成するため必然的に速度を犠牲にする設計となり，遅延が大きくなりがちです．

そこで，回路規模を縮小し無駄な回路を減らすことでロジック・セルに余裕ができ，高速動作が期待できるようになります（図 33-5）．

不要な回路の削除

回路規模の縮小の具体策として不要な回路の削除があります．

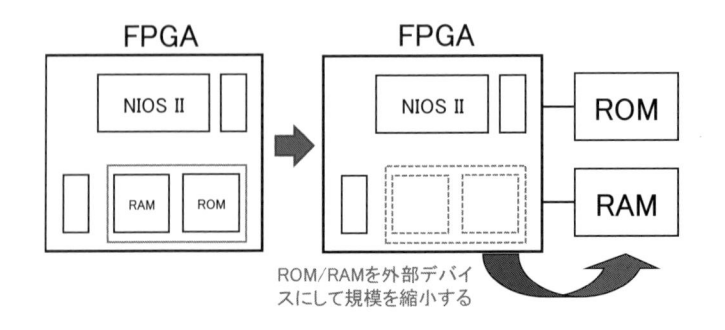

図 33-5 回路規模の縮小

当面使う予定がないが将来のために入れている回路やデバッグ用の回路など，削れるものはできるだけ削って効果を確認してみましょう（図 33-6）．

共通機能の共有

二つ以上の回路で同じような機能を使っている場合は，共通の機能を一つのブロックにすることで回路規模を縮小することができます（図 33-7）．また，ソース・コードを見やすくするような用途でいったん別の信号を作ってから目的の信号に変換しているような場合は，直接変換することで高速な回路にすることができる場合があります．

ただし，回路を共通にすることでかえって遅延が大きくなる可能性もあるので，効果を見ながら判断するとよいでしょう．

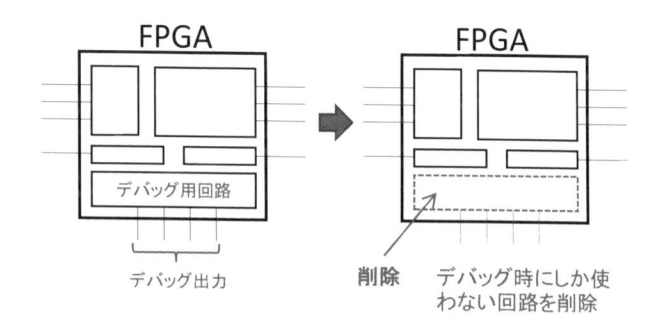

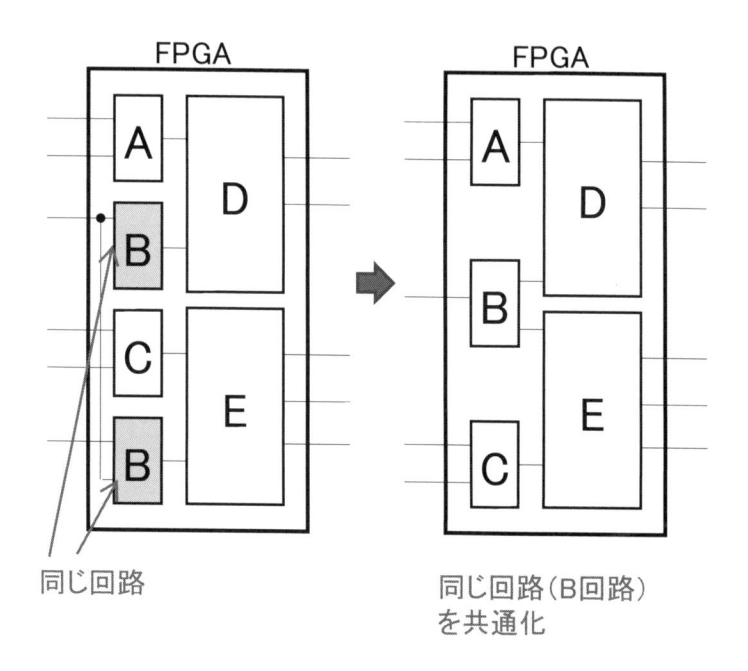

図 33-6 不要な回路の削除

図 33-7 共通機能を共有

非同期回路を同期化

クロックの分周回路などで非同期回路を使うと大きな遅延が発生します．非同期回路周りの遅延が大きい場合は，回路を見直して同期回路に変えられないかを検討してみましょう（図 33-8）．

クロック回路の見直し

たいていの FPGA にはクロック専用ピンがあり，クロックはこのピンから入力するようになっています．クロックは同期回路の基準となる非常にデリケートな信号なので，このように専用のピンから入力するようになっています．

ただし，ピン数や周辺回路の都合で通常の I/O ピンをクロック入力に使ったりすると，カタログ・スペック以下のクロック周波数であるにもかかわらず正しく動作しない場合があります．

また，カウンタの制御で入力クロックを切り替えたり，ON/OFF の制御をするような回路を入れた場合も同様の問題が起こる可能性があります．この場合は，カウンタの制御をクロックでは行わないようにすると改善することがあります（図 33-9）．

代替回路の検討

レジスタを大量に消費している回路など，ロジック・セルを多く使用している回路は同様の機能を少ないレジスタで作成できないかを検討してみましょう．例えば，シフトレジスタで作っていた遅延回路やタイミング発生回路をカウンタで代用できないかを検討してみましょう．

16 クロックごとにパルスを発生させる回路をシフトレジスタで構成すると 16 個のレジスタが必要になりますが，これをカウンタで置き換えられれば 4 個のレジスタで済むことになります（図 33-10）．

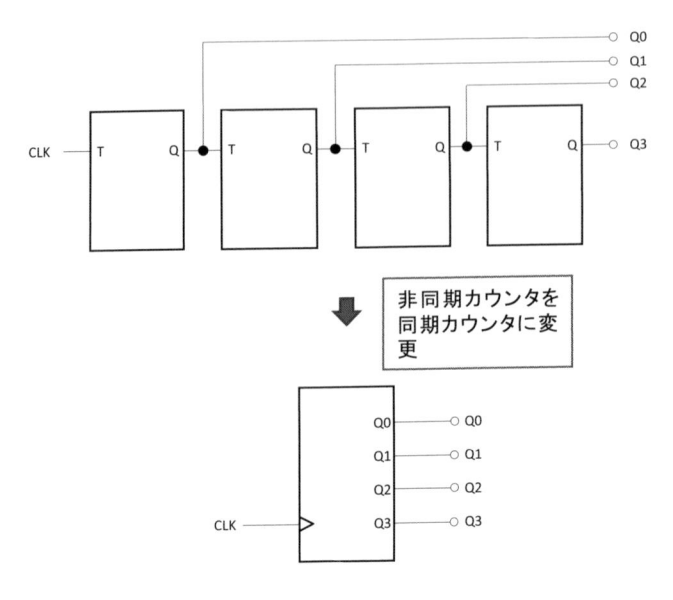

図 33-8 非同期回路を同期化

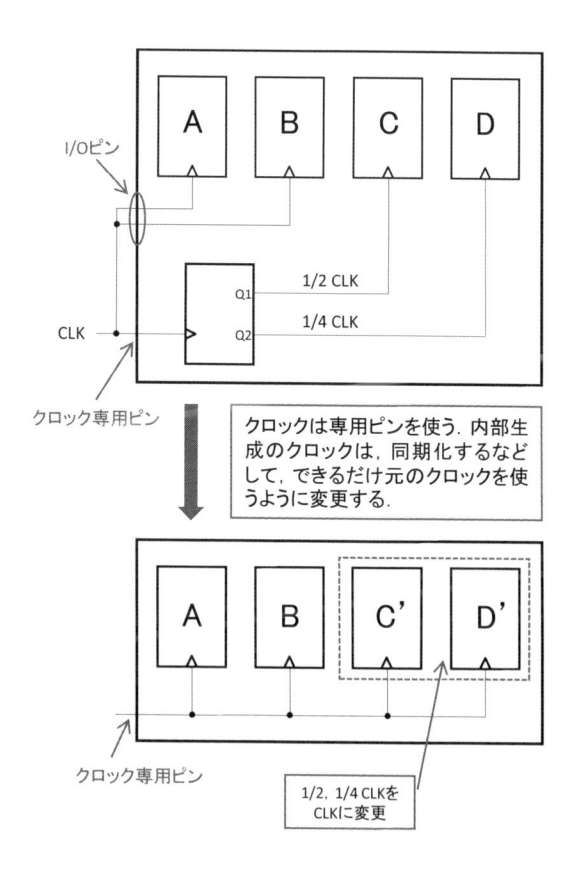

図 33-9　クロック回路の見直し

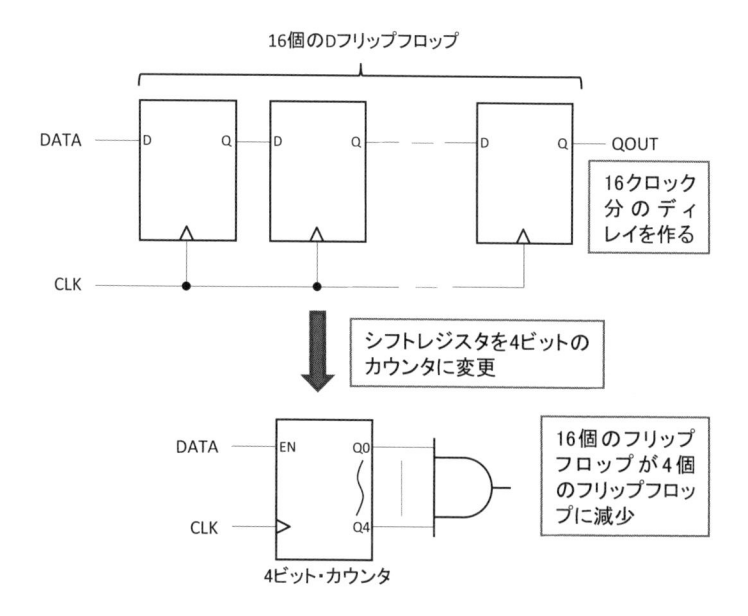

図 33-10　代替回路の変更

第34章　ModelSim シミュレーション入門

シミュレーションの役割

　本書では，DE0 で実際に動作をさせながら Verilog HDL の学習を行ってきました．本書で扱ったような比較的簡単な回路であれば，コンパイルして DE0 にダウンロードして動作確認，という手法でもさほど苦労なく開発できるでしょう．

　しかし，回路が複雑になったり実機がすぐには準備できない場合などでは，作成したプログラムが期待通りの動作になっているかどうかを事前に検証したい場合が多々あります．また，実機がある場合でも，高速な信号を複数扱っている場合は，ロジック・アナライザのような高価な測定器が必要になる場合があります．

　このような場合，PC 上で動作するシミュレーション・ソフトウェアがあるととても便利です．

　幸い，DE0 には，ModelSim というシミュレーション・ソフトウェアのアルテラ版が付属しています．ModelSim のアルテラ版には，ModelSim Altera Edition（AE）と ModelSim Altera Starter Editon（ASE）の 2 種類があり，どちらのソフトウェアも DE0 の付属 DVD に収められています．

　ただし，ModelSim（AE）は，使用するにはライセンスの購入が必要なので，ここでは無料版の ModelSim（ASE）を使用します．

ModelSim（ASE）のインストール

　ModelSim（ASE）は，DE0 付属の DVD の "Altera Complete Design Suite¥modelsim_ase" フォルダに収められています．

　このフォルダには，"modelsim_ase_windows.exe" という名前のインストーラがあるので，これを実行して ModelSim（ASE）のインストールを行ってください．図 34-1〜図 34-8 はインストーラの実行画面です．

第 34 章 ModelSim シミュレーション入門

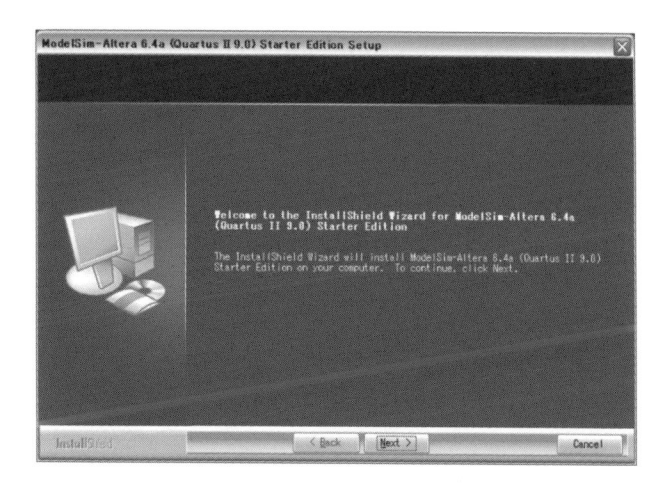

図 34-1　ModelSim-Altera Starter Edition Setup の最初の画面（[Next] ボタンを押す）

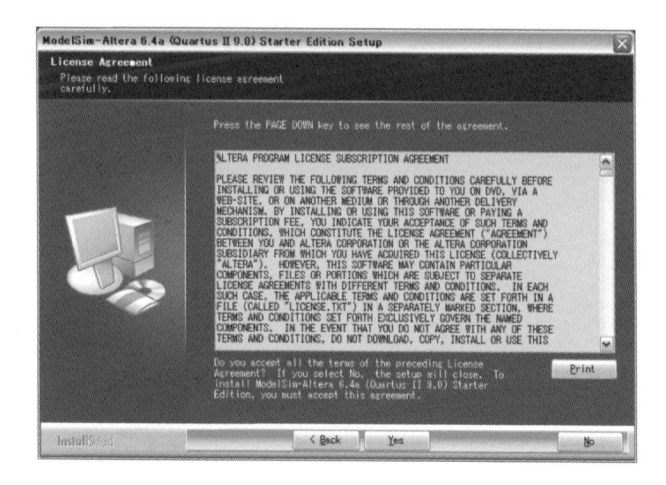

図 34-2　License Agreement（[Yes] ボタンを押す）

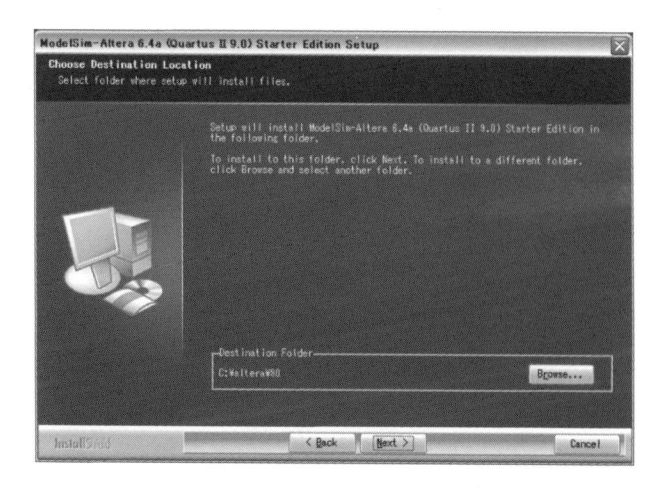

図 34-3　Choose Destination Location（そのまま [Next] ボタンを押す）

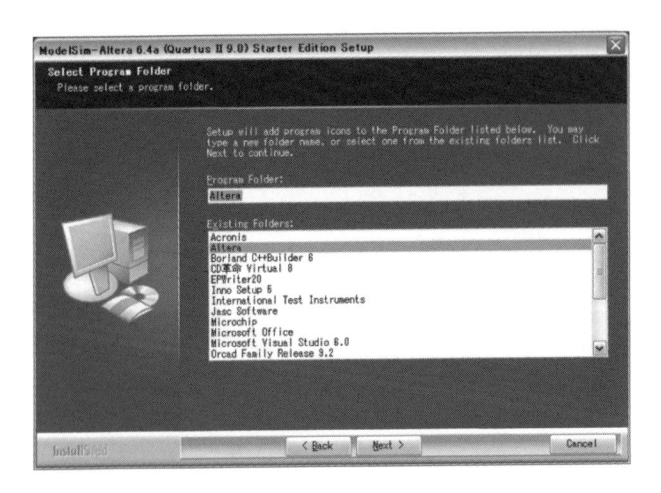

図 34-4　Select Program Folder（そのまま［Next］ボタンを押す）

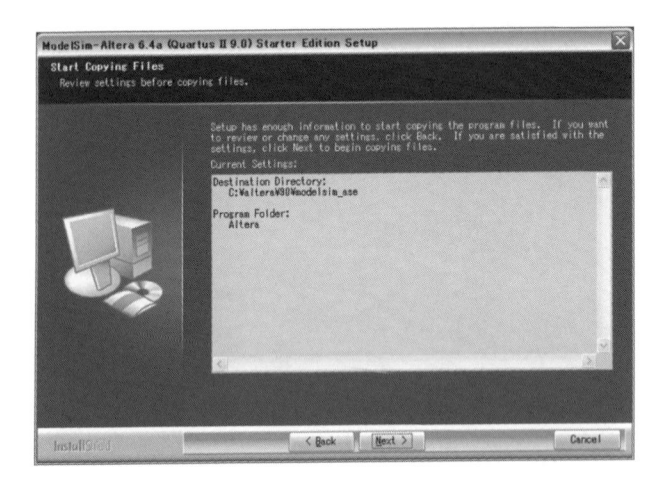

図 34-5　Start Copyng Files（そのまま［Next］ボタンを押す）

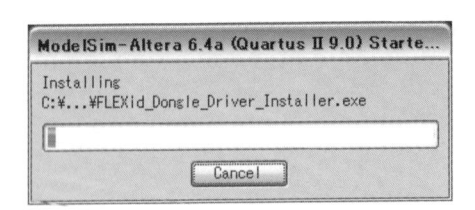

図 34-6　インストール中の画面

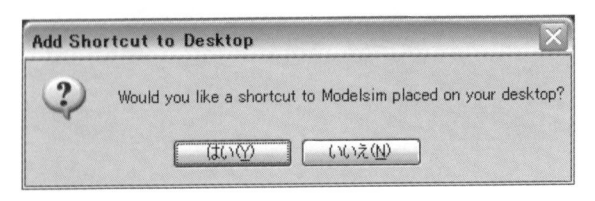

図 34-7　ショートカットをデスクトップに作るかどうか（［はい］ボタンを押す）

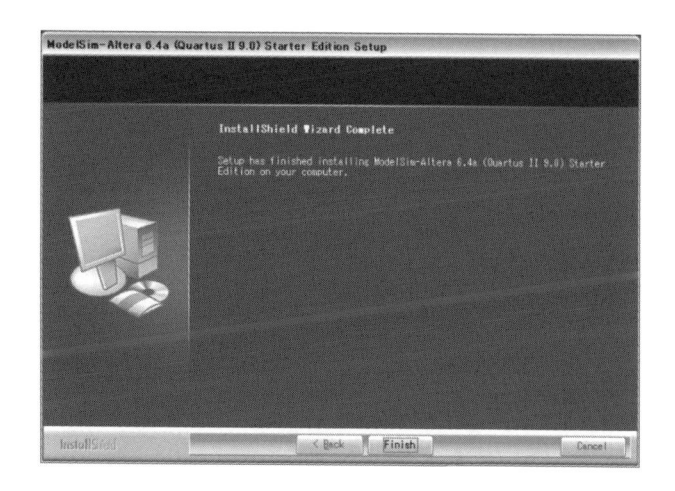

図 34-8　Installshield Wizard Complete（そのまま [Finish] ボタンを押す）

　ModelSim（ASE）は，以前のバージョンでは無料版でもユーザ登録が必要でしたが，今では不要になっているため，インストールはとても簡単になっています．

　また，ModelSim（ASE）はアルテラのウェブ・ページからもダウンロードできるので，最新版を利用したい場合はアルテラのウェブ・ページからダウンロードしてください．

テスト・ベンチとは？

　さて，シミュレータの準備ができたところですぐにもシミュレーションを行いたいところですが，はやる気持ちを抑えて先にVerilog HDLのシミュレーションはどのように行うのかを学習しておきましょう．

　今まで作成してきたサンプル・プログラムは，すべてQuartus IIでコンパイルしDE0のFPGA（Cyclone III）にダウンロードして動作確認を行いました．DE0には，FPGAのほかにLEDやスイッチなどの周辺デバイスが接続されているので，図 34-9のような動作環境になっています．

　Verilog HDLで記述していたのはFPGAに書き込むロジック回路だけで，Verilog HDLのトップ・モジュールがそのままFPGAに書き込まれます．このFPGAを実際に動かすためには，DE0に搭載されているクロックやスイッチ，LEDといった周辺回路が必要になります．

　PC上でこのFPGAに書き込んだトップ・モジュールの動作を確認するためには，このFPGAの周辺デバイスの代わりになるものを用意する必要があります．必要な機能としては，クロック信号を作成する機能やスイッチの動作を行う機能，あるいはLEDのような出力データを確認する機能が必要になります．このように，動作テストを行う環境をテスト・ベンチと呼びます．

図 34-9　DE0 の動作環境

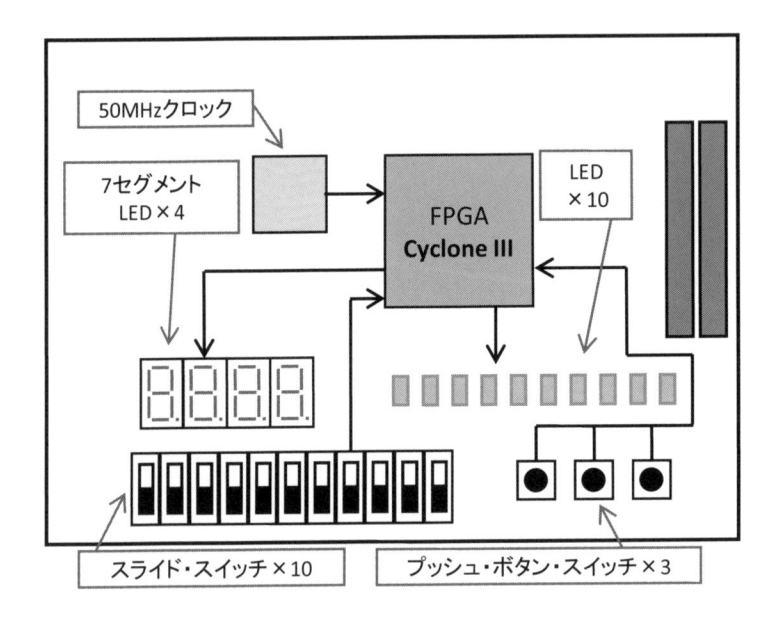

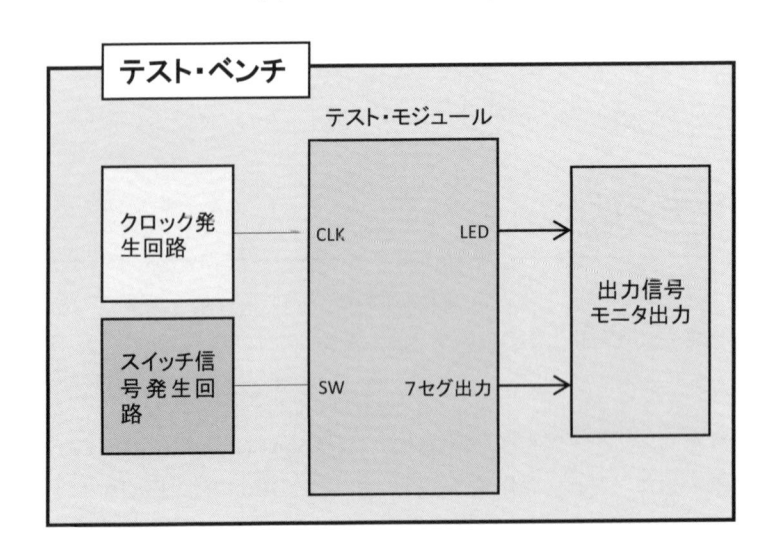

図 34-10　Verilog HDL のテスト・ベンチ

　Verilog HDL にはこのようなシミュレーションのための機能があらかじめ備わっています．Verilog HDL のテスト・ベンチは，図 34-10 のように一つのモジュールになっており，このモジュール内でテストしたいモジュールを入れてテストを行います．

　テスト・ベンチは，Verilog HDL の通常のモジュールと書式は同じですが，外部の入出力ポートはないのでポート・リストは空のリストとなります．また，テスト・ベンチ内ではテスト対象のモジュールの信号を生成したり，テスト・モジュールからの出力を検証したりする必要があります．このため Verilog HDL では，テスト・ベンチでのみ使う文法がいくつかありますが，これらについては次節でテスト・サンプルを使って説明します．

6進カウンタのテスト・ベンチ

最初に，図 34-11 のような 6 進カウンタのモジュールのテスト・ベンチを見ながら，テスト・ベンチの学習をしましょう．

テスト・ベンチでテストする 6 進カウンタは，クロック入力とリセット入力の二つの入力があります．また，出力は 0〜5 までを出力するため 3 ビットの出力信号があります．

図 34-12 は，6 進カウンタのタイム・チャートです．

この 6 進カウンタのモジュールをテストするには，このタイム・チャートのようにクロックとリセットを入力する必要があります．このような信号を入力したとき，タイム・チャート通りに出力信号が出てくれば，このモジュールは正しく動作するということが分かります．

リスト 34-1 は，この 6 進カウンタとテスト・ベンチのソースです．

このソースには二つのモジュールがあり，最初の DiceCounter が 6 進カウンタで，DiceTestBench がテスト・ベンチとなります．DiceCounter は通常の Verilog HDL のモジュールで，次の DiceTestBench でこのモジュールをテストするようになっています．

DiceTestBench はテスト・ベンチのため，ポートはないのでレジスタとワイヤの宣言から始まっています．このテスト・ベンチでは，reset と clk という二つのレジスタと，dice というワイヤを宣言しています．

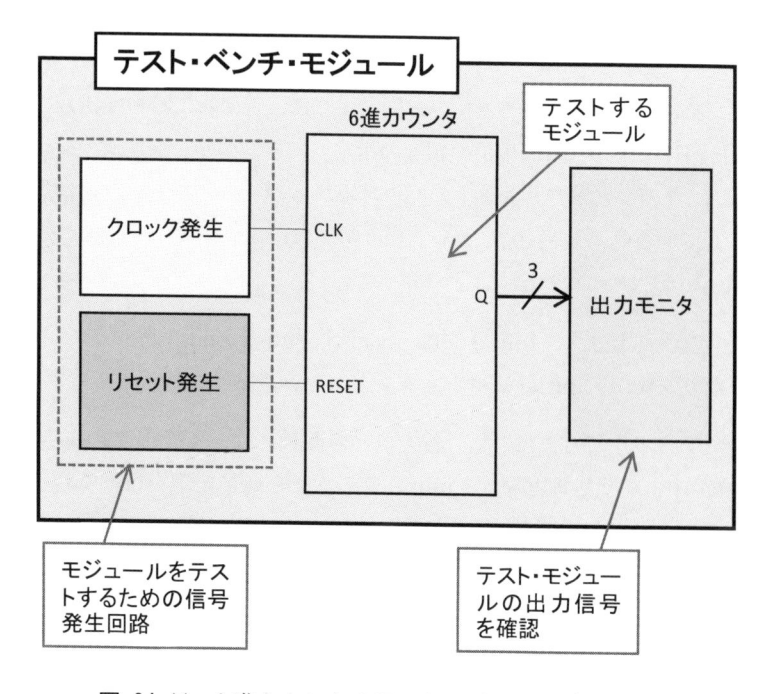

図 34-11 6 進カウンタのテスト・ベンチのブロック図

図 34-12　6進カウンタのタイム・チャート

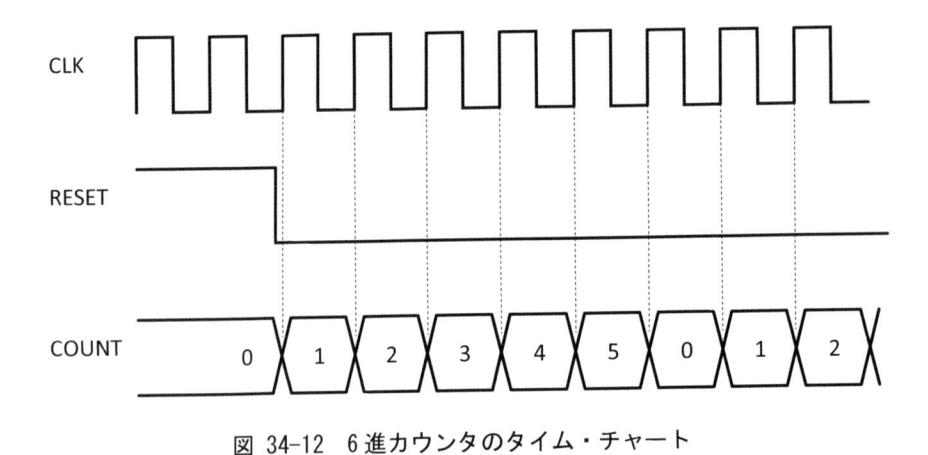

　これらの信号は，それぞれテストする6進カウンタのリセットとクロック，それに出力信号に接続されます．このように，Verilog HDLのテスト・ベンチでは，テストするモジュールの入力信号にはレジスタを使い出力信号にはワイヤを使います．

　レジスタのワイヤ宣言の後には，DiceCounterの実体を作り先の信号を接続しています．ここまでの文法は，モジュールにポートがない以外，通常のモジュールとまったく同じです．

　さて，DiceCounterの宣言の後には，次のような行があります．

```
always #5 clk=~clk;
```

　これはクロックの宣言になります．always文は通常のalways文と同じように繰り返しの宣言になりますが，ここでの宣言は5クロックごとにclk信号を反転させるという宣言になります．

　シミュレーション時には，タイム・チャートと同じように，時間軸に沿って信号を変化させる必要があります．Verilog HDLでは，時間単位や精度の指定もできますが，論理式の検証の場合はクロックの周波数が何MHzなのかとか，リセットのパルス幅がどのくらいかというのは意味をなしませんのでここでは指定していません．従って，#5という時間は，単にシミュレータの処理クロックの5クロック分の時間ということになります．

　次に，initialとう文があります．initial文は，beginで始まりendで終わっています．always文は繰り返し処理になりますが，initial文はシミュレーションが開始されると1度だけ実行されます．

　テスト・ベンチでテストを行うには，信号線をある時間軸に沿って変化させる必要がありますが，このためinitial文の中は順次処理となり，initial文の次から順に処理を行っていくので，時間軸に沿った信号の設定を行うことができます．これは，C言語でいうmain関数のようなものと考えてもよいでしょう．

リスト 34-1　6進カウンタとテスト・ベンチ

```verilog
module DiceCounter(reset,clk,dice);
    input reset;
    input clk;
    output [2:0] dice;
    reg [2:0] cnt;
    assign dice=cnt;

    always@(posedge reset or posedge clk) begin
        if(reset)
            cnt=0;
        else if(cnt==3'd5)
            cnt=0;
        else
            cnt=cnt+1;
    end
endmodule

module DiceTestBench();
    reg reset;
    reg clk;
    wire [2:0] dice;

    DiceCounter dc(reset,clk,dice);

    always #5 clk=~clk;
    initial begin
        $monitor("reset=%b,clk=%b,dice=%d",reset,clk,dice);
        reset=1;
        clk=0;
        #10
        reset=0;
        #300
        $finish;
    end
endmodule
```

フォーマット指定子	機能
%b	2進表示
%o	8進表示
%d	10進表示
%h	16進表示
¥n	改行

表 34-1　主なフォーマット指定子

　initial 文の次の行には，$monitor という文があります．これは，システム・タスクと呼ばれるタスクの一つで，モニタする信号を設定することができます．$monitor で指定された信号に変化があれば，その結果がシミュレーション・プログラムのコンソールに出力されます．$monitor では，C言語の printf 関数のようにデータのフォーマットを指定することができます．**表 34-1** は，$nonitor で指定できる主なフォーマット指定子の一覧です．

　$monitor は，システム・タスクの名前の通りタスクが起動されるので，initial 文の中で 1 度記述しておけば，指定された信号に変化があるたびに信号線の状態をフォーマット指定に従って出力することができます．

　次に出てくるのが，reset=1 と clk=0 という行になります．initial 文ではまだ時間を指定していないので，これらは初期値の指定となり，シミュレーション開始時に reset 信号を 1 にして，clk 信号を 0 にするという指定になります．

　次の行は#10 という行になります．#10 は上の always 文の#5 と同様に時間の指定になります．

　シミュレータには内部処理クロックがあり，always 文では，この処理クロックの 5 クロックごとに信号を反転させましたが，ここでは，10 クロック後に次の処理を行うという指定なります．

　次の行は reset=0 という行で，ここで reset 信号を 0 にしています．従って，reset 信号はシミュレーション開始時に 1 にセットされ，10 クロック後に 0 になります．

　次の行では#300 という時間が指定され，さらにその次が $finish になっています．$finish はシミュレーションの終了宣言で，reset を 0 にしてから 300 クロック後にシミュレーションを終了するという記述になっています．

　テスト・ベンチで指定する時間は相対時間であることに注意してください．$finish が実行される（すなわち，シミュレーションが終了する）時間は，開始から 300 クロックではなくて，reset を 0 にしてから 300 クロック後になります．従って，トータルのシミュレーション時間は，310 クロックとなります．

　とても簡単なサンプルですが，これだけの処理の仕方を覚えれば，たいていのシミュレーションを行うことができます．テスト・ベンチのソース・コードの学習はこれくらいにして，次章では，ModelSim を使ってこのテスト・ベンチを動作させてみます．

第35章　ModelSim シミュレーションの実例

プロジェクトの作成

　まず，前準備として，CドライブのルートディレクトリにModelSimというフォルダを作り，そこに先ほどのリストのソースをDiceCounter.vという名前で保存しておきます．次に，ModelSimのプロジェクトを作成します．ModelSimのプロジェクトは，次の手順で作成します．

　ModelSimを起動し，「File」メニューの［New］－［Project］を選択すると，図 35-1 のようなダイアログが表示されます．

　「Project Name」にはプロジェクト名として"DiceCounter"を入力し，「Project Location」には"C:¥ModelSim"を指定します．このとき，［Browse］ボタンを使ってフォルダを指定することもできます．プロジェクト名とロケーションを指定して［OK］ボタンを押すと，図 35-2 のようなダイアログが表示されます．

　ここで，「Add Existing File」のアイコンをクリックすると，さらに図 35-3 のようなダイアログが表示されます．

　ここでは，プロジェクトに追加するファイルを指定するので，図 35-3 のように"C:¥ModelSim¥DiceCounter.v"を指定して［OK］ボタンを押します．これでプロジェクトへのファイルの追加は完了なので「Add Items to the Project」ダイアログを［Close］ボタンを押して閉じます．

図 35-1　ModelSimのプロジェクト・ダイアログ

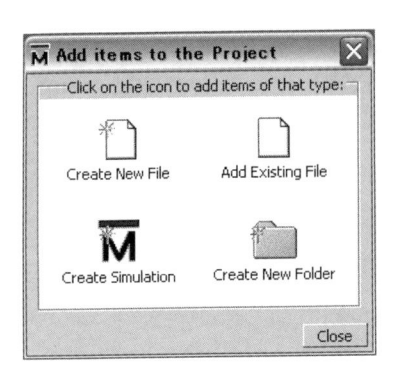

図 35-2 プロジェクトのアイテム追加ダイアログ

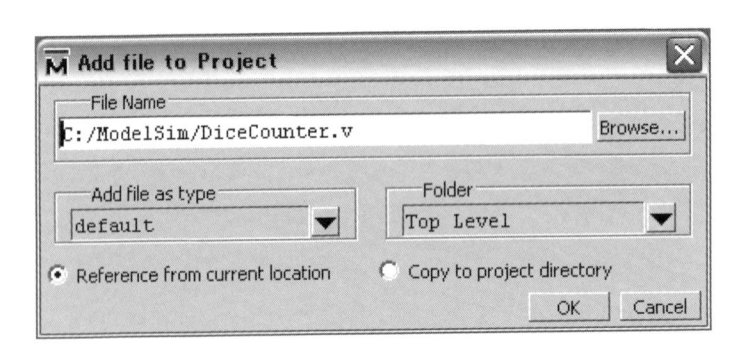

図 35-3 ファイルの追加ダイアログ

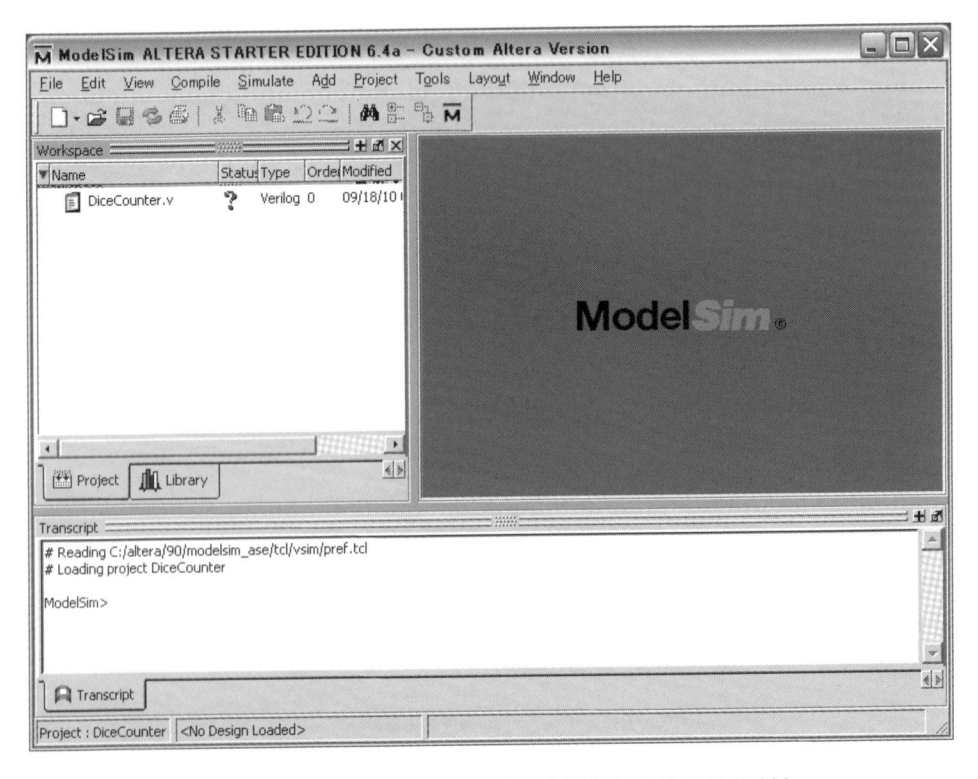

図 35-4 プロジェクトにファイルを追加した後のModelSim

図 35-4 は，プロジェクトにファイルを追加した後の ModelSim の画面です．図 35-4 のように，左上に「Workspace」ペインがあり，下側に「Transcript」ペインがあります．「Workspace」ペインには，「Project」と「Library」の二つのタブがあり，図 35-4 では「Project」のタブが開かれ，そこに先ほど追加した"DiceCounter.v"というファイルが表示されています．

"DiceCounter.v"の右側の「Status」欄には，青色のクエスチョン・マークが表示されていますが，これは，このソース・ファイルがまだコンパイルされていないことを表しています．

プロジェクトのコンパイル

ModelSim では，シミュレーションを行う際，ソース・ファイルをコンパイルしてからシミュレーションを実行します．コンパイルされたソース・ファイルは，プロジェクト作成時に指定したライブラリに登録されます．このプロジェクトの作成時には，ライブラリ名はデフォルトの"work"という名前になっていたので，"work"という名前のライブラリに登録されることになります．

プロジェクトのファイルの登録が終わったので次にコンパイルを行います．

「Compile」メニューの「Compile All」を選択すると，図 35-5 のようにコンパイルが完了し，"DiceCounter.v"のステータス欄がチェック・マークに変わります．

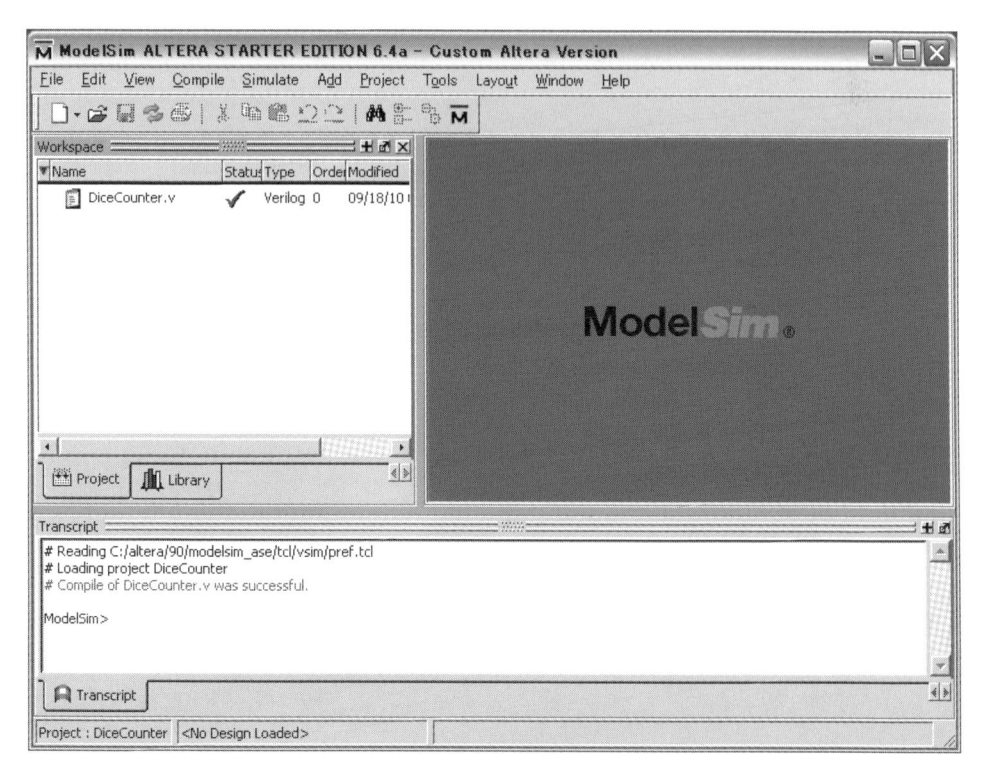

図 35-5 コンパイル完了後の画面

図 35-5 のように，「Transcript」ペインに "# Compile of DiceCounter.v was successful." というメッセージが出ればコンパイル成功ですが，エラーになった場合はソースのどこかに記述ミスがあるので，エラー・メッセージを見ながらソースを修正します．

シミュレーションの実行

プロジェクトがコンパイルできたら，いよいよシミュレーションの実行です．

「Simulate」メニューから「Start Simulation」を選択すると，図 35-6 のようなダイアログが表示されます．

このダイアログでは，シミュレーションを行うテスト・ベンチを指定します．今回のプロジェクトのライブラリ名は "work" なので，「Design」タブで表示されているライブラリの一覧の "work" ライブラリのツリーを開くと，図 35-6 のように "DiceCounter" と "DiceTestBench" の二つのモジュール名が表示されます．

このうち "DiceCounter" はテストするモジュールで，テスト・ベンチのモジュールは "DiceTestBench" なので，"DiceTestBench" を選択して［OK］ボタンを押します．

すると，ウィンドウの画面が図 35-7 のように変わり「Object」というペインが表示されます．「Object」ペインには，reset と clk，dice という名前が表示されていますが，これはテスト・ベンチで使用している信号名になります．

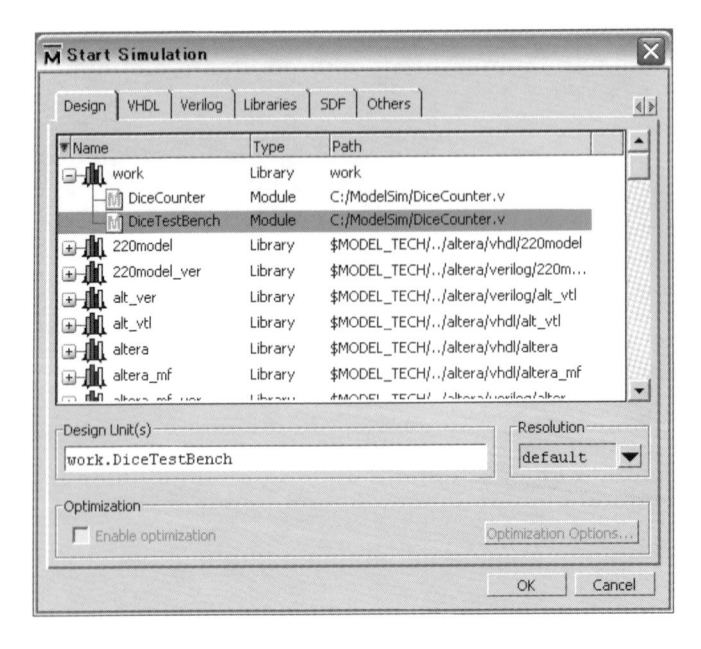

図 35-6 Start Simulation ダイアログ

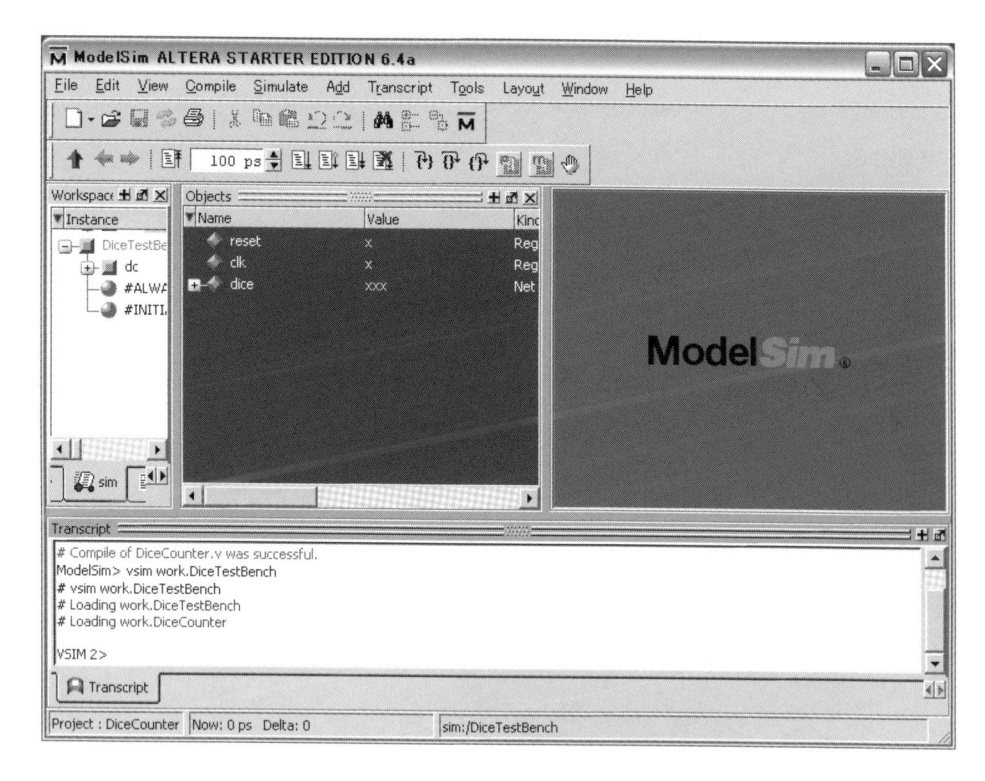

図 35-7　シミュレーション開始後の ModelSim の画面

　これでシミュレーションの準備が整いました．「Start Simulation」を実行したので，すぐにシミュレーションが実行されると思いがちですが，「Start Simulation」は，ModelSim をシミュレーション・モードにするという機能で，実際のシミュレーションはこの後に行います．

　「Simulate」メニューの［Run］－［Run-All］を実行すると，シミュレーションを実行することができます．

　さて，「Run-All」を実行すると，図 35-8 のように終了するかどうかを確認するダイアログが表示されます．これは，シミュレータが $finish を実行したために表示されますが，ここでうっかり「はい(Y)」押すと ModelSim 自体が終了してしまうので，だまされないように［いいえ］ボタンの方を選択してください．

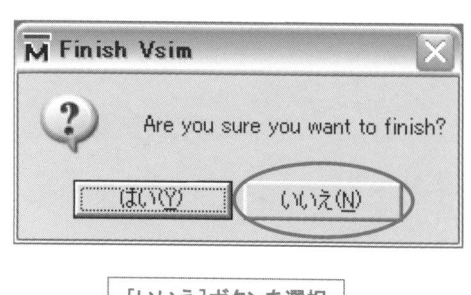

［いいえ］ボタンを選択

図 35-8　Finish Vsim ダイアログ

図 35-9 は，シミュレーション実行後の画面です．

「Transcript」ペインには，#reset=0,clk=x,dice=x という行がいくつも表示されていますが，これは$monitor タスクが表示した信号線の情報になります．

このリストを見ると，クロックが 1 になるごとに dice の値がインクリメントし，値が 5 になると次のクロックで 0 に戻り，正しく 6 進カウンタとして動作していることが分かります．

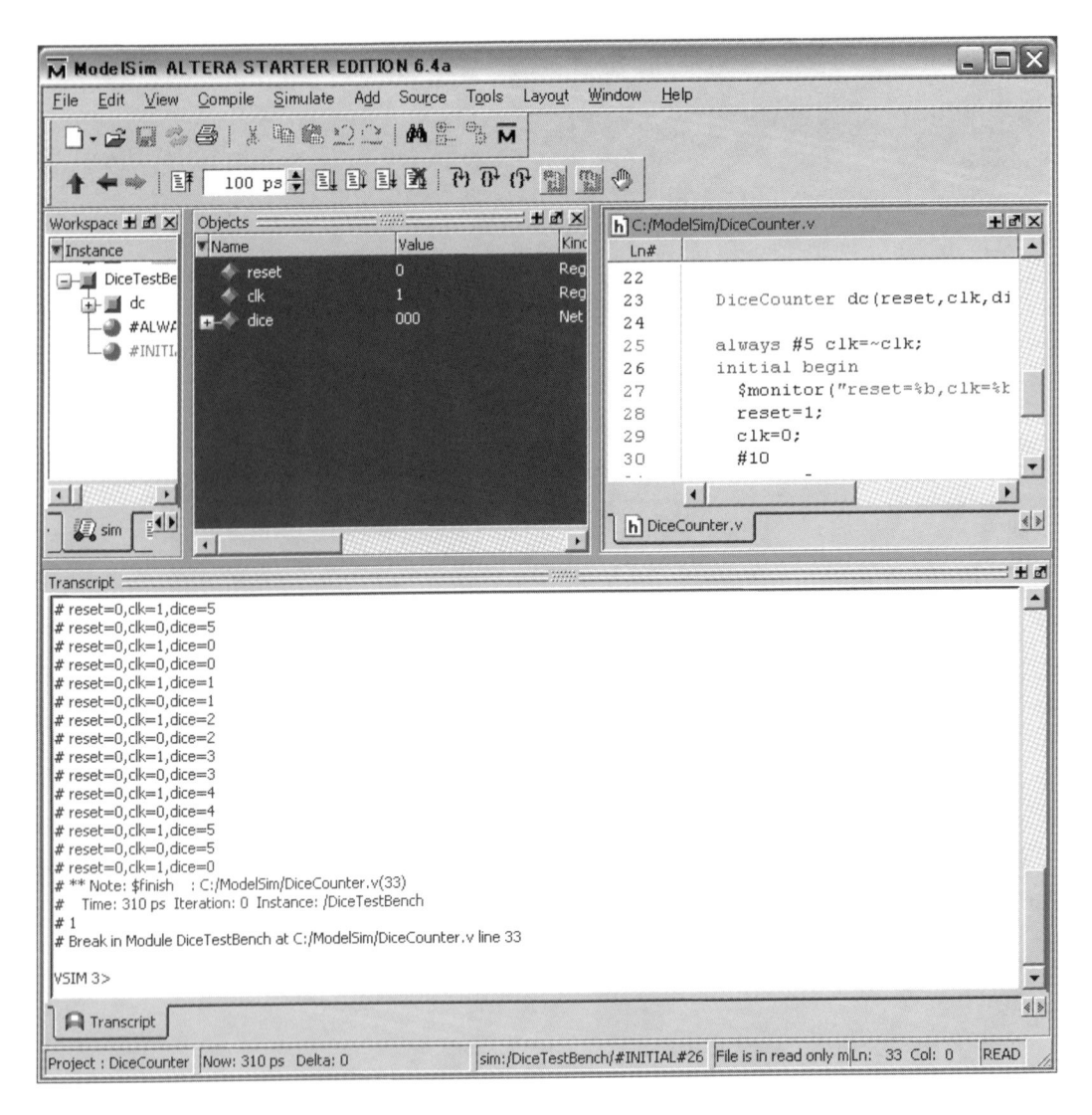

図 35-9 シミュレーション実行後の画面

第35章 ModelSim シミュレーションの実例

波形表示

　$monitor を使ったシミュレーション結果は，テキストで表示されるため，場合によっては見づらい場合もあります．こんなときのために，ModelSim では結果を波形表示する機能があります．波形表示はタイム・チャートと同じなので，タイム・チャート通りの波形になっているかを簡単に確認することができます．

　波形表示を行うため，いったんシミュレーションを終了します．「Simulate」メニューの「End Simulation」を選択し，「End Current Simulation Session」ダイアログで［はい］ボタンを押します．これで，シミュレーションを終了することができます．

　シミュレーションを終了したら，今度は波形表示でシミュレーションをするために，再度「Simulate」メニューの「Start Simulation」を実行し，"work"ライブラリの"DiceTestBench"を選択します．次に，「Veiw」メニューの［Debug Windows］－「[Wave]を実行すると，図 35-10 のように「Object」ペインの横に「wave」ペインが表示されます．

　最初は wave ペインには何も信号が表示されていません．波形表示したい信号は「Object」ペインの信号をドラッグ＆ドロップで「Wave」ペインに落とすことで定義することができます．図 35-10 ではテスト・ベンチで使用している三つの信号を定義しています．

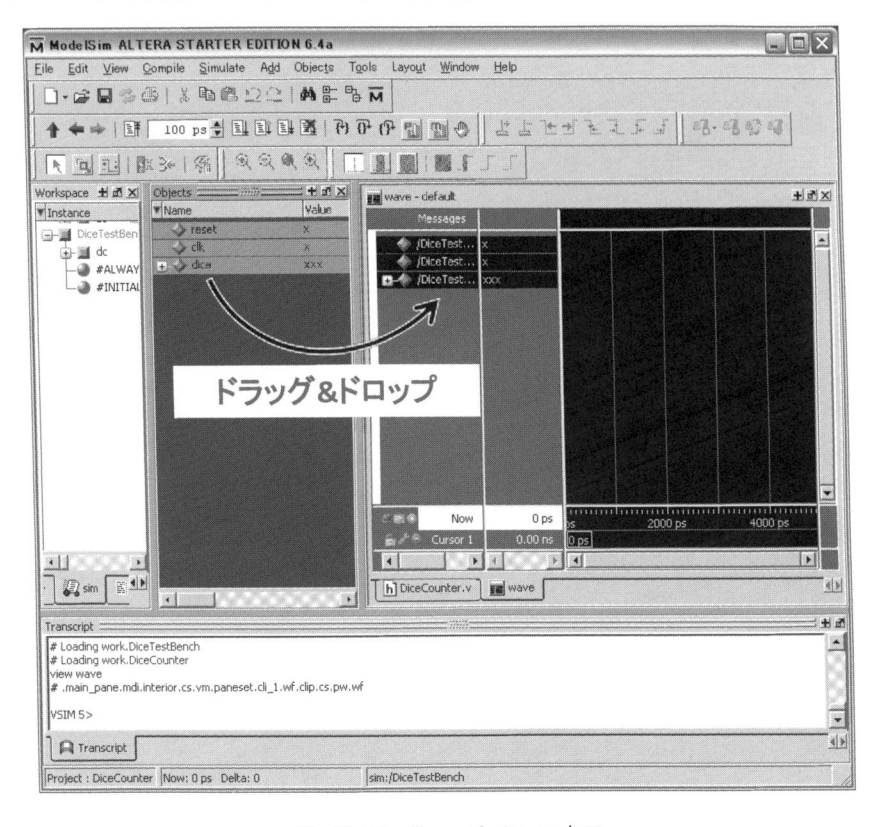

図 35-10 Wave ペインの表示

これで波形表示の準備ができたので，先ほどと同様に「Simulate」メニューの，[Run] − [Run-All]を実行します．「Finish Visim」ダイアログでは［いいえ］ボタンを押します．実行が終わるとソース・コードが表示され，"$Finish"のところで止まるので，タブを切り替えて「wave」ペインを表示します．

そのままだと見づらいので，「wave」ペインをマウスで右クリックし，ポップアップ・メニューの「Unlock」を選択すると波形表示を独立したウィンドウにすることができます．元に戻すときは，「Wave」ウィンドウの右上の矢印マークのアイコン をクリックします．

波形が見づらいときは，「View」メニューの［Zoom］− ［Zoom In］や［Zoom］− ［Zoom Out］を使って見やすい表示にします．

また，デフォルトでは，dice信号は2進表示になっていますが，dice信号の信号名をマウスで右クリックして，ポップアップ・メニューの「Radix」で「Unsigned」にすると10進表示にすることができます．「Decimal」を選択すると符号付きになり，マイナス表示が出てしまうので注意してください．

図 35-11 は，DiceTestBenchの波形表示の結果です．クロックに合わせて，diceの値が，正しく変化していることが確認できます．このように波形表示を使うと，信号を視覚的に確認できるのでとても便利です．

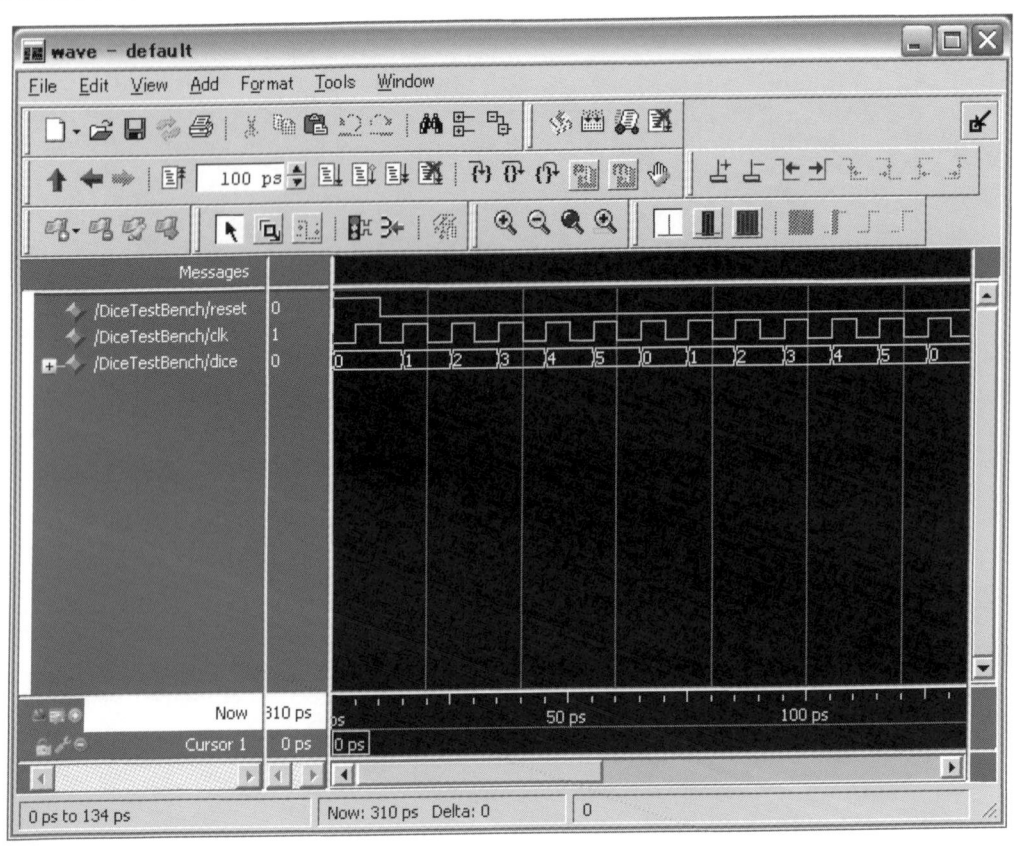

図 35-11 DiceTestBench の波形表示

第36章　BCDデコーダのシミュレーション

最後にBCDTestのサンプルで使った，2進をBCDに変換するモジュールのシミュレーションを行ってみましょう．

テスト・ベンチの作成

DiceCounterでは，テストのため，検査するモジュールとテスト・ベンチのモジュールを同じソース・ファイルに記述しましたが，通常はテスト・ベンチはシミュレーション時以外では使用しないのでテスト・ベンチは別ファイルで記述します．

まず，BcdTestプロジェクトで作ったDataConv.vファイルをc:¥ModelSimフォルダにコピーしておきます．次に，このモジュール用のテスト・ベンチを作成します．

リスト36-1は，作成したテスト・ベンチ（BcdTest.v）のソースです．

このテスト・ベンチでは，BCD変換器モジュールのBcdConvをテストします．BcdConvには，8ビットの入力と12ビットの出力があるので，DiceCounterと同様に入力用のbinというレジスタと出力用のbcdというワイヤを定義しています．

リスト36-1　BcdTest.vのソース

```
module BcdTestBench();
   reg [7:0] bin;
   wire [11:0] bcd;

   BcdConv bdc(bin,bcd);

   initial begin
      for(bin=0;bin<255;bin=bin+1) begin
      #1
         $display("bin=%d,bcd=%h",bin,bcd);
      end
      $finish;
   end

endmodule
```

BcdConvにはクロックはないので，BcdTestBenchにはinitial文だけになります．

このinitial文では，bin入力を変化させるためにfor文を使っています．for文は，C言語のfor文と同様に次のようにパラメータを指定します．

  for(初期設定式;ループ条件式;再設定式)

初期設定式は，初期設定の式を記述します．ここでは，binを0に設定しています．

ループ条件式は，繰り返し処理を行うための条件式を記述します．この式の値が真である間は，ループが繰り返されます．ここでは，bin<255を指定しています．

再設定式は，1回のループの最後に実行される式です．ここでは，bin=bin+1としているので，ループするごとにbinの値がインクリメントされます．

なお，ここではfor文が正しく完了するようにするため，bin<255を条件にしています．この場合，bin=255は実行されません．ループ条件式をbin<=255とすると，binは8ビットのため256にはならず，ループから抜けられなくなるので注意してください．

for文は，beginとendで囲まれた範囲を繰り返します．for文の最初の行は，#1となっているため，シミュレータのクロックを1クロック進めます．

次の行には$displayというステートメントが記述されています．$displayは$monitorとよく似ていますが，1回限りの実行になり，$monitorのように信号が変化するごとに何度でも表示されるわけではありません．このため，$displayはfor文の中に入れています．

$displayのパラメータは$monitorとまったく同じで，C言語のprintf関数のようにフォーマットを指定して信号を表示することができます．

for文の後には$finishがあるので，シミュレーションはbin=256になった時点で終了します．

プロジェクトの作成とシミュレーション

BcdTest.vをc:¥ModelSimに作成したら，DiceCounterと同じ要領でBcdTestという名前のプロジェクトを作成します．プロジェクトにファイルを追加する際は，図36-1のように"DataConv.v"と"BcdTest.v"の二つのファイルを追加します．

プロジェクトができたらコンパイルを行い，「Start Simulation」を実行します．「Start Simulation」で"work"ライブラリを開くと先ほどのDiceCounterのモジュールとBcdTestのモジュールがすべて表示されますが，図36-1のように"BcdTestBench"を選択します．

「Run-All」でシミュレーションを実行すると，「Transcript」ペインに$displayの結果が表示されます．図36-2はBcdTestの実行結果です．

第36章 BCDデコーダのシミュレーション

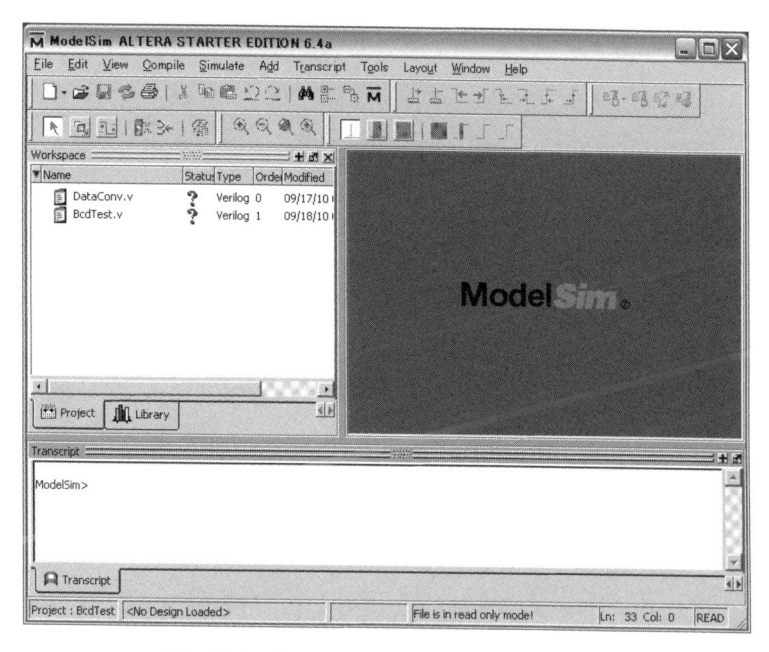

図 36-1　DataConv.v と BcdTest.v の追加

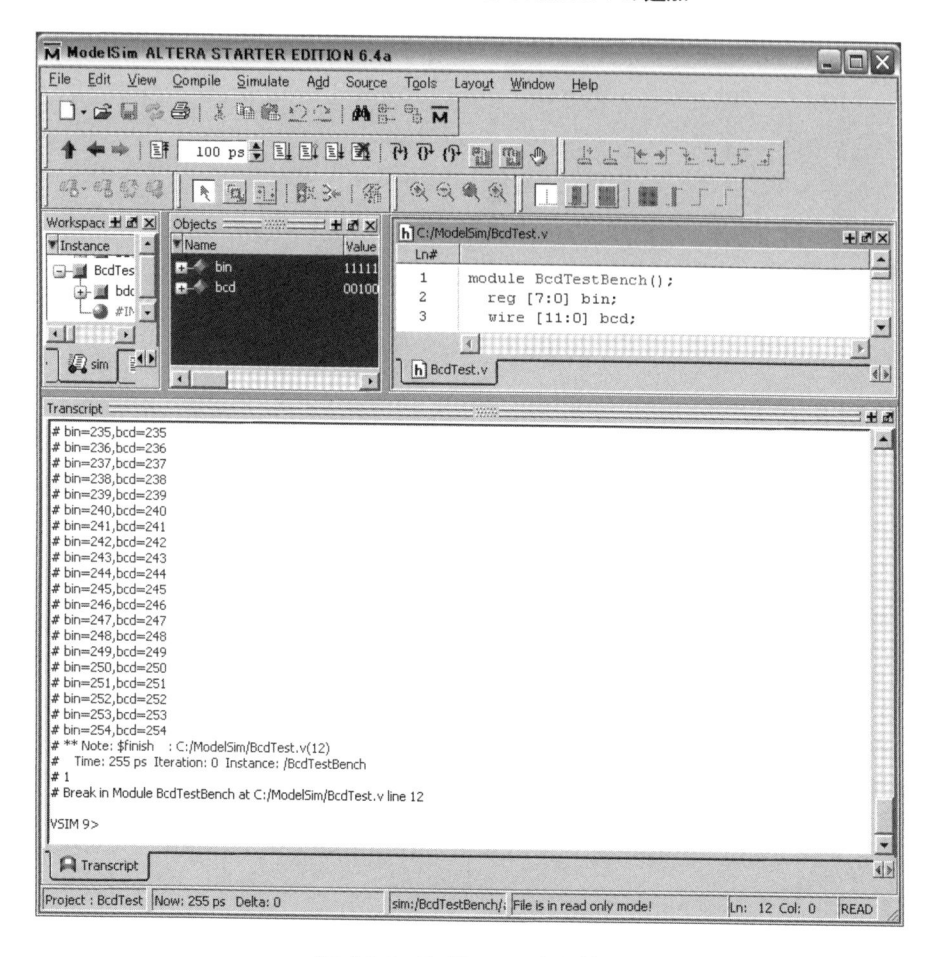

図 36-2　BcdTest の実行結果

255

BcdTestBench の $display ステートメントは次のようになっています.

```
$display("bin=%d,bcd=%h",bin,bcd);
```

このフォーマット指定では，bin は 10 進で，bcd は 16 進で表示するようになっています.

従って，$display の出力結果が bin の表示と bcd の表示が一致していれば，BCD の変換は正しく行われていることになります. 画面をスクロールすればすべての値を確認できますが，これで BCD 変換が正しく行われていることが確認できます.

参考・引用文献

1. Terasic DE0 User manual
2. Altera Cyclone III Device Handbook
3. http://www.altera.co.jp/literature/hb/cyc3/cyclone3_handbook.pdf
4. Altera MAX 3000A プログラマブル・ロジック・デバイス・ファミリ・データシート
5. http://www.altera.co.jp/literature/ds/m3000a_j.pdf
6. Altera MAXI II デバイス・ファミリ・データシート
7. http://www.altera.co.jp/literature/hb/max2/max2_mii5v1_01_j.pdf
8. Altera Nios II Hardware Development Tutorial
9. http://www.altera.com/literature/tt/tt_nios2_hardware_tutorial.pdf
10. Altera My First Nios II Software Tutorial
11. http://www.altera.com/literature/tt/tt_my_first_nios_sw.pdf
12. 木村 真也；改訂新版 わかる Verilog HDL 入門，トランジスタ技術 SPECIAL，CQ 出版社，ISBN978-4-7898-3756-9. http://www.cqpub.co.jp/hanbai/books/37/37561.htm
13. トランジスタ技術，2003 年 5 月号，別冊付録，はじめよう！ディジタル回路シミュレーション 〜ModelSim インストール＆操作マニュアル〜，CQ 出版社.
14. 芹井 滋喜；ディジタル IC 探訪 USB 接続の FPGA 学習用ボード DE0 誕生，トランジスタ技術 2010 年 7 月号，CQ 出版社.
15. 横山 直隆；ディジタル回路入門講座 2 進数から CPLD/FPGA まで，電波新聞社. ISBN4-88554-907-8.
16. 桜井 至；HDL 設計入門 改訂版，テクノプレス社，ISBN4-92499802409.

付録 DE0 の各種インターフェースのピン配置

ボタン

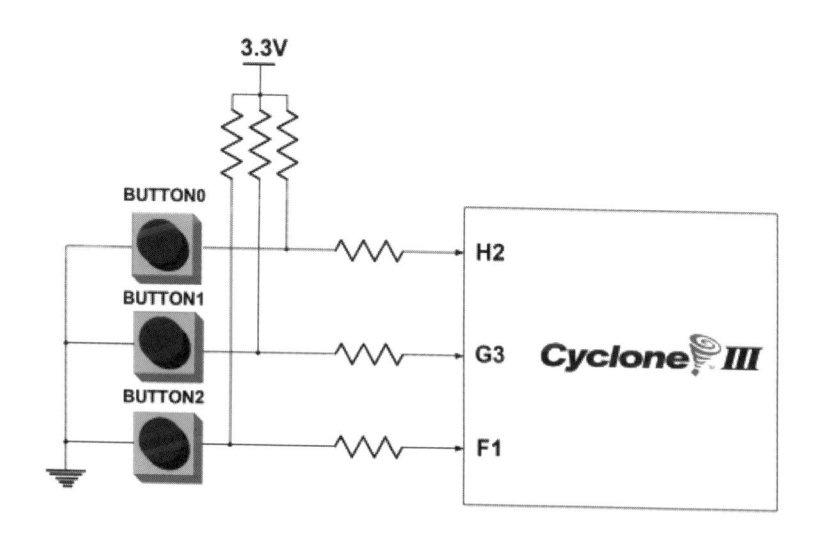

図A ボタンのピン・アサイン

スライド・スイッチ

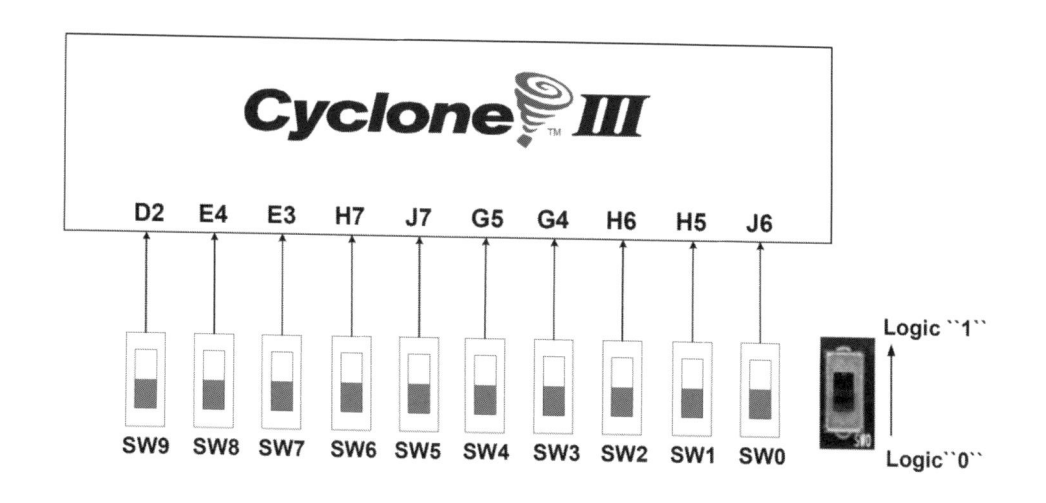

図B スライド・スイッチのピン・アサイン

LED

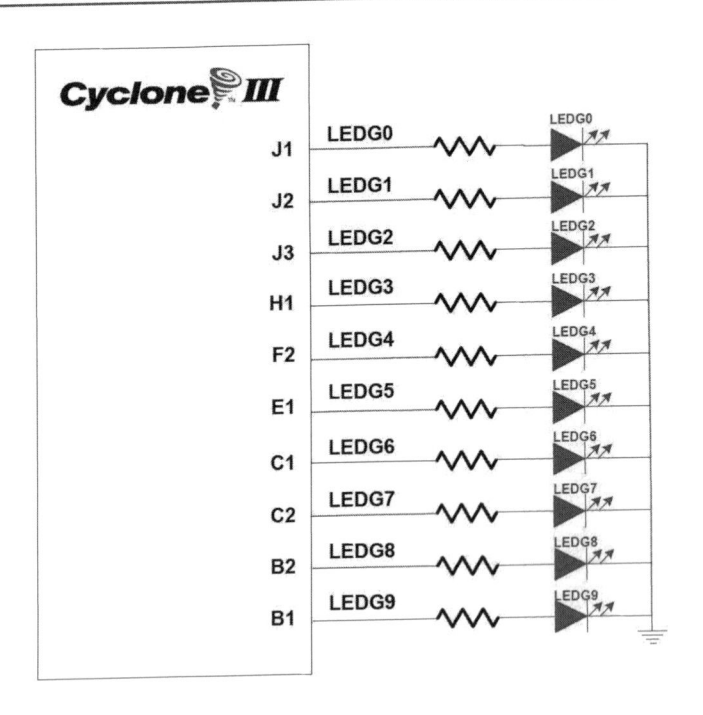

図C　LEDのピン・アサイン

LCDオプション

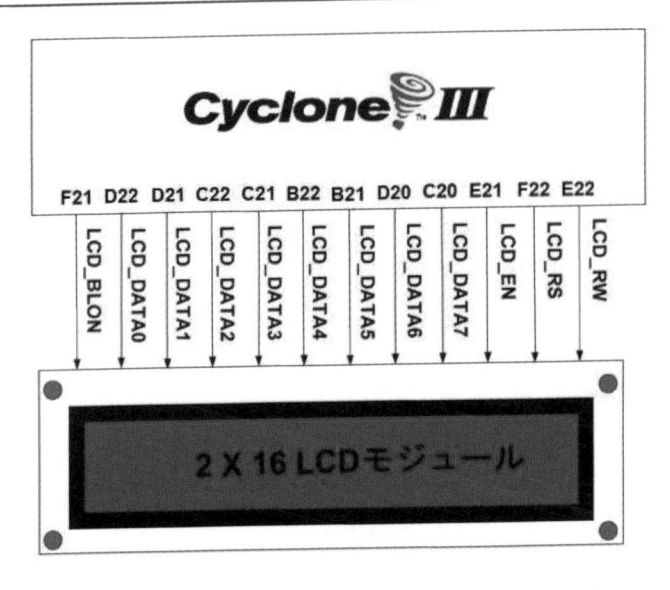

図D　LCDのピン・アサイン（LCDモジュールはオプション）
LCDを使用する場合は別売の専用LCDを取り付ける必要がある

7セグメントLED

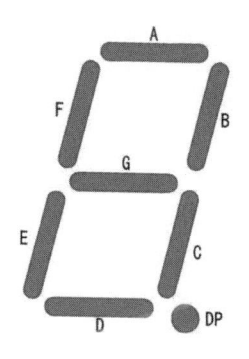

図 E　7セグメントLEDのピン・アサイン

7セグメントLED	セグメント名	FPGAピン番号	7セグメントLED	セグメント名	FPGAピン番号
HEX0	A	PIN_E11	HEX2	A	PIN_D15
HEX0	B	PIN_F11	HEX2	B	PIN_A16
HEX0	C	PIN_H12	HEX2	C	PIN_B16
HEX0	D	PIN_H13	HEX2	D	PIN_E15
HEX0	E	PIN_G12	HEX2	E	PIN_A17
HEX0	F	PIN_F12	HEX2	F	PIN_B17
HEX0	G	PIN_F13	HEX2	G	PIN_F14
HEX0	DP	PIN_D13	HEX2	DP	PIN_A18
HEX1	A	PIN_A13	HEX3	A	PIN_B18
HEX1	B	PIN_B13	HEX3	B	PIN_F15
HEX1	C	PIN_C13	HEX3	C	PIN_A19
HEX1	D	PIN_A14	HEX3	D	PIN_B19
HEX1	E	PIN_B14	HEX3	E	PIN_C19
HEX1	F	PIN_E14	HEX3	F	PIN_D19
HEX1	G	PIN_A15	HEX3	G	PIN_G15
HEX1	DP	PIN_B15	HEX3	DP	PIN_G16

表 A　7セグメントLEDのセグメント番号とピン番号

RS-232-C インターフェース

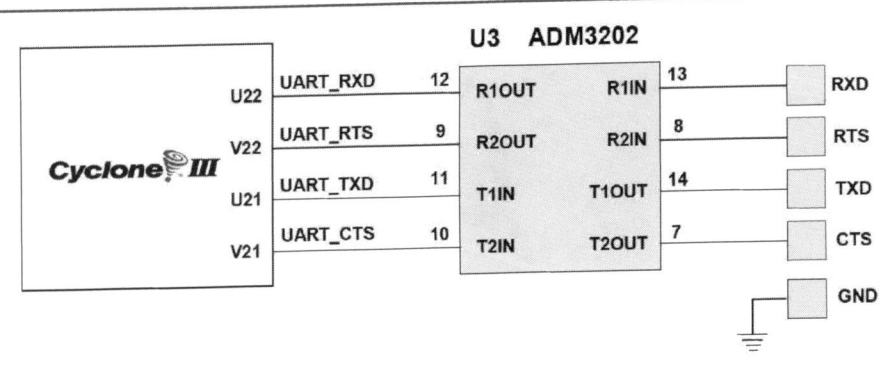

RS-232-Cのコネクタは，Dサブ9ピンのメス・ピン・タイプのコネクタを使用した場合，次のような配線を行う．

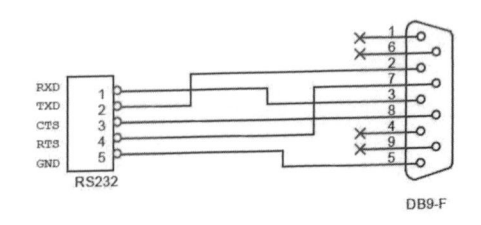

信号名	DB9 ピン番号
RXD	3
TXD	2
CTS	8
RTS	7
GND	5

図 F　RS-232-C インターフェースのピン・アサイン（D サブ・コネクタは付属していない）

RS-232-C インターフェースを使用する場合は，コネクタを接続する

PS/2 コネクタ

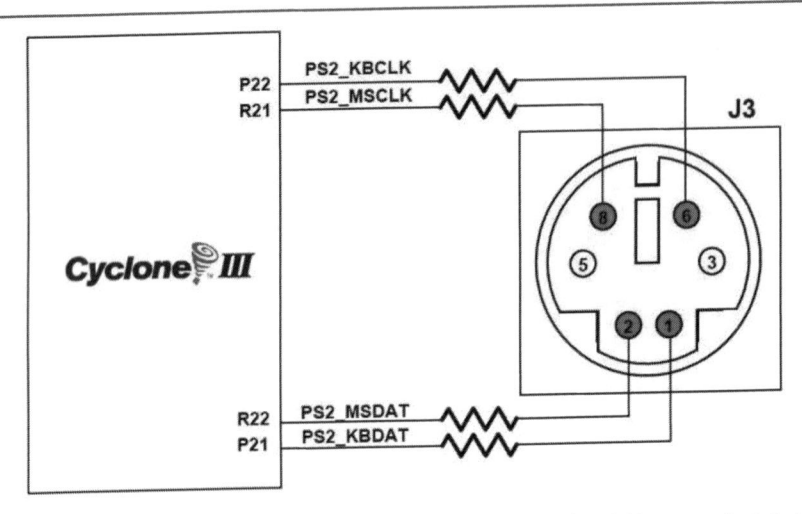

図 G　PS/2 コネクタのピン・アサイン（PS/2 コネクタは Y ケーブルを使ってマウスとキーボードの同時使用が可能．ただし，Y ケーブルは付属しない）

拡張コネクタ

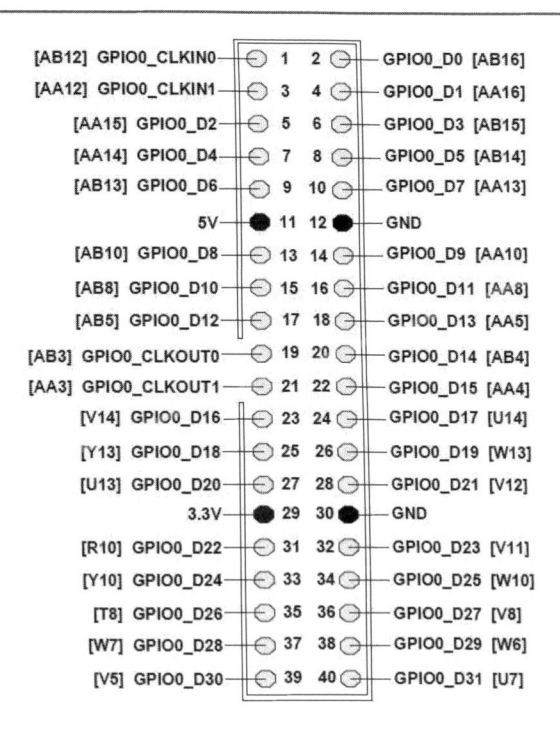

```
[AB12] GPIO0_CLKIN0 — 1   2  — GPIO0_D0  [AB16]
[AA12] GPIO0_CLKIN1 — 3   4  — GPIO0_D1  [AA16]
[AA15] GPIO0_D2     — 5   6  — GPIO0_D3  [AB15]
[AA14] GPIO0_D4     — 7   8  — GPIO0_D5  [AB14]
[AB13] GPIO0_D6     — 9  10  — GPIO0_D7  [AA13]
        5V          —11  12  — GND
[AB10] GPIO0_D8     —13  14  — GPIO0_D9  [AA10]
[AB8]  GPIO0_D10    —15  16  — GPIO0_D11 [AA8]
[AB5]  GPIO0_D12    —17  18  — GPIO0_D13 [AA5]
[AB3]  GPIO0_CLKOUT0—19  20  — GPIO0_D14 [AB4]
[AA3]  GPIO0_CLKOUT1—21  22  — GPIO0_D15 [AA4]
[V14]  GPIO0_D16    —23  24  — GPIO0_D17 [U14]
[Y13]  GPIO0_D18    —25  26  — GPIO0_D19 [W13]
[U13]  GPIO0_D20    —27  28  — GPIO0_D21 [V12]
       3.3V         —29  30  — GND
[R10]  GPIO0_D22    —31  32  — GPIO0_D23 [V11]
[Y10]  GPIO0_D24    —33  34  — GPIO0_D25 [W10]
[T8]   GPIO0_D26    —35  36  — GPIO0_D27 [V8]
[W7]   GPIO0_D28    —37  38  — GPIO0_D29 [W6]
[V5]   GPIO0_D30    —39  40  — GPIO0_D31 [U7]
```

図 H　拡張コネクタのピン・アサイン（GPIO0, J4）

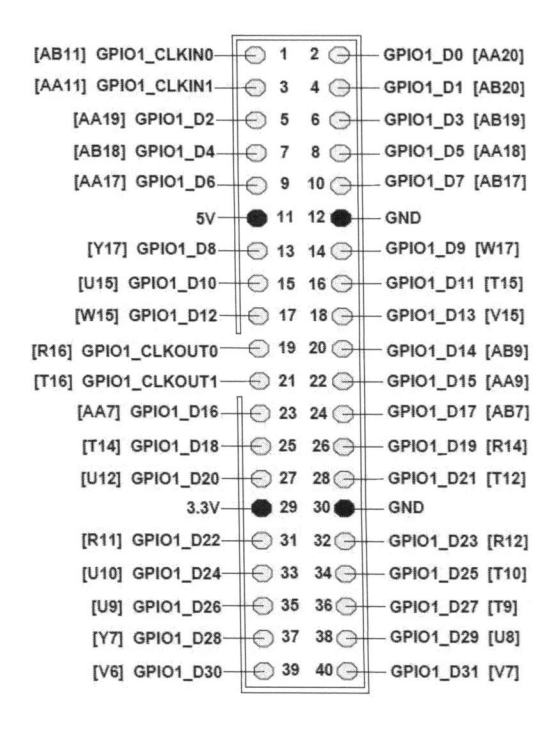

```
[AB11] GPIO1_CLKIN0 — 1   2  — GPIO1_D0  [AA20]
[AA11] GPIO1_CLKIN1 — 3   4  — GPIO1_D1  [AB20]
[AA19] GPIO1_D2     — 5   6  — GPIO1_D3  [AB19]
[AB18] GPIO1_D4     — 7   8  — GPIO1_D5  [AA18]
[AA17] GPIO1_D6     — 9  10  — GPIO1_D7  [AB17]
        5V          —11  12  — GND
[Y17]  GPIO1_D8     —13  14  — GPIO1_D9  [W17]
[U15]  GPIO1_D10    —15  16  — GPIO1_D11 [T15]
[W15]  GPIO1_D12    —17  18  — GPIO1_D13 [V15]
[R16]  GPIO1_CLKOUT0—19  20  — GPIO1_D14 [AB9]
[T16]  GPIO1_CLKOUT1—21  22  — GPIO1_D15 [AA9]
[AA7]  GPIO1_D16    —23  24  — GPIO1_D17 [AB7]
[T14]  GPIO1_D18    —25  26  — GPIO1_D19 [R14]
[U12]  GPIO1_D20    —27  28  — GPIO1_D21 [T12]
       3.3V         —29  30  — GND
[R11]  GPIO1_D22    —31  32  — GPIO1_D23 [R12]
[U10]  GPIO1_D24    —33  34  — GPIO1_D25 [T10]
[U9]   GPIO1_D26    —35  36  — GPIO1_D27 [T9]
[Y7]   GPIO1_D28    —37  38  — GPIO1_D29 [U8]
[V6]   GPIO1_D30    —39  40  — GPIO1_D31 [V7]
```

図 I　拡張コネクタのピン・アサイン（GPIO1, J5）

VGA インターフェース

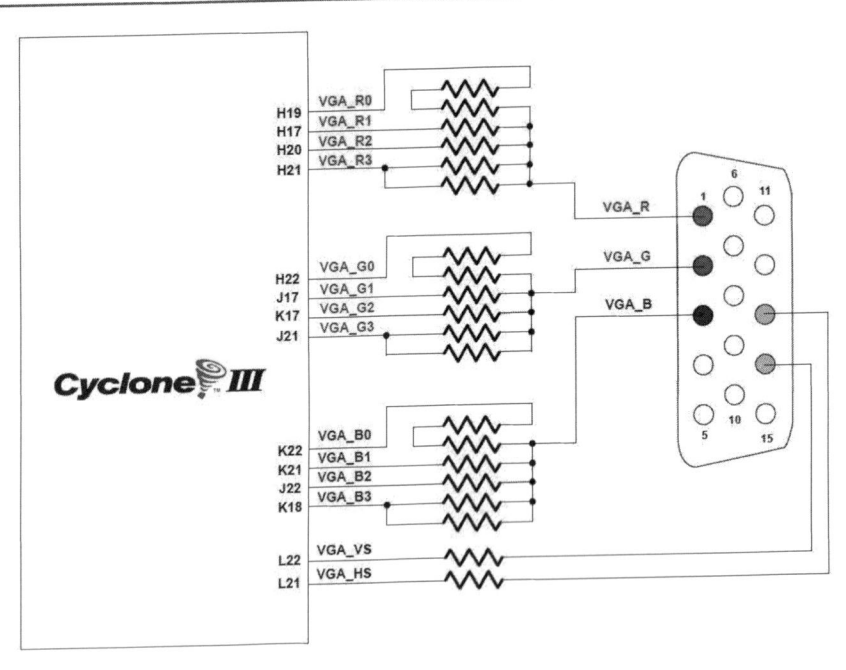

図 J　VGA インターフェース（RGB 各色 4 ビットの 4096 色の表示が可能）

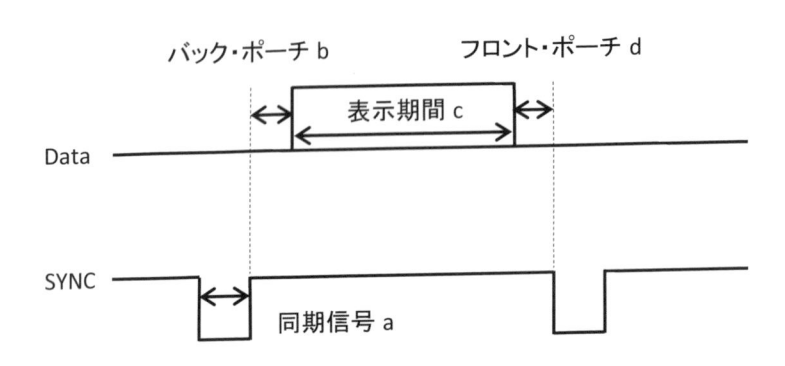

解像度	a	b	c	d	ピクセル・クロック
HSYNC					
640x480	3.8μs	1.9μs	25.4μs	0.6μs	25MHz

解像度	a	b	c	d
VSYNC				
640x480	2line	33line	480line	10line

図 K　VGA の表示タイミング

SD/MMC カード・ソケット

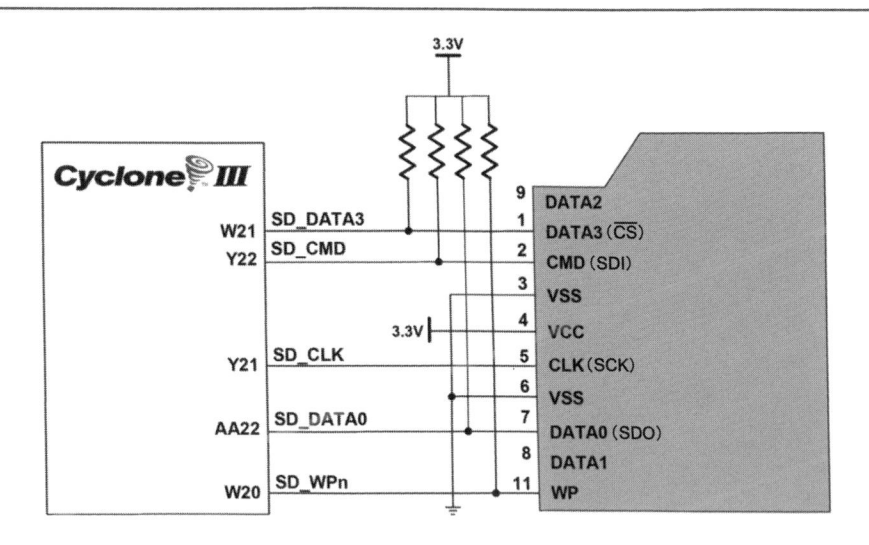

図 L　SD/MMC カード・ソケットのピン・アサイン

（SPI 信号を使って SD/MMC カードにアクセスできる．かっこ内は SPI の信号名）

クロック

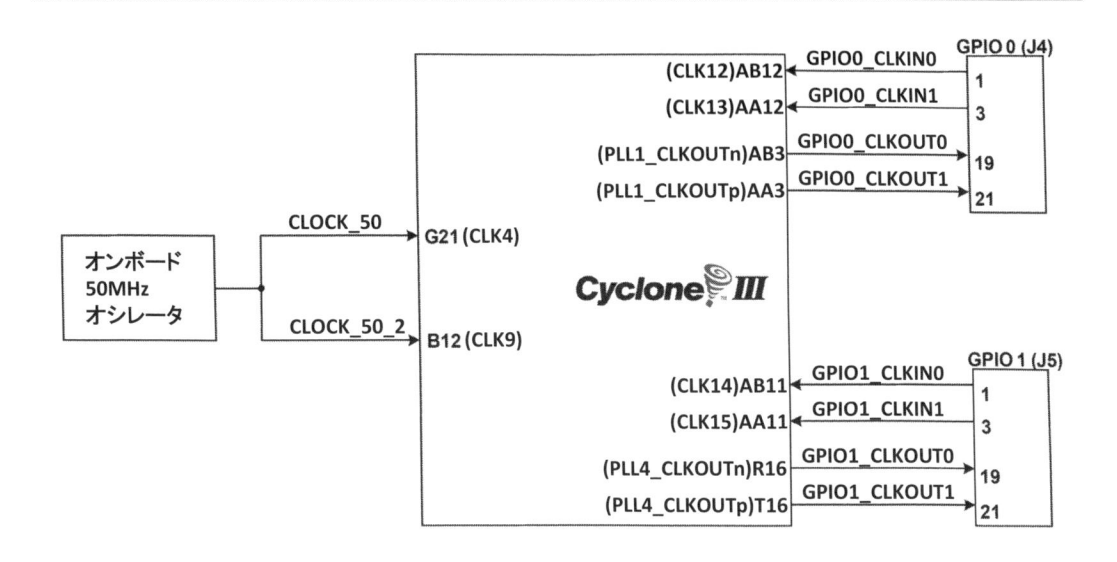

図 M　クロックのピン・アサイン

SDRAM インターフェース

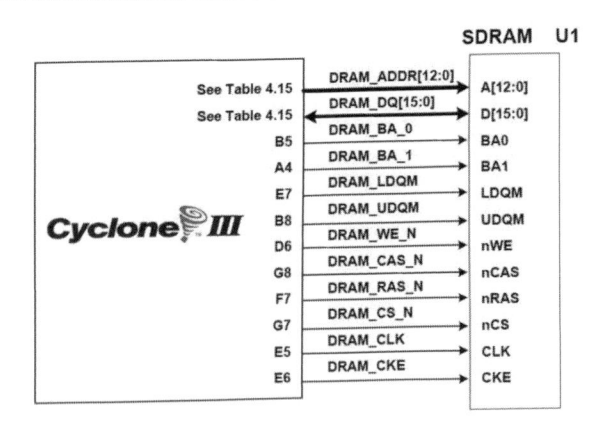

図 N　SDRAM インターフェース

信号名	機能	ピン番号
DRAM_ADDR[0]	PIN_C4	SDRAM 1 Address[0]
DRAM_ADDR[1]	PIN_A3	SDRAM 1 Address[1]
DRAM_ADDR[2]	PIN_B3	SDRAM 1 Address[2]
DRAM_ADDR[3]	PIN_C3	SDRAM 1 Address[3]
DRAM_ADDR[4]	PIN_A5	SDRAM 1 Address[4]
DRAM_ADDR[5]	PIN_C6	SDRAM 1 Address[5]
DRAM_ADDR[6]	PIN_B6	SDRAM 1 Address[6]
DRAM_ADDR[7]	PIN_A6	SDRAM 1 Address[7]
DRAM_ADDR[8]	PIN_C7	SDRAM 1 Address[8]
DRAM_ADDR[9]	PIN_B7	SDRAM 1 Address[9]
DRAM_ADDR[10]	PIN_B4	SDRAM 1 Address[10]
DRAM_ADDR[11]	PIN_A7	SDRAM 1 Address[11]
DRAM_ADDR[12]	PIN_C8	SDRAM 1 Address[12]

表 B　SDRAM インターフェースのピン・アサイン（表 C に続く）

信号名	機能	ピン番号
DRAM_DQ[0]	PIN_D10	SDRAM 1 Data[0]
DRAM_DQ[1]	PIN_G10	SDRAM 1 Data[1]
DRAM_DQ[2]	PIN_H10	SDRAM 1 Data[2]
DRAM_DQ[3]	PIN_E9	SDRAM 1 Data[3]
DRAM_DQ[4]	PIN_F9	SDRAM 1 Data[4]
DRAM_DQ[5]	PIN_G9	SDRAM 1 Data[5]
DRAM_DQ[6]	PIN_H9	SDRAM 1 Data[6]
DRAM_DQ[7]	PIN_F8	SDRAM 1 Data[7]
DRAM_DQ[8]	PIN_A8	SDRAM 1 Data[8]
DRAM_DQ[9]	PIN_B9	SDRAM 1 Data[9]
DRAM_DQ[10]	PIN_A9	SDRAM 1 Data[10]
DRAM_DQ[11]	PIN_C10	SDRAM 1 Data[11]
DRAM_DQ[12]	PIN_B10	SDRAM 1 Data[12]
DRAM_DQ[13]	PIN_A10	SDRAM 1 Data[13]
DRAM_DQ[14]	PIN_E10	SDRAM 1 Data[14]
DRAM_DQ[15]	PIN_F10	SDRAM 1 Data[15]
DRAM_BA0	PIN_B5	SDRAM 1 Bank Address[0]
DRAM_BA1	PIN_A4	SDRAM 1 Bank Address[1]
DRAM_LDQM	PIN_E7	SDRAM 1 Low-byte Data Mask
DRAM_UDQM	PIN_B8	SDRAM 1 High-byte Data Mask
DRAM_RAS_N	PIN_F7	SDRAM 1 Row Address Strobe
DRAM_CAS_N	PIN_G8	SDRAM 1 Column Address Strobe
DRAM_CKE	PIN_E6	SDRAM 1 Clock Enable
DRAM_CLK	PIN_E5	SDRAM 1 Clock
DRAM_WE_N	PIN_D6	SDRAM 1 Write Enable
DRAM_CS_N	PIN_G7	SDRAM 1 Chip Select

表 C　SDRAM インターフェースのピン・アサイン（表 B の続き）

フラッシュ・メモリ・インターフェース

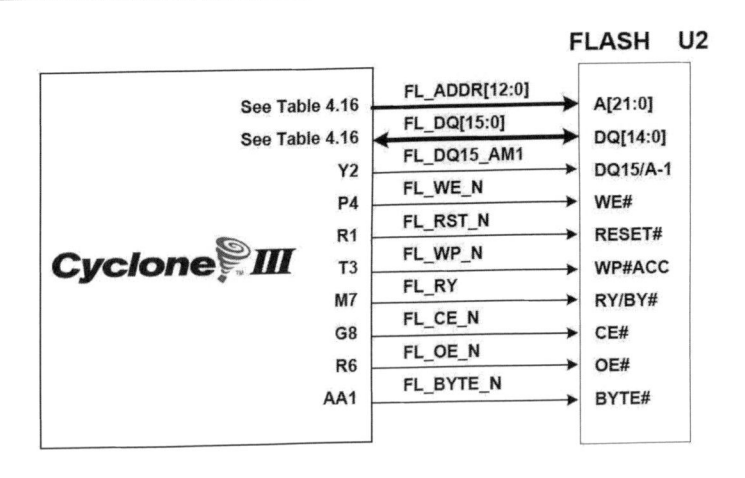

図O フラッシュ・メモリ・インターフェース

信号名	機能	ピン番号
FL_ADDR[0]	PIN_P7	FLASH_Address[0]
FL_ADDR[1]	PIN_P5	FLASH_Address[1]
FL_ADDR[2]	PIN_P6	FLASH_Address[2]
FL_ADDR[3]	PIN_N7	FLASH_Address[3]
FL_ADDR[4]	PIN_N5	FLASH_Address[4]
FL_ADDR[5]	PIN_N6	FLASH_Address[5]
FL_ADDR[6]	PIN_M8	FLASH_Address[6]
FL_ADDR[7]	PIN_M4	FLASH_Address[7]
FL_ADDR[8]	PIN_P2	FLASH_Address[8]
FL_ADDR[9]	PIN_N2	FLASH_Address[9]
FL_ADDR[10]	PIN_N1	FLASH_Address[10]
FL_ADDR[11]	PIN_M3	FLASH_Address[11]
FL_ADDR[12]	PIN_M2	FLASH_Address[12]
FL_ADDR[13]	PIN_M1	FLASH_Address[13]
FL_ADDR[14]	PIN_L7	FLASH_Address[14]
FL_ADDR[15]	PIN_L6	FLASH_Address[15]

表D フラッシュ・メモリ・インターフェースのピン・アサイン（表Eに続く）

信号名	機能	ピン番号
FL_ADDR[16]	PIN_AA2	FLASH_Address[16]
FL_ADDR[17]	PIN_M5	FLASH_Address[17]
FL_ADDR[18]	PIN_M6	FLASH_Address[18]
FL_ADDR[19]	PIN_P1	FLASH_Address[19]
FL_ADDR[20]	PIN_P3	FLASH_Address[20]
FL_ADDR[21]	PIN_R2	FLASH_Address[21]
FL_DQ[0]	PIN_R7	FLASH_Data[0]
FL_DQ[1]	PIN_P8	FLASH_Data[1]
FL_DQ[2]	PIN_R8	FLASH_Data[2]
FL_DQ[3]	PIN_U1	FLASH_Data[3]
FL_DQ[4]	PIN_V2	FLASH_Data[4]
FL_DQ[5]	PIN_V3	FLASH_Data[5]
FL_DQ[6]	PIN_W1	FLASH_Data[6]
FL_DQ[7]	PIN_Y1	FLASH_Data[7]
FL_DQ[8]	PIN_T5	FLASH_Data[8]
FL_DQ[9]	PIN_T7	FLASH_Data[9]
FL_DQ[10]	PIN_T4	FLASH_Data[10]
FL_DQ[11]	PIN_U2	FLASH_Data[11]
FL_DQ[12]	PIN_V1	FLASH_Data[12]
FL_DQ[13]	PIN_V4	FLASH_Data[13]
FL_DQ[14]	PIN_W2	FLASH_Data[14]
FL_DQ15_AM1	PIN_Y2	FLASH_Data[15]
FL_BYTE_N	PIN_AA1	FLASH Byte/Word Mode Configuration
FL_CE_N	PIN_N8	FLASH Chip Enable
FL_OE_N	PIN_R6	FLASH Output Enable
FL_RST_N	PIN_R1	FLASH Reset
FL_RY	PIN_M7	FLASH Ready/Busy output
FL_WE_N	PIN_P4	FLASH Write Enable
FL_WP_N	PIN_T3	FLASH Write Protect/Programming Acceleration

表 E フラッシュ・メモリ・インターフェースのピン・アサイン（表 D の続き）

索引/Index

1

16進数 43

2

2進数 40
2進法 40
2値論理回路 45

A

always 100
AND 47, 89
assign 66, 88, 97

B

BCD 114
begin 103

C

case 110
Control Panel 31
CPLD 70

D

DE0 16
default 111
Delay 56
Dフリップフロップ 55, 98

E

else 103
end 103
endcase 111
endfunciotn 111
endmodule 64, 88
EOR 49
EP3C16F484 16
EP3C16F484C6 78
Exclusive OR 49
ExOR 49

F

FPGA 72
function 110

H

HDL 16, 63

I

if 103
inout 65, 88
input 65, 88

L

LUT 72

M

module 64, 88

索引/Index

N

NAND 49
negedge 115
NIOS II EDS 21
NOR 49
NOT 47, 89

O

OR 47, 89
output 65, 88

P

parameter 123
PLD 70
posedge 101
PROG モード 31

Q

Quartus II Web Edition 21

R

reg 65, 100
Reset-Set 55
RS フリップフロップ 55
RUN/PROG スイッチ 31
RUN モード 31

S

SPLD 71

T

Toggle 56
T フリップフロップ 55, 98

U

USB ブラスタ 19

V

Verilog HDL 63

W

wire 65, 92

X

XOR 49, 89

あ

アスキー 44
アナログ 38
アノード・コモン 110

か

カウンタ 60

く

組み合わせ回路 68

こ

コメント 65

し

順序回路 68, 98
条件演算子 97
条件判断 97

す

水晶発振回路 119

せ

セレクタ 95

ち

チャタリング 98, 105

て

ディジタル 38

と

ド・モルガンの法則 52
同期カウンタ 61, 120

は

排他的論理和 49
バイト 44
バス 91
反転 47

ひ

ビット 44
否定 47
非同期回路 119
非同期カウンタ 120
ピン・アサイン 130
ピン・プランナ 129

ふ

ブール代数 45, 52
フリップフロップ 55, 98
ブロック図 46, 62

ほ

ポート 63
ポート宣言 65

ま

マクロセル 70

も

モジュール 63

よ

予約語 64

れ

レジスタ 100

ろ

ロジック・セル 72
論理回路 45
論理積 47
論理和 47

わ

ワイヤ 91

● 著者略歴

芹井 滋喜
せりい しげき

1960 年	横浜生まれ
1979 年	岡山理科大学 応用物理学科中退
1983 年	日本工学院専門学校 情報技術科卒業
1991 年	中央大学理工学部 物理学科卒業
1995 年	日本大学大学院 理工学研究科（会社設立のため中退）
1983 年	アルプス電気株式会社入社（1986 年退社）
現在	株式会社ソリトンウェーブ代表取締役

- 雑誌記事執筆多数（CQ 出版社ほか）
- 趣味はピアノ，他

● 本書で使用している FPGA ボード DE0 の入手について

本書で使用している FPGA ボード DE0 は，下記で販売しています．

　㈱ソリトンウェーブ

　Tel：03-5256-0955

　URL：http://www.solitonwave.co.jp/

＊DE0 アカデミック版について

教育機関向けのアカデミック版もあります．

詳細は，上記㈱ソリトンウェーブにお問い合わせください．

プログラムのダウンロード

本書のプログラムは，下記 URL からダウンロードできます．

http://www.cqpub.co.jp/toragi/de0/index.html

- 本書掲載記事の利用についてのご注意 ─ 本書掲載記事は著作権法により保護され，また産業財産権が確立されている場合があります．従って，記事として掲載された技術情報をもとに製品化するには，著作権者および産業財産権者の許可が必要です．また，掲載された技術情報を利用することにより発生した損害などに関して，CQ出版社および著作権者ならびに産業財産権者は責任を負いかねますのでご了承ください．
- 本書記載の社名/製品名などについて ─ 本書に記載されている社名，および製品名は，一般に開発メーカの登録商標または商標です．なお，本文中は™，®，©の各表示を明記しておりません．
- 本書に関するご質問について ─ 文章，数式等の記述上で不明な点についてのご質問は，必ず往復はがきか返信用封筒を同封した封書にてお願いいたします．ご質問は著者に回送し回答していただきますので，多少時間がかかります．また，本書の範囲を超えるご質問には応じられませんのでご了承ください．
- 本書の複製等について ─ 本書のコピー，スキャン，デジタル化等の無断複製は著作権法上での例外を除き禁じられています．本書を代行業者等の第三者に依頼してスキャンやデジタル化することは，たとえ個人や家庭内の利用でも認められておりません．

JCOPY ＜(社)出版者著作権管理機構 委託出版物＞

本書の全部または一部を無断で複写複製（コピー）することは，著作権法上での例外を除き，禁じられています．
本書からの複製を希望される場合は，(社)出版者著作権管理機構（TEL：03-3513-6969）にご連絡ください．

超入門！FPGAスータ・キットDE0で始めるVerilog HDL

2011年8月1日　初版発行	© 株式会社ソリトンウェーブ　2011
2018年8月1日　第7版発行	著者　芹　井　滋　喜
	発行人　寺　前　裕　司
	発行所　ＣＱ出版株式会社
	〒112-8619　東京都文京区千石4-29-14
	電話　編集　03-5395-2123
	販売　03-5395-2141

ISBN978-4-7898-3137-6

定価は裏表紙に表示してあります　　　　　　　　　　編集担当　熊谷　秀幸
無断転載を禁じます　　　　　　　　　　　　　　　　印刷・製本　三晃印刷(株)
乱丁，落丁本はお取り替えします　　　　　　　　　　表紙デザイン　(株)プランニング・ロケッツ
Printed in Japan